中等职业学校规划教材

# 分析化学实验与实训

## 第二版

陈艾霞　杨丽香　主编
陈　斌　　　主审

化学工业出版社

·北京·

《分析化学实验与实训》自 2008 年出版以来，在全国化工类中职学校中发挥了很好的作用，受到相关专业学校师生的广泛关注和好评。

本次修订，在第一版的基础上对部分内容进行了适当调整和更新，并增加了新的实验。

本教材与邢文卫和陈艾霞编写的中等职业学校规划教材《分析化学》（第三版）配套使用，共分九章，主要介绍分析化学实验室的基本知识、分析天平和称量、滴定分析仪器和基本操作、酸碱滴定法、配位滴定法、氧化还原滴定法、沉淀滴定法、称量分析法、分析化学综合实验等，涉及 54 个实验。

本教材既考虑了初学者的基本知识和基本技能，也考虑到现代分析技术的要求，在实验分析方法上采用新方法、新标准。为便于基本技能的规范化训练，本书选取了"国家职业技能鉴定统一试卷"中部分技能操作试题，以及全国职业院校技能大赛工业分析检验赛项中职组竞赛项目，书后附有分析化学实验常用的数据表。本书还配有相应的实验报告。在实验内容后编写了阅读材料，以拓宽学生的视野，使教材具有更强的可读性、新颖性和实用性。

本教材符合中等职业教育的特点，理论以够用为度，内容简明扼要，通俗易懂，实践性强，充分体现了以能力为本的教学特点。

本教材是中等职业学校工业分析与检验专业的必修课教材，可作为中等职业学校、技工学校有关专业的教学用书或参考书，还可作为职业培训考证教材，也可用作厂矿企业分析化验人员及技术管理人员的参考书。

**图书在版编目（CIP）数据**

分析化学实验与实训/陈艾霞，杨丽香主编. —2 版.
北京：化学工业出版社，2016.10（2024.2重印）
中等职业学校规划教材
ISBN 978-7-122-27849-4

Ⅰ.①分… Ⅱ.①陈…②杨… Ⅲ.①分析化学-化
学实验-中等专业学校-教材 Ⅳ.①O652.1

中国版本图书馆 CIP 数据核字（2016）第 191693 号

责任编辑：旷英姿　李姿娇　陈有华　　　　　　装帧设计：王晓宇
责任校对：王素芹

出版发行：化学工业出版社（北京市东城区青年湖南街 13 号　邮政编码 100011）
印　　装：三河市延风印装有限公司
787mm×1092mm　1/16　印张 20¾　字数 523 千字　2024 年 2 月北京第 2 版第 7 次印刷

购书咨询：010-64518888　　　　　　　售后服务：010-64518899
网　　址：http://www.cip.com.cn
凡购买本书，如有缺损质量问题，本社销售中心负责调换。

定　　价：36.00 元　　　　　　　　　　　　　　　　版权所有　违者必究

# 第二版前言

《分析化学实验与实训》自 2008 年出版以来，在全国化工类中职学校中发挥了很好的作用，受到相关专业学校师生的广泛关注和好评。

职业教育的深入发展，使工学结合的人才培养模式已成为职业院校办学的必然，实践教学是工学结合的人才培养模式的精髓，是职业教育教学改革的核心，是培养学生职业素质的关键，必须给予高度的重视。

本次修订在保持原教材特色和风格的基础上，认真执行国家最新标准，力图进一步反映职业教育教学改革的最新成果，体现科学技术的进步，以达到知识、能力和素质训练统一的目的，突出学生的技术能力训练与职业素质培养。

与第一版相比，本次修订有如下变化：

1. 为便于学生的职业技能训练和职业技能鉴定，增加了"国家职业技能鉴定统一试卷"中部分技能操作试题。

2. 注重内容的科学性和先进性，依据新的国家标准对部分内容进行了更新。

3. 鉴于电子天平已广泛用于科学技术、工业生产、质量检验、计量等领域，删除了机械加码电光天平的内容。

4. 根据全国职业院校学生化学检验工技能大赛的情况，为方便师生备战全国职业院校技能大赛工业分析检验赛项，增加了化学分析竞赛和报告单的样例、评分标准等内容。

5. 为了让学生初步了解企业质量管理体系，增加了"7S"管理的相关知识。

6. 补充了教材中相关的阅读材料内容，使教材内容更加丰富完整。

本次修订由陈艾霞负责绪论以及第二至第七章内容的修订工作，杨丽香负责第一、第八、第九章内容的修订工作，全书由陈艾霞整理并统稿。 本教材与邢文卫和陈艾霞编写的中等职业学校规划教材《分析化学》（第三版）配套使用。 书中带"＊"的部分为选学内容。

本次修订得到化学工业出版社的大力协助，张晓彬、徐俊艳、郑菁、谢茜等老师也给予了大力支持并提出建设性意见，在此一并表示衷心的感谢。

由于编者水平有限，本次修订难免存在疏漏和欠妥之处，恳请同行与读者批评指正，不胜感激。

感谢多年来一直使用本教材的广大师生，对教材中可能存在的不足之处，恳请各位多提宝贵建议和意见。 随着国家示范院校建设的不断深入，相信我国职业教育的明天将会更加美好！

编者
2016 年 5 月

# 第一版前言

为适应 21 世纪中等职业教育的需求，根据"全国中等职业教育化工类专业教材建设会议"的有关精神，在认真研讨化工类职业教育发展要求和运用对象的基础上，提出教材应体现以应用为目的，以必需、够用为度，以讲清概念、强化应用为重点；体现教材的好讲、易学的原则；突出以能力为本的思想，加强实践教学环节的训练；内容突出应用性、先进性、创新性、实用性，努力贯彻国家标准，使学生顶岗实习及就业与企业"零距离"对接。

本教材的编写，旨在更好地适应现阶段的学生水平，在满足社会、企业对学生的最低理论要求的基础上，强化实验技能的训练，对实验原理只做简单的了解，强化了实用性部分。本教材在编写中力求体现以下特点：

1. 难度适中。 降低理论难度，测定的数据要求能用公式计算出结果，公式采用与国家标准相一致的法定计量单位，简单、易学。

2. 力求实用。 标准溶液的配制与标定、物质含量的测定以及结果的精密度和准确度的要求，与国家标准相统一，这样便于学生走出校门与企业快速接轨。

3. 便于教学。 注重实用性、新颖性，尽可能多地选择生活中常见的物质如食品、药品等物质的测定。 同时还选择了一些内容丰富、趣味性强的阅读材料，既是对教材内容的补充，又可以提高学生的学习兴趣。 本教材配有相应的实验报告，对于常用的四大滴定方法所涉及的实验和化学分析综合实验给出了统一的实验报告格式，便于各学校根据实际情况选用不同的实验。

本教材的内容与邢文卫和陈艾霞编写的中等职业学校规划教材《分析化学》（第二版）相配套，为满足不同专业的教学需要，增添了一些新知识和新技能。 各学校可根据需要选用教学内容，以体现灵活性。

本教材可用作中等职业学校工业分析与检验专业的实验教材，也可作为从事检验工作的人员备考分析工等级证书的自学和培训用书。

本教材由陈艾霞主编，陈斌主审。 全书共分九章。 第一章和第八章由杨丽香编写；第二章由聂海艳编写；绪论、第三至第七章和第九章由陈艾霞编写；全书由陈艾霞统稿。

本教材在编写过程中得到化学工业出版社及江西省化学工业学校、广东省石油化工职业技术学校、本溪市化学工业学校领导和同行们的大力支持与帮助，文字和图表的录入得到陈赟雯、徐俊艳、郑菁、俞继梅、刘佳丽的倾力相助，在此对为本书编写提供帮助的朋友们深表谢忱。

由于编者水平有限，书中难免有疏漏和不妥之处，恳请同行与读者提出批评指正。

编者

2008 年 10 月

# 目录
CONTENIS

# 4 第四章
## 酸碱滴定法 ……………………………………………………………………… 080

# 5 第五章
## 配位滴定法 ……………………………………………………………………… 101

# Chapter 6 第六章
## 氧化还原滴定法
················· 119

# Chapter 7 第七章
## 沉淀滴定法
················· 142

Chapter **参考文献** ·············································································· 214

# 绪　　论

## 一、分析化学实验课的性质

分析化学实验是工业分析专业的一门重要专业技术基础课，具有很强的实践性和应用性。分析化学实验课的任务是使学生加深对分析化学基本理论的理解，掌握分析化学实验的基本操作，养成良好的实验习惯和实事求是的科学态度，训练学生掌握科学思维方式，提高学生提出问题、分析问题和解决问题的能力。

通过分析化学实验课的学习和训练，要学会实验预习方法，形成良好的思维习惯；培养独立的实验操作能力，能正确地处理实验数据和书写实验报告，具有一定的实验室管理知识，为职业技能鉴定和就业奠定良好的基础。

分析化学是化工生产、农、林、水产、畜产品加工、食品加工、动植物生长发育过程中以及科学研究工作中不可缺少的检测工具，常被称作国民经济的"先行官"、工农业生产的"眼睛"、科学研究的"参谋"。应用性是分析化学实验课程的特点，可见该课程是一门与国民经济紧密相连并为国民经济服务的重要课程。

中等职业技术学校工业分析专业培养的是具有高尚职业道德、掌握一定的专业理论知识和实践技能、具有实验室管理知识的高技能人才。因此，只有牢固地掌握本专业的基础理论知识和专业技能，热爱专业，勤奋学习，刻苦训练，才能成为品质优秀、作风踏实、技能过硬的分析专业人才。

## 二、分析化学实验课的基本内容

分析化学实验课着重在于用化学分析的方法对物质进行定量分析，在已有无机化学的基本理论和技能基础上，逐步学习分析化学实验室的基础知识、分析天平、滴定分析仪器基本操作、酸碱滴定法、配位滴定法、氧化还原滴定法、沉淀滴定法、称量分析法及各类分析法中的典型实验实例。

本教材内容中的设计性实验，旨在使学生能够利用学过的分析化学知识解决生产生活中的实际问题，提高知识的运用能力和分析问题、解决问题的能力；实训主要是化学分析综合实验，旨在使学生能全面利用所学的分析知识和技能，对同一样品采用不同的分析方法进行测定，比较各种分析方法的优缺点，独立完成无机产品全分析的任务，使所学的化学分析理论、技能得到进一步的巩固和强化。

### 三、分析化学实验课的学习方法

分析化学实验课是实验技术课，实践性很强，着重培养学习者的动手能力。在学习过程中，要注意操作的规范性。通过实验，提高分析化学操作技能。在课前做好预习，联系已学知识和技能，明确学习的重点及难点，注意实验安全操作，巩固实验相关理论知识和操作技能。在实验中，认真记录每一原始数据。实验结束后，认真做好实验报告，思考总结实验成败经验，不断提高自己的认知水平。

通过分析化学实验操作技术，提高学习者分析判断和解决问题的能力，同时也培养其科学的态度和严谨的工作作风，养成良好的化验室工作习惯。

# 第一章

# 分析化学实验的基本知识

【学习目标】

1. 了解分析化学实验的任务和要求；
2. 了解分析实验室规则及安全知识；
3. 掌握实验数据的记录和处理方法；
4. 了解分析实验室用水的相关知识；
5. 了解化学试剂的相关知识；
6. 掌握实验室常用溶液的配制方法。

## 第一节　分析化学实验的任务和要求

### 一、分析化学实验的任务

分析化学实验是工业分析专业的一门重要专业技术基础课，具有很强的实践性和应用性，是分析化学课程的重要组成部分。它所承担的教学任务为：

（1）通过本课程实验，可以使学生巩固和加深对分析化学基本理论的理解，正确、熟练地掌握分析化学实验的基本操作技能。

（2）建立准确的"量"、"误差"和"有效数字"的概念，学会正确记录和处理实验数据。

（3）培养学生实事求是的科学态度和严谨、细致的工作作风，提高观察与动手能力、分析和解决问题的能力、创新思维和创新实践的能力，培养团结协作的良好品格。

（4）为学习后续专业课和将来走上工作岗位奠定良好的基础。

### 二、分析化学实验的要求

实验过程是学生手脑并用的实践过程。为充分利用课堂的有效时间，提高课堂的学习效率，提出以下要求。

（1）做好实验预习。本课程的技能目标直接与职业技能鉴定和分析工作岗位应用接轨，应用性很强。因此，要学好分析化学，必须高度重视实验课的学习和训练，否则，将不能胜任今后分析岗位的工作。要按要求做好每一次的实验，实验前的预习是关键。预习过程是"知其然，知其所以然"的必要思考；是克服实验中"照方抓药"现象的良医；是打有把握之仗的战前准备。学生在实验前一定要在听课和复习的基础上，认真阅读实验教材，明确实验目的，领会实验原理，熟悉实验方法和实验步骤，明确注意事项，写好预习报告。

（2）实验过程中，要做到手脑并用，认真操作，仔细观察，积极思考，灵活运用所学知识解决实验过程中出现的各种问题。注意不断修正自己的操作，使实验操作规范化，提高实验技能。同时，要积极思考每一步实验操作的目的，要知其然，也要知其所以然。注意理论联系实际，克服只是"照方配药"的不良学习习惯。

（3）认真做好实验记录，完成实验报告。在实验中要随时记录实验数据和实验现象，要保证实验记录真实可靠。要及时进行整理、计算和分析。要根据实验具体情况，及时判断是否要增加平行测定次数或实验是否需要重做。实验记录要求字迹清晰，内容完整。注意不断提高实验报告书写的质量，并要求将实验中的思考题、对实验结果的分析及体会一并写入实验报告中。认真完成实验报告，按时交给指导老师批阅。

（4）严格遵守操作规程，理解实验注意事项。在使用不熟悉的仪器和试剂之前，应查阅有关书籍或请教指导老师，不要随意进行实验，以免损坏仪器、浪费试剂，使实验失败，更重要的是要预防发生意外事故。

（5）严格遵守实验室规则，保持实验室内整洁、安静，实验台上清洁、有序。树立节约、环保、公德意识，废液要按规定处理或排放，尤其要注意安全。

（6）实验结束后要仔细清理和洗涤实验所用的仪器，做好实验室卫生，关闭气路、水阀和电源。

（7）实验能力是长时间实验室训练结果的综合表现，不能急于求成，学习要经得起失败，失败并不可怕，重要的是善于总结实验中的成败，树立信心，不断进取。只要努力就会进步，只有不断进步才会成功。

---

↗ **阅读材料**

## 分析化学及其发展

分析化学是以化学基本理论和实验技术为基础，并吸收物理、生物、统计、计算机、自动化等方面的知识以充实本身的内容，从而解决科学、技术所提出的各种分析问题的学科。分析化学有极高的实用价值，对人类的物质文明做出了重要贡献。

古代冶炼、酿造等工艺的高度发展，都是与鉴定、分析、制作过程的控制等手段密切联系在一起的。在东西方兴起的炼丹术、炼金术等都可视为分析化学的前驱。

公元前3000年，古埃及人已经掌握了一些称量的技术。最早出现的分析用仪器当属等臂天平，它在公元前1300年的《莎草纸卷》上已有记载。古巴比伦的祭司所保管的石制标准砝码（约公元前2600）尚存于世。不过等臂天平用于化学分析，当始于中世纪的烤钵试金法中。

公元前4世纪已使用试金石以鉴定金的成色。公元前3世纪，阿基米德在解决叙拉古王喜朗二世的金冕的纯度问题时，即利用了金、银密度之差，这是无损伤分析的先驱。

公元60年左右，老普林尼将五倍子浸液涂在莎草纸上，用以检出硫酸铜的掺杂物铁，这是最早使用的有机试剂和最早的试纸。迟至1751年，埃勒尔·冯·布罗克豪森用同一方法检出血渣（经灰化）中的含铁量。

火试金法是一种古老的分析方法。远在公元前 13 世纪，古巴比伦王致书古埃及法老阿门菲斯四世时称："陛下送来之金经入炉后，重量减轻……"，这说明 3000 多年前人们已知道"真金不怕火炼"这一事实。法国菲利普六世曾规定黄金检验的步骤，其中提出对所使用天平的构造要求和使用方法，如天平不应置于受风吹或寒冷之处，使用者的呼吸不得影响天平的称量等。

18 世纪的瑞典化学家贝格曼可称为无机定性、定量分析的奠基人。他最先提出金属元素除金属态外，也可以其他形式分离析出和称量，特别是以水中难溶的形式，这是重量分析法（现也称称量分析法）中湿法的起源。

18 世纪分析化学的代表人物首推贝采利乌斯。他引入了一些新试剂和一些新技巧，并使用无灰滤纸、低灰分滤纸和洗涤瓶。他是第一位把原子量测得比较精确的化学家。

19 世纪分析化学的杰出人物之一是弗雷泽纽斯。他创立一所分析化学专业学校（此校至今依然存在），并于 1862 年创办德文的《分析化学》杂志，由其后人继续任主编至今。他编写的《定性分析》、《定量分析》两书曾译为多种文字，包括晚清时代出版的中译本，分别定名为《化学考质》和《化学求数》。他将定性分析的阳离子硫化氢系统修订为目前的五组，还注意到酸碱度对金属硫化物沉淀的影响。在容量分析中，他提出用二氯化锡滴定三价铁至黄色消失。

"分析化学"这一名称创自玻意耳。1663 年玻意耳报道了用植物色素作酸碱指示剂，这是容量分析的先驱。但真正的容量分析应归功于法国人盖·吕萨克。1824 年盖·吕萨克发表漂白粉中有效氯的测定，用磺化靛青作指示剂，随后他用硫酸滴定草木灰，又用氯化钠滴定硝酸银。这三项工作分别代表氧化还原滴定法、酸碱滴定法和沉淀滴定法。配位滴定法创自李比希，他用银滴定氰离子。

另一位对容量分析做出卓越贡献的是德国人莫尔，他设计的可盛强碱溶液的滴定管至今仍在沿用。他推荐草酸作碱量法的基准物质，硫酸亚铁铵（也称莫尔盐）作氧化还原滴定法的基准物质。

理想的化学分析方法应该具有这样一些特点：选择性最高，这样就可以减轻或省略分离步骤；精密度和准确度高；灵敏度高，从而可检定和测定少量或痕量组分；测定范围广，大量组分和痕量组分均能测定；能测定的元素种类和物种最多；方法简便、经济实惠。但汇集所有优点于一法是办不到的。例如，在重量分析中，如要提高准确度，则需要延长分析时间。因为化学法计算原子量要求准确到十万分之一，所以最费时间。

分析方法要力求简便，在不损失所要求的准确度和精密度的前提下，这就意味着节省时间、人力和费用。例如，金店收购金首饰时，是将其在试金石板上划一道（科学名称是"条纹"），然后从条纹的颜色来决定金的成色。这种条纹法在矿物鉴定中仍然采用。

近年来分析化学中的新技术有激光在分析化学中的应用、流动注射法、场流分级法等。目前，场流分级法已成功地用于有机大分子（如高聚物等）的分级，可以预期它在无机物分离方面也将得到应用。

加强对高灵敏度和高选择性试剂的研究，对于掩蔽、解蔽和分离、富集方法的研究，以及元素存在状态的测定（与环境分析和地球化学的关系至为密切），都是分析化学研究的重要课题。

# 第二节　分析实验室规则及安全知识

## 一、实验室规则

（1）学生一般要提前到实验室，离开实验室须经实验老师允许。

（2）认真遵守实验室各项规章制度，仔细操作，并保持肃静。

（3）实验前应清点仪器。实验过程中若有破损，应及时填写报损单或申请更换。

（4）熟悉实验室内的气、水、电开关，实验中应防止中毒、触电、烧伤和着火。

（5）精密仪器在使用前要认真检查是否完好，严格按照规程操作。如发现故障，应立即停止使用，并及时报告指导教师。

（6）实验室应保持室内整洁、有序。禁止将固体物、玻璃碎片等扔入水槽内，以免造成下水道堵塞，此类物质以及废纸、废屑应放入垃圾箱或实验室规定存放的地方。废酸、废碱应小心倒入废液缸，切勿倒入水槽内，以免腐蚀下水管。实验台上洒落的试剂要及时清理干净。实验完毕要仔细洗手。

（7）值日生负责整理试剂瓶、试剂架，清洁实验台、通风橱、地面等，将垃圾倒在指定位置。离开实验室前关好实验室的煤气、水、电源和门窗等。

## 二、实验室安全知识

在分析化学实验中，经常使用腐蚀性的、易燃的、易爆炸的或有毒的化学试剂，大量使用易损的玻璃仪器和某些精密分析仪器及煤气、水、电等。为确保实验的正常进行和人身安全，必须严格遵守实验室的安全规则。

（1）实验室内严禁饮食、吸烟，一切化学药品禁止入口。实验完毕须仔细洗手。水、电、煤气灯使用完毕后，应立即关闭。离开实验室时，应仔细检查水、电、煤气、门、窗是否均已关好。所有试剂、试样均应有标签，绝不可在容器内装有与标签不相符的物质。

（2）使用电器设备时，应特别细心，切不可用湿润的手去开启电闸和电器开关。凡是漏电的仪器不能使用，以免触电。

（3）试剂瓶磨口粘固无法打开时，可将瓶塞部分在实验台上轻轻磕撞，使其松动；或用电吹风微微吹热瓶颈部分，使其膨胀；也可以在粘固的缝隙间滴加几滴渗透力强的液体（如乙酸乙酯、煤油、渗透剂 OT、水和稀盐酸等），使内外层相互脱离。严禁用重物或大力敲击，以防瓶体破裂。

（4）切割玻璃管、玻璃棒或装配拆卸玻璃仪器装置时，要垫布进行，防止玻璃制品突然破裂而造成损伤。

（5）用浓酸、浓碱时要格外小心，切不可接触皮肤或衣物；取用挥发性的浓硝酸、浓盐酸、浓氨水及浓硫酸、浓高氯酸，或操作有氰化氢、二氧化氮、硫化氢、三氧化硫、溴、氮等有毒、有腐蚀性气体产生的步骤时，应在通风橱内进行；稀释浓硫酸，必须在烧杯等耐热容器中进行，且一定要在不断搅拌下将浓硫酸缓缓注入水中，温度过高应先冷却降温后再继续加入浓硫酸；配制氢氧化钠、氢氧化钾等浓溶液时，也必须使用耐热容器；中和浓酸、浓碱，必须先稀释；夏天使用浓氨水时，应将氨水瓶在流水下冷却后，再开启瓶塞，以免浓氨水溅出。

（6）使用四氯化碳、乙醚、苯、丙酮、三氯甲烷等有机溶剂时，一定要远离火焰和热源。使用完后将试剂瓶塞严，放在阴凉处保存。低沸点的有机溶剂不能直接在火焰或热源（煤气灯或电炉）上加热，而应在水浴上加热。

（7）使用汞盐、砷化物、氰化物等剧毒物品时应特别小心。氰化物不能接触酸，因作用时产生剧毒的氰化氢（HCN）！氰化物废液应倒入碱性亚铁盐溶液中，使其转化为亚铁氰化铁盐，然后作废液处理，严禁直接倒入下水道或废液缸中。

（8）如发生烫伤，先用流水冲洗，然后再在烫伤处抹上黄色的苦味酸溶液或烫伤软膏。严重者应立即送医院治疗。

（9）使用酒精灯，切不可在明火状态下添加酒精；使用煤气灯，应先将空气调小，再开启煤气开关点火，并调节好火焰。用后随时关闭。

（10）实验室如发生火灾，应根据起火的原因进行针对性灭火。汽油、乙醚等有机溶剂着火时，用沙土扑灭，此时绝对不能用水，否则反而会扩大燃烧面；导线或电器着火时，不能用水或泡沫灭火器，而应首先切断电源，用四氯化碳灭火器灭火，并根据火情决定是否要向消防部门报告。

## 三、事故的紧急处理

分析检验过程是通过使用各种化学试剂和相关仪器设备完成的。实验中必然存在各种潜在危险，此外，由于实验者操作不熟练、粗心大意或违反操作规程的原因，都会造成意外事故发生。如遇意外事故，要立刻采取切实有效的方法处理，以期将事故危害降低到最小。

**1. 起火**

首先切断电源，关闭煤气阀门，快速移走附近的可燃物，以防止火势蔓延。再根据起火原因和性质，采取适当方法灭火。例如，酒精等可溶性液体着火时，可用水灭火；汽油、乙醚等有机溶剂着火时，用沙土灭火；导线或电器设备着火时，用四氯化碳灭火器灭火；衣物着火时可用湿布在身上抽打灭火，或就地躺下滚动灭火。火势较猛，应视具体情况，选用适当灭火器，并立即报警救援。

**2. 中毒**

化学实验中使用的大部分化学试剂都是有毒的。毒物可以通过多种途径侵入人体，引起中毒。一旦中毒，要立刻采取简单、有效的自救措施，力求在毒物被机体吸收前及时抢救，使毒物对人体的伤害程度降到最低。例如，吸入对皮肤黏膜有刺激作用和腐蚀性作用的硫酸、盐酸和硝酸，应立即用大量水冲洗，再用2％碳酸氢钠水溶液冲洗，最后再用清水冲洗；氰化物或氢氰酸中毒要立刻脱离现场，进行人工呼吸、吸氧，或用亚硝酸异戊酯、亚硝酸钠解毒；汞及其化合物中毒，早期要用饱和碳酸氢钠溶液洗胃或迅速灌服牛奶、蛋清、浓茶或豆浆，并立即送医院治疗；砷及其化合物中毒，要立即脱离现场，灌服蛋清或牛奶，送医院治疗；铅及其化合物中毒，用硫酸钠或硫酸镁灌肠，并送医院治疗；苯及其同系物、四氯化碳、三氯甲烷等中毒后，要立即脱离现场，进行人工呼吸、输氧，送医院救治；氮氧化物、硫化氢、二氧化硫、三氧化硫、一氧化碳和煤气、氯气等中毒，应立即离开现场，人工呼吸、输氧，送医院救治。

**3. 化学灼伤**

化学灼伤是由于皮肤接触腐蚀性化学试剂所致。出现化学灼伤，要立即用大量水冲洗，除去残留在灼伤处的化学物质，再用适当方法消毒，包扎后送医院救治。眼睛被化学药品灼伤后，要立刻用流水缓慢冲洗。酸灼伤可用 2％碳酸氢钠水溶液冲洗，碱灼伤可用 4％硼酸冲洗，然后送医院进行治疗。

**4. 冻伤**

分析实验中的冻伤大多是由于非正常使用液化气体或制冷设备，使冷冻剂泄漏而造成的。一旦出现冻伤，应将冻伤部位浸入 40～42℃的温水中浸泡，或用温暖的衣物等包裹，使伤处缓慢升温。严重冻伤应送医院救治。

**5. 玻璃割伤**

先除去伤口上的玻璃屑，再用 75％的酒精清洗伤口，再敷上止血药，并用纱布包扎。但要注意伤口切勿接触化学试剂。

**6. 触电**

应立即切断电源，必要时进行人工呼吸。

---

### 📖 阅读材料

# "7S" 管理

## 一、什么是 "7S" 管理

"5S" 起源于日本，是指在生产现场对人员、机器、材料、方法、信息等生产要素进行有效管理。这是日本企业独特的管理办法，在日本企业中广泛推行，它相当于我国企业开展的文明生产活动。因为整理（Seiri）、整顿（Seiton）、清扫（Seiso）、清洁（Seiketsu）、素养（Shitsuke）是日语外来词，在罗马文拼写中，第一个字母都为 S，所以日本人称之为 "5S"。近年来，随着人们对这一活动认识的不断深入，有人又添加了 "安全（Safety）"、"节约（Save）"、"学习（Study）" 等内容，分别称为 "6S"、"7S"、"8S" 管理。

"7S" 管理的对象是现场的 "环境"，它对生产现场环境全局进行综合考虑，并制订切实可行的计划与措施，从而达到规范化管理。"7S" 管理的核心和精髓是素养，如果没有职工队伍素养的相应提高，"7S" 管理就难以开展和坚持下去。

## 二、"7S" 管理的内容

**1. 整理**

整理就是彻底地将要与不要的东西区分清楚，并将不要的东西加以处理。这是开始改善生产现场的第一步。在这一步中，需对 "留之无用，弃之可惜" 的观念予以突破，必须挑战 "好不容易才做出来的"、"丢了好浪费"、"可能以后还有机会用到" 等传统观念，经常对 "所有的东西都是要用的" 观念加以检讨。其要点是：首先，对生产现场的各种物品进行分类，区分什么是现场需要的，什么是现场不需要的；其次，对于现场不需要的物品，诸如用剩的材料、多余的半成品、切下的料头、切屑、垃圾、废品、多余的工具、报废的设备、工人的个人生活用品等，要坚决清理出生产现场。这项工作的重点在于坚决把现场不需要的东西清理掉。对于车间里各个工位或设备的前后、通道左右、厂房上下、工具箱内外，以及车间的各个死角，都要彻底搜寻和清理，达到现场无不用之物。坚决做好这一步，是树立好作风的开始。日本有的公司提出这样的口号：效率和安全始于整理！

整理的目的是：改善和增加作业面积；现场无杂物，物流通畅，提高工作效率；消除管理上的混放、混料等差错事故；有利于减少库存、节约资金，防止误用等。

### 2. 整顿

整顿就是把经过整理出来的需要的人、事、物加以定量、定位。通过前一步整理后，对生产现场需要留下的物品进行科学合理的布置和摆放，以便用最快的速度取得所需之物，在最有效的规章、制度和最简捷的流程下完成作业。简而言之，整顿就是人和物放置方法的标准化。整顿的关键是要做到定位、定品、定量。

整顿活动的目的是工作场所整洁明了，一目了然，减少取放物品的时间，提高工作效率，保持井井有条的工作秩序区。

抓住了上述几个要点，就可以制作看板，做到目视管理，从而提炼出适合本企业的东西放置方法，进而使该方法标准化。

### 3. 清扫

清扫就是彻底地将自己的工作环境四周打扫干净，当设备发生异常时马上修理，使之恢复正常。生产现场在生产过程中会产生灰尘、油污、铁屑、垃圾等，从而使现场变脏。脏的现场会使设备精度降低、故障多发，影响产品质量，使安全事故防不胜防；脏的现场更会影响人们的工作情绪，使人不愿久留。因此，必须通过清扫活动来清除那些脏物，创建一个明快、舒畅的工作环境。

清扫活动的目的是使员工保持一个良好的工作情绪，并保证稳定产品的品质，最终达到企业生产零故障和零损耗。

清扫活动应遵循下列原则：

（1）自己使用的物品如设备、工具等，要自己清扫而不要依赖他人，不增加专门的清扫工；

（2）对设备的清扫，着眼于对设备的维护保养，清扫设备要同设备的点检和保养结合起来；

（3）清扫的目的是为了改善，当清扫过程中发现有油水泄漏等异常状况时，必须查明原因，并采取措施加以改进，而不能听之任之。

### 4. 清洁

整理、整顿、清扫之后要认真维护，使现场保持完美和最佳状态。清洁是对前三项活动的坚持与深入，从而消除发生安全事故的根源，创造一个良好的工作环境，使职工能愉快地工作。

清洁活动的目的是使整理、整顿和清扫工作成为一种惯例和制度，是标准化的基础，也是一个企业形成企业文化的开始。

清洁活动实施时，需要秉持"三观念"：

（1）只有在清洁的工作场所才能产生高效率，才能生产高品质的产品；

（2）清洁是一种用心的行为，千万不要在表面下功夫；

（3）清洁是一种随时随地的工作，而不是上下班前后的工作。

清洁的要点是坚持"三不要"的原则：

（1）不要放置不用的东西，不要弄乱，不要弄脏；

（2）不仅物品需要清洁，现场工人同样需要清洁；

（3）工人不仅要做到形体上的清洁，而且要做到精神上的清洁。

### 5. 素养

素养即教养，要努力提高人员的素养，养成严格遵守规章制度的习惯和作风。素养是"7S"管理活动的核心。没有人员素质的提高，各项活动就不能顺利开展，开展了也坚持不了。所以，抓"7S"管理，要始终着眼于提高人的素质。

素养活动的目的是让员工成为一个遵守规章制度，并具有一个良好工作素养习惯的人。

6. 安全

安全就是要维护人身与财产不受侵害，清除隐患，排除险情，预防事故的发生，以创造一个零故障、无意外事故发生的工作场所。

安全活动的目的是保障员工的人身安全，保证生产的连续安全正常进行，同时减少因安全事故而带来的经济损失。

其实施要点是：不要因小失大，应建立健全各项安全管理制度；对操作人员的操作技能进行训练；勿以善小而不为，勿以恶小而为之，全员参与，排除隐患，重视预防。

7. 节约

节约就是对时间、空间、能源等合理利用，以发挥它们的最大效能，从而创造一个高效率的、物尽其用的工作场所。

节约是对整理工作的补充和指导。在我国，由于资源相对不足，更应该在企业中秉持勤俭节约的原则。

实施时应该秉持三个观念：能用的东西尽可能利用；以自己就是主人的心态对待企业的资源；切勿随意丢弃，丢弃前要思考其剩余的使用价值。

## 练 习 题

### 一、选择题

1. 下列有关用电操作的表述正确的是（　　）。

　　A. 人体直接触及电器设备带电体

　　B. 用湿手接触电源

　　C. 使用超过电器设备额定电压的电源供电

　　D. 电器设备安装良好的外壳接地线

2. 若火灾现场空间狭窄且通风不良，不宜选用（　　）灭火器灭火。

　　A. 四氯化碳　　B. 泡沫　　C. 干粉　　D. 1211

3. 下列氧化物有剧毒的是（　　）。

　　A. $Al_2O_3$　　B. $As_2O_3$　　C. $SiO_2$　　D. $ZnO$

4. 在实验室中，皮肤溅上浓碱液，在用大量水冲洗后继而应用（　　）冲洗。

　　A. 5％硼酸　　B. 5％小苏打溶液　　C. 2％氢氧化钠溶液　　D. 2％硝酸

5. （　　）中毒是通过皮肤进入皮下组织，不一定立即引起表面的灼伤。

　　A. 接触　　B. 摄入　　C. 呼吸　　D. 腐蚀性

6. 下列关于废液处理的表述错误的是（　　）。

　　A. 废酸液可用生石灰中和后排放

　　B. 废酸液用废碱液中和后排放

　　C. 少量的含氰废液可先用氢氧化钠溶液调节 pH 大于 10 后再氧化

　　D. 大量的含氰废液可用酸化的方法处理

7. 发生 B 类火灾时，不可采下面哪些方法？（　　）

　　A. 铺黄砂　　B. 使用干冰　　C. 使用干粉灭火器　　D. 快速离开

8. 温度计不小心打碎后，散落了汞的地面不应（　　）。

　　A. 撒硫黄粉　　　　　　　　B. 撒漂白粉

　　C. 洒 1％碘＋5％碘化钾溶液　　D. 洒 20％氯化铁溶液

9. 若电气设备着火，不宜选用（　　）灭火器灭火。

A. 1211　　B. 泡沫　　C. 二氧化碳　　D. 干粉

10. 由化学物品引起的火灾，能用水灭火的物质是（　　）。

A. 三氧化二铝　　B. 五氧化二磷　　C. 过氧化物　　D. 金属钠

11. 使用浓盐酸、浓硝酸，必须在（　　）中进行。

A. 通风橱　　B. 玻璃器皿　　C. 耐腐蚀容器　　D. 大容器

12. 实验室废酸废碱的正确处理方法是（　　）。

A. 直接排入下水道　　　　　　　　B. 经中和后用大量水稀释排入下水道

C. 收集后利用　　　　　　　　　　D. 加入吸附剂吸附有害物

13. 化学烧伤中，酸的蚀伤，应用大量的水冲洗，然后用（　　）冲洗，再用水冲洗。

A. 0.3mol/L HAc 溶液　　　　　B. 2% $NaHCO_3$ 溶液

C. 0.3mol/L HCl 溶液　　　　　D. 2% NaOH 溶液

14. 用过的极易挥发的有机溶剂，应（　　）。

A. 倒入密封的下水道　　　　　　　B. 倒入回收瓶中

C. 用水稀释后保存　　　　　　　　D. 放在通风橱中保存

15. 下面有关废渣的处理错误的是（　　）。

A. 毒性小、稳定、难溶的废渣可深埋于地下　　B. 汞盐沉淀残渣可用焙烧法回收汞

C. 有机物废渣可倒掉　　　　　　　D. AgCl 废渣可送国家回收银的部门

16. 实验室安全守则中规定，严禁任何（　　）入口或接触伤口，不能用（　　）代替餐具。

A. 食品，烧杯　　B. 药品，玻璃仪器　　C. 药品，烧杯　　D. 食品，玻璃仪器

17. 贮存易燃易爆、强氧化性物质时，最高温度不能高于（　　）。

A. 20℃　　B. 10℃　　C. 30℃　　D. 0℃

18. 下列药品需要用专柜由专人负责贮存的是（　　）。

A. KOH　　B. KCN　　C. $KMnO_4$　　D. 浓 $H_2SO_4$

19. 下列方法中属于常用的灭火方法的是（　　）。

A. 隔离法　　B. 冷却法　　C. 窒息法　　D. 以上都是

20. 下列有关电器设备防护知识的表述中，不正确的是（　　）。

A. 电线上洒有腐蚀性药品，应及时处理

B. 电气设备的电线不宜通过潮湿的地方

C. 能升华的物质都可以放入烘箱内烘干

D. 电气设备应按说明书规定进行操作

21. 使用时需倒转灭火器并摇动的是（　　）。

A. 1211 灭火器　　　　　　　　　B. 干粉灭火器

C. 二氧化碳灭火器　　　　　　　　D. 泡沫灭火器

22. 下列易燃易爆物存放不正确的是（　　）。

A. 分析实验室不应贮存大量易燃的有机溶剂

B. 金属钠保存在水里

C. 存放药品时，应将氧化剂与有机化合物和还原剂分开保存

D. 爆炸性危险品残渣不能倒入废物缸

23. 大量的实验用试剂应存放在（　　）。

A. 实验室仪器房间　　　　　　B. 实验准备室

C. 试验前处理室　　　　　　　D. 试剂库房

**二、判断题**

1. 应当根据仪器设备的功率、所需电源电压指标来配置合适的插头、插座、开关和保险丝，并接好地线。（　　）

2. 对分析实验室中产生的"三废"，其处理原则是：有回收价值的应回收，不能回收的可直接排放。

（    ）

3. 易燃液体废液不得倒入下水道。（    ）

4. 烘箱和高温炉内都绝对禁止烘/烧易燃、易爆及有腐蚀性的物品和非实验用品，更不允许加热食品。（    ）

5. 实验室内不许进食，只能饮水。（    ）

6. 实验室的废液、废纸应该分开放置，分别处理。（    ）

7. 样品用硝酸硝化处理时，应在通风橱内进行。（    ）

8. 电气设备着火时可及时用湿毛巾盖灭。（    ）

9. 灭火器内充的灭火剂过一定时间后会减少，当压力降低到一定程度时，需及时更换、填装。（    ）

10. 含有氰化物的溶液用后应用酸处理，再用水稀释后倒入下水道。（    ）

11. 废液应避光、远离热源，以免加速废液的化学反应。（    ）

12. 贮存废液的容器必须贴上明显的标签，标明种类、贮存时间等。（    ）

13. 废液应用密闭容器贮存，防止挥发性气体逸出而污染环境。（    ）

14. 用于回收的废液应分别用洁净的容器盛装。（    ）

15. 化学分析实验室可以吸烟，但是仪器分析实验室严禁吸烟。（    ）

16. 浓硝酸、浓硫酸的稀释，应在通风橱中进行。（    ）

17. 稀释浓硫酸，应将蒸馏水在缓慢搅拌下倒入浓硫酸中。（    ）

18. 各种易燃易爆的有机溶剂在加热时应用普通电炉，在其上加一个石棉网。（    ）

19. 实验室的电源插座、插头不得用湿手直接插拔。（    ）

20. 电气设备着火时应使用泡沫灭火器熄灭火焰。（    ）

21. 实验过程中如出现酸烧伤，可用稀醋酸溶液清洗伤口，然后用大量水冲洗。（    ）

22. 高温烫伤可采用高锰酸钾溶液冲洗伤口，再涂上烫伤膏。（    ）

23. 进入实验室必须穿实验服。（    ）

24. 实验室对鞋没有特殊要求，可以穿拖鞋进入实验室。（    ）

25. 实验过程中打破水银温度计，可及时将散落的汞收集到下水道。（    ）

26. A类火灾是指燃烧面积很大、造成危害严重的火灾。（    ）

27. 一氧化碳中毒的患者应马上移至新鲜空气处，保暖并注射兴奋剂。（    ）

# 第三节　实验数据的记录和处理

在分析化学实验中，真实记录实验原始数据，科学进行数据处理不但是一名分析工作者应具备的职业素质，也是分析结果准确可靠的前提。

## 一、实验记录和报告

### 1. 实验记录

学生应有专门印制的编有页码的实验记录本，绝不允许将数据记在单面纸或小纸片上，或记在书上、手掌上等。实验过程中各种测量数据及有关现象，应及时、准确地记录下来。实验后写出实验报告。

记录实验数据时，要实事求是，切忌夹杂主观因素，绝不能随意拼凑或伪造数据。

记录实验中的测量数据时，应注意有效数字及其运算的正确表达，即记录到最末一位可疑数字为止。例如，用万分之一天平称量时，要求记录到 0.0001g；常量滴定管及吸量管的读数，应记录至 0.01mL。

记录中的文字叙述部分，应尽可能简明扼要；数据记录部分，应先设计一定的表格形式，这样更为清晰、规范，具有形式简明、便于比较等优点。

如果实验中发现数据记录有误，如测定错误、读数错误等，需要改动原始记录时，可将要改动的数据用一横线划掉，并在其上方写出正确结果，还要注明改动原因。

**2. 实验报告**

实验完成后，应根据预习和实验中的现象与数据记录等，及时认真地撰写实验报告。分析化学实验报告一般包括以下内容：

（1）实验编号及实验名称。

（2）实验目的。

（3）实验原理　简要地用文字和化学反应式说明。例如，对于滴定分析，通常应有标定和滴定反应方程式、基准物质和指示剂的选择及适用的酸度范围、终点现象、标定和滴定的计算公式等。对特殊仪器的实验装置，应画出实验装置图。

（4）主要试剂和仪器　列出实验中所要使用的主要试剂和仪器，包括特殊仪器的型号及标准滴定溶液的浓度。

（5）实验步骤　应简明扼要地写出实验步骤，可用箭头流程法表示。

（6）数据记录与处理　应用表格将实验数据表示出来。包括测定次数、数据平均值、平均偏差、相对偏差、标准偏差、结果计算公式等。数据应使用法定计量单位。

（7）误差分析　分析误差产生的原因，写出实验中应注意的问题及改进意见。

（8）实验体会　包括对实验的感受、成功的经验、失败的总结。

（9）思考题　包括解答实验教材上的思考题和对实验中的现象、产生的误差等进行讨论和分析，尽可能地结合分析化学中的有关理论，以提高自己分析问题、解决问题的能力，也为以后的科学研究论文的撰写打下一定的基础。

**\* 3. 分析报告**

要出具完整、规范的分析报告，必须具备查阅产品标准和法定计量单位的能力，还要掌握生产工艺控制指标，只有这样，才能对分析检验的项目做出正确的结论。同时，填写分析报告要求字迹清晰，数字用印刷体。

分析报告的主要内容有以下 6 项：

（1）样品名称、编号。

（2）检验项目。

（3）平行测定次数。

（4）测定平均值、标准偏差（或相对平均偏差）。

（5）实验结论。

（6）检验人、复核人、分析日期。

## 二、实验数据的处理及分析结果的表达

在常规分析中，通常是一个试样平行测定三次，在不超过允许的相对误差范围内，取三次测定结果的平均值。分析结果一般报告以下三项：

（1）测定次数；

（2）被测组分含量的平均值 $\bar{x}$ 或中位值 $x_m$；

（3）平均偏差 $\bar{d}$、相对平均偏差、标准偏差 $S$、相对标准偏差 RSD 等。

这些是分析化学实验中最常用的几种处理数据的表示方法。其中相对偏差是分析化学实验中最常用的确定分析测定结果好坏的方法。

其他有关实验数据的统计学处理，例如，置信度与置信区间、是否存在显著性差异的检

验及对可疑值的取舍判断等，可参考有关书籍和专著。

## 三、企业分析检验记录单样例

见表 1-1 和表 1-2。

#### 表 1-1　标准溶液的配制记录

| 配制溶液名称 | | | | | | 配制溶液浓度 | | | 日期 | |
|---|---|---|---|---|---|---|---|---|---|---|
| 基准物质名称 | | | | | | 基准溶液浓度 | | | | |
| 类别 | | | 配制 | | | | 校对 | | | |
| 项目 | 测定次数 | 1 | 2 | 3 | 4 | 1 | 2 | 3 | 4 | |
| 基准物质量或体积 | 称取量/g | | | | | | | | | |
| | 基准液体积/mL | | | | | | | | | |
| 滴定消耗溶液体积 | 初读数/mL | | | | | | | | | |
| | 末读数/mL | | | | | | | | | |
| | 消耗量/mL | | | | | | | | | |
| 空白实验值/mL | | | | | | | | | | |
| 计算公式 | | | | | | | | | | |
| 计算结果/(mol/L) | | | | | | | | | | |
| 平均值/(mol/L) | | | | | | | | | | |
| 配制与校对平均值/(mol/L) | | | | | | | | | | |
| 配制人 | | | 校对人 | | | | 班长 | | | |

#### 表 1-2　样品测定记录

| 样品名称 | |
|---|---|
| 采样时间 | 月　　日　　时　　　　　月　　日　　时 |
| 采样地点 | |
| 标准溶液浓度/(mol/L) | |
| 取样量/g | |
| 始读数/mL | |
| 终读数/mL | |
| 消耗量/mL | |
| 计算公式 | |
| 结果(质量分数)/% | |
| 分析人 | |
| 核对人 | |

## 练 习 题

#### 一、选择题

1. 测定某铁矿石中硫的含量，称取试样 0.2952g，下列分析结果合理的是（　　）。

    A. 32%　　　B. 32.4%　　　C. 32.42%　　　D. 32.420%

2. 定量分析工作要求测定结果的误差（　　）。
   A. 愈小愈好　　B. 等于 0　　C. 没有要求　　D. 在允许误差范围内
3. 下列各数中，有效数字位数为四位的是（　　）。
   A. $[H^+]=0.0003mol/L$　　　　　　B. $pH=8.89$
   C. $c(HCl)=0.1001mol/L$　　　　　D. $4000mg/L$
4. 在实际分析工作中，常用（　　）来核验、评价分析结果的准确度。
   A. 标准物质和标准方法　　　　　　B. 重复性和再现性
   C. 精密度　　　　　　　　　　　　D. 空白试验
5. $1.34\times10^{-3}$ ‰的有效数字是（　　）位。
   A. 6　　B. 5　　C. 3　　D. 8
6. 下列数字中，有三位有效数字的是（　　）。
   A. pH 为 4.30　　　　　　　　　　B. 滴定管内溶液的消耗体积为 5.40mL
   C. 分析天平称量 5.3200g　　　　　D. 托盘天平称量 0.50g
7. 某标准滴定溶液的浓度为 0.5010mol/L，它的有效数字是（　　）。
   A. 5 位　　B. 4 位　　C. 3 位　　D. 2 位
8. 用 25mL 的移液管移出的溶液体积应记为（　　）。
   A. 25mL　　B. 25.0mL　　C. 5.00ml　　D. 25.000mL
9. 对有效数字进行乘除法运算时，以（　　）进行修约。
   A. 小数点后位数最少的为准　　　　B. 小数点前位数最少的为准
   C. 有效数字位数最少的为准　　　　D. 有效数字位数最多的为准
10. 分析工作中实际能够测量到的数字称为（　　）。
   A. 精密数字　　B. 准确数字　　C. 可靠数字　　D. 有效数字

**二、判断题**

1. 数据的运算应先修约再运算。（　　）
2. 在分析测定中，测定的精密度越高，则分析结果的准确度越高。（　　）
3. 原始记录可以先用草稿纸记录，再整齐地抄写在记录本上，但必须保证是真实的。（　　）
4. 在 3.50‰、20.05、0.0006、63210 数据中的"0"只是起定位作用。（　　）
5. 在记录原始数据的时候，如果发现数据记错，应将该数据用一横线划去，在其旁边另写更正数据。（　　）
6. 有效数字就是可以准确测定到的数字。（　　）

# 第四节　分析实验室用水

## 一、蒸馏水的制备

在分析工作中，仪器的洗涤、样品的处理、溶液的配制都需要用水，根据实验任务和要求，采用不同级别的蒸馏水。国家标准 GB/T 6682—92 中规定了实验室用水规格、技术指标、制备方法和检验方法。

实验室用蒸馏水的制备方法很多，有蒸馏法、离子交换法、电渗析法、反渗透法等。不同的制备方法，其水质也不同，但是制备蒸馏水的原料水必须是饮用水或比较纯净的水。下面简要介绍几种制备蒸馏水的方法。

### 1. 蒸馏法

蒸馏法是利用水与杂质的沸点不同，将原料水用蒸馏装置加热成蒸汽，除去水中的不挥发性杂质，再将水蒸气冷凝成水的一种方法。常用的蒸馏器的材质有玻璃、铜及石英等。该法能除去水中的不挥发性杂质及微生物等，但不能除去易溶于水的气体。一次蒸馏所得的蒸馏水仍含有微量的杂质，只能用于定性分析或一般工业分析。对于要求较高的分析操作实验，必须采用多次蒸馏而得的高纯蒸馏水。蒸馏法的设备成本低，操作简单，但能源消耗大。值得注意的是，以生产中的废汽冷凝制得的"蒸馏水"，由于含有较多杂质，因此不能直接用于分析化学实验。

**2. 离子交换法**

离子交换法是将自来水通过内装有阳离子和阴离子交换树脂的离子交换柱，利用离子交换树脂中的活性基团与水中的杂质离子的交换作用，以除去水中的杂质离子，实现净化水的方法。用此法制备的蒸馏水又称去离子水。本方法去离子效果好，成本低，产量大，可以满足工业生产上需要的高蒸馏水的要求，但设备及操作较复杂，不能除去水中非离子型杂质，因而去离子水中常含有微量的有机物，且还有微量树脂溶解在去离子水中，使用中要注意它们的影响。

**3. 电渗析法**

电渗析法是在离子交换技术的基础上发展起来的一种方法。它是在直流电场的作用下，利用阴、阳离子交换膜对溶液中离子的选择性透过而使溶液中的溶质和溶剂分开，从而分离出杂质，达到制备蒸馏水的目的。此法也不能除去非离子型杂质，制得的水水质较差，一般只适合于要求不太高的分析工作。

另外，二级反渗透装置制备的蒸馏水已经能满足大多数实验的要求。

## 二、蒸馏水的类别

根据标准 GB/T 6682—92，实验室用水可分三级。

（1）一级水　基本不含可溶性或胶态离子杂质及有机物。一般用二级水经过石英蒸馏设备或离子交换混合床处理后，再经 $0.2\mu m$ 微孔滤膜过滤而制得。一级水用于有严格要求的分析实验，如高效液相色谱分析等。

（2）二级水　一般含微量的无机、有机或胶态杂质。采用蒸馏、反渗透或去离子处理后再经蒸馏等方法制备而得。主要用于无机痕量分析实验，如原子吸收光谱分析等。

（3）三级水　实验室中使用最普遍的蒸馏水。多采用蒸馏法制备，所以实验室常称其为蒸馏水。目前大多改用离子交换法、电渗析法或反渗透法制备。三级水适用于一般化学分析实验。实验室用水规格见表1-3。

表 1-3　分析实验室用水水质指标

| 水质指标 | | 一级水 | 二级水 | 三级水 |
|---|---|---|---|---|
| pH 范围(25℃) | | — | — | 5.0～7.5 |
| 电导率(25℃)/(mS/m) | ≤ | 0.01 | 0.10 | 0.50 |
| 可氧化物质(以 O 计)/(mg/L) | ≤ | — | 0.08 | 0.4 |
| 蒸发残渣[(105±2)℃]/(mg/L) | ≤ | — | 1.0 | 2.0 |
| 吸光度(254nm,1cm 光程) | ≤ | 0.001 | 0.01 | — |
| 可溶性硅(以 $SiO_2$ 计)/(mg/L) | ≤ | 0.01 | 0.02 | — |

注：1. 由于在一、二级蒸馏水的纯度下，很难测定其真实的 pH，因此只需测定三级水的 pH。

2. 一、二级水需用新制备的水"在线"测定。

3. 由于在一级水的纯度下，很难测定可氧化物质和蒸发残渣，故对其量不作规定，可用其他条件和制备方法来保证一级水的质量。

## 三、蒸馏水的质量检验

分析化学实验用水一般符合 GB/T 6682—92 中的三级水标准即可。蒸馏水的水质检验，有标准法和一般常用方法。对于一般分析工作用的蒸馏水，通常用物理检验法或化学检验法检验合格，即可满足使用需要。现将主要检验项目分述如下。

**1. 电导率**

一般可使用电导仪测定蒸馏水的电导率。水的电导率越低，表示水中的离子越少，水的纯度越高。测定方法为：将 300mL 待测水注入烧杯中，插入洁净光亮的铂电极，用电导仪测定其电导率，若测定值不大于 0.50mS/m，则符合三级水标准。

**2. pH 范围**

普通蒸馏水的 pH 应在 5.0～7.5（25℃），可用精密 pH 试纸或酸碱指示剂检验（甲基红检验不显红色，溴百里酚蓝检验不显蓝色），但更准确的方法是用酸度计测定。

**3. 阳离子（$Ca^{2+}$、$Mg^{2+}$）的检验**

取 10mL 水样，加入氨性缓冲溶液（pH＝10）2mL、5g/L 的铬黑 T 指示剂 2 滴，摇匀。溶液若呈蓝色，则表示各种阳离子含量甚低，指标合格；若呈紫红色，则表示不符合指标。

**4. $Cl^-$ 的检验**

取 10mL 水样，加入数滴 4mol/L 的 $HNO_3$，再加 2～3 滴 10g/L 的 $AgNO_3$ 溶液，摇匀后未见浑浊，即为合格。

其他指标的测试方法可直接参见标准 GB/T 6682—92。

## 四、化学检验用水的贮存及选用

蒸馏水均宜使用密闭的专用聚乙烯容器存放。三级水也可使用密闭的专用玻璃容器存放。在贮存期间，应严格保持纯净，防止污染。污染的主要来源是容器中可溶性成分的溶解、空气中的 $CO_2$ 及其他污染物。故一级水不可贮存，应使用前临时制备；二、三级水可适量制备，分别贮存于预先用同级水冲洗过的相应容器中。

蒸馏水制备不易，也较难保存，应根据实验中对水的质量要求选用适当级别的蒸馏水，并注意尽量节约用水，养成良好的用水习惯。

在化学分析实验中，主要使用三级水，有时也需要将三级水加热煮沸后使用，特殊情况下也使用二级水。在仪器分析实验中主要使用二级水，有的实验还需使用一级水。

---

**阅读材料**

### 膜分离蒸馏水制备技术

水处理中最常用的膜分离方法有电渗析、反渗透、超过滤和微孔膜过滤等。电渗析是利用离子交换膜对阴、阳离子的选择透过性，以直流电场为推动力的膜分离方法；而反渗透、超过滤和微孔膜过滤则是以压力为推动力的膜分离方法。

膜分离方法具有无相态变化、分离时节省能源、可连续操作等优点。反渗透和电渗析在水处理中主要应用在初级除盐和海水淡化中；微孔膜过滤可除去悬浮物（胶体、细菌）和各种微粒；超过滤主要用来除去水中的大分子和胶体。

1. 反渗透

只能透过溶剂而不能透过溶质的膜一般称为理想的半透膜。当把溶剂和溶液分别置于半透膜的两侧时，纯溶剂将自然穿过半透膜而自发地向溶液一侧流动，这种现象叫作渗透。当到达平衡时，两侧的液面便产生一压差 $H$，以抵消溶剂和溶液进一步流动的趋势，这时的压差 $H$ 称为渗透压［见图 1-1(a)］。渗透压的大小取决于溶液的种类、浓度和温度。反渗透是用足够的压力使溶液中的溶剂（一般常用水）通过反渗透膜（或称半透膜），开始从溶液一侧向溶剂一侧流动，将溶剂分离出来，因为这个过程和自然渗透过程的方向相反，故称反渗透（RO）。根据各种物料的不同渗透压，就可以使用大于渗透压的反渗透方法达到分离的目的［见图 1-1(b)］。反渗透的对象主要是分离溶液中的离子，也可分离有机物、细菌、病毒和热源等。分离过程不需加热，具有耗能少、设备体积小且操作简单、适应性强、应用范围广等优点。其主要缺点是设备费用较高，有时膜会因预处理水质不良而发生堵塞，清洗也较麻烦。反渗透在水处理中应用日益扩大，已成为水处理技术的重要方法之一。

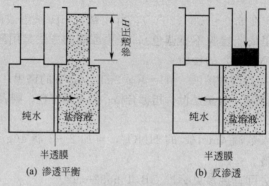

图 1-1　渗透和反渗透示意图

### 2. 超过滤

超过滤（UF）简称超滤。一般用来分离相对分子质量大于 500 的溶质，分离溶质的相对分子质量上限为 50 万左右，这一范围内的物质主要为大分子化合物和胶体。

超过滤膜具有不对称多孔结构，孔径为 $3 \sim 50 nm$，粗孔甚至可达 $1 \mu m$。超过滤膜的功能是以筛分机理为主。常用的超过滤膜商品品种分为能截留相对分子质量 10000、50000、100000、200000 和 1000000 等几种规格。

### 3. 微孔膜过滤

微孔膜过滤（MF）使用高分子材料制成的多孔薄膜，孔径为 $0.01 \sim 10 \mu m$，孔隙率很高，膜的厚度为 $75 \sim 180 \mu m$。微孔膜能有效地去除比膜孔大的粒子和微生物，不能去除无机溶质、热源和胶体。膜不能再生，常用于液体和气体的精密过滤、细菌分离、高蒸馏水和高纯气体的过滤等。

## ∴ 练 习 题 ∴

### 一、选择题

1. 分析用水的质量要求中，不用进行检验的指标是（　　）。

   A. 阳离子　　B. 密度　　C. 电导率　　D. pH

2. 在分析化学实验室常用的去离子水中，加入 1～2 滴甲基橙指示剂，则应呈现（　　）。

   A. 紫色　　B. 红色　　C. 黄色　　D. 无色

3. 三级分析用水可氧化物质的检验，所用氧化剂应为（　　）。

   A. 重铬酸钾　　B. 氯化铁　　C. 高锰酸钾　　D. 碘单质

4. 国家标准规定的实验室用水分为（　　）级。

　　A. 4　　B. 5　　C. 3　　D. 2

5. 阳离子交换树脂含有可被交换的（　　）活性基团。

　　A. 酸性　　　B. 碱性　　　C. 中性　　　D. 两性

6. 普通分析用水 pH 应为（　　）。

　　A. 5～6　　　B. 5～6.5　　　C. 5～7.0　　　D. 5～7.5

7. 用作配制标准溶液的溶剂的水最低要求为（　　）。

　　A. 一级水　　　B. 二级水　　　C. 三级水　　　D. 四级水

8. 分析用水的电导率应小于（　　）。

　　A. $6.0\mu S/cm$　　B. $5.5\mu S/cm$　　　C. $5.0\mu S/cm$　　　D. $4.5\mu S/cm$

9. 痕量组分的分析应使用（　　）水。

　　A. 一级　　　B. 二级　　　C. 三级　　　D. 四级

10. 一级水主要用于下列哪类分析试验？（　　）

　　A. 化学分析　　　　　　　B. 电位分析

　　C. 原子吸收分析　　　　　D. 高效液相色谱分析

11. 下列哪一个不是实验室制备纯水的方法？（　　）

　　A. 萃取　　　B. 蒸馏　　　C. 离子交换　　　D. 电渗析

**二、判断题**

1. 水的电导率小于 0.50mS/m 时，可满足一般化学分析的要求。（　　）

2. 配制 NaOH 标准溶液时，所采用的蒸馏水应为去 $CO_2$ 的蒸馏水。（　　）

3. 分析实验所用的水，其纯度符合标准的要求即可。（　　）

4. 怀疑配制试液的水中含有杂质铁，应做对照试验。（　　）

5. 用纯水洗涤玻璃仪器时，使其既干净又节约用水的原则是少量多次。（　　）

6. 国家规定实验室用水分为四级。（　　）

7. 一级水的杂质含量比二级水的多。（　　）

8. 高效液相色谱分析用水一般选用三级水。（　　）

9. 蒸馏法制高纯水，可用石英蒸馏器，经煮沸蒸馏制得。（　　）

10. 使用不含 $CO_2$ 的水，可将蒸馏水煮沸后冷却制得。（　　）

11. 分析用水应选用纯度最高的蒸馏水。（　　）

12. 检验水的纯度通常用酸碱滴定法。（　　）

13. 分析用一级水应保存在普通玻璃容器内。（　　）

# 第五节　化 学 试 剂

　　化学试剂是符合一定质量标准并满足一定纯度要求的化学药品，它是分析工作中必不可少的因素。充分了解化学试剂的类别、性质、用途与安全使用方面的知识，将有助于提高分析检验工作的质量。

## 一、化学试剂的分类和规格

　　化学试剂种类繁多，世界各地的分类分级标准也不统一。我国的化学试剂产品有国家标准（GB）、原化工部标准（HG）、企业标准（QB）三级。我国根据质量标准和用途的不同，将化学试剂分为标准试剂、普通试剂、高纯试剂和专用试剂四大类。

### 1. 标准试剂

　　标准试剂是用来衡量其他物质化学量的标准物质。标准试剂的特点是主体成分含量高而且准确可靠。标准试剂一般由大型试剂厂生产，并经过严格的国家标准检验。

容量分析中采用的标准试剂又称为基准试剂，它分为 C 级（第一基准，主成分 99.98%～100.02%）和 D 级（工作基准，主成分 99.95%～100.05%）两级。其中 D 级基准试剂是滴定分析中使用的标准物质，也可用于直接配制标准溶液，标签使用浅绿色。

常用的 D 级基准试剂见表 1-4。

表 1-4　常用的 D 级基准试剂

| 试　剂　名　称 | 国家标准代号 | 主　要　用　途 |
|---|---|---|
| 无水碳酸钠 | GB 1255—90 | 标定 $HCl$、$H_2SO_4$ 溶液 |
| 邻苯二甲酸氢钾 | GB 1257—89 | 标定 $NaOH$、$HClO_4$ 溶液 |
| 氧化锌 | GB 1260—90 | 标定 EDTA 溶液 |
| 碳酸钙 | GB 12596—90 | 标定 EDTA 溶液 |
| 乙二胺四乙酸二钠 | GB 12593—90 | 标定金属离子溶液 |
| 氯化钠 | GB 1253—89 | 标定 $AgNO_3$ 溶液 |
| 硝酸银 | GB 12595—90 | 标定卤化物及硫氰酸盐溶液 |
| 草酸钠 | GB 1254—90 | 标定 $KMnO_4$ 溶液 |
| 三氧化二砷 | GB 1256—90 | 标定 $I_2$ 溶液 |
| 重铬酸钾 | GB 1259—89 | 标定 $Na_2S_2O_3$ 溶液 |
| 碘酸钾 | GB 1258—90 | 标定 $Na_2S_2O_3$、$FeSO_4$ 溶液 |
| 溴酸钾 | GB 12594—90 | 标定 $Na_2S_2O_3$ 溶液 |

**2. 普通试剂**

普通试剂是分析化学实验中使用最多的通用试剂。普通试剂的级别及其适用范围，见表 1-5。

表 1-5　普通试剂的级别及适用范围

| 等级 | 纯度 | 英文符号 | 适用范围 | 标签颜色 |
|---|---|---|---|---|
| 一级 | 优级纯（保证试剂） | G. R. | 精密分析实验和科学研究工作 | 绿色 |
| 二级 | 分析纯 | A. R. | 一般分析实验和科学研究工作 | 红色 |
| 三级 | 化学纯 | C. P. | 一般分析工作 | 蓝色 |
| 四级 | 实验试剂 | L. R. | 一般化学实验和辅助试剂 | 棕色或其他颜色 |
| 生化试剂 | 生物染色剂（生化试剂） | B. R. | 生物化学及医用化学实验 | 咖啡色（玫瑰色） |

化学试剂中，指示剂纯度往往不太明确。除少数标明"分析纯"、"试剂四级"外，经常只写明"化学试剂"、"企业标准"或"部颁暂行标准"等。

生物化学中使用的特殊试剂，纯度表示和化学中一般试剂的表示也不相同。

在一般分析工作中，通常要求使用分析纯试剂。

**3. 高纯试剂**

高纯试剂的主成分含量与优级纯试剂相当，其杂质含量很低（控制在 $10^{-6}$～$10^{-9}$ 范围内），主要用于微量分析中试样的分解及试液的制备。高纯试剂属于通用试剂，目前我国仅颁布了 8 种高纯试剂的国家标准，其他产品一般执行企业标准。各个生产厂家对高纯试剂的称谓也不统一，例如有"超纯"或"特纯"等标记，使用时应予注意。

**4. 专用试剂**

专用试剂是指有特殊用途的试剂，其主成分含量高，杂质含量低。它主要用于特定的用途，干扰杂质的成分只需要控制在不致产生明显干扰的限度以下。专用试剂种类繁多，如紫外及红外实验的光谱纯试剂、色谱实验中的色谱纯试剂、气相色谱载体及固定液、液相色谱填料、薄层色谱试剂、核磁共振试剂等。

　　分析工作者必须对化学试剂标准有一明确的认识，做到科学地存放和合理地使用化学试剂，既不超规格造成浪费，又不随意降低规格而影响分析结果的准确度。

## 二、化学试剂的选用和注意事项

### 1. 化学试剂的选用

　　化学试剂的选用原则是在满足实验要求的前提下，尽量选择低级别的试剂，但是也不能随意降低试剂级别而影响分析结果的准确度。试剂的选用应考虑以下情况：

　　（1）一般滴定分析常用的标准溶液，应采用分析纯试剂配制，D级基准试剂标定；而对分析结果要求不高的实验，则可用优级纯甚至分析纯试剂代替基准试剂；仪器分析一般选择优级纯、分析纯试剂或专用试剂；在痕量分析时，应选用高纯试剂。

　　（2）化学试剂的级别必须与相应的蒸馏水以及容器配合。例如，在精密分析实验中使用的优级纯试剂，需要以二次蒸馏水或去离子水及硬质硼硅玻璃器皿或聚乙烯器皿与之配合，才能符合实验要求。

　　（3）取用化学试剂，瓶塞应翻转倒置于洁净处，取后立即盖好，以防试剂沾污或变质。

　　（4）取用固体试剂时，应先用干净滤纸将洗净的药勺擦干，取用后，立即洗净药勺。

　　（5）用吸管吸取试剂溶液，应事先将吸管洗净并干燥。绝不允许同一吸管未经洗净就插入另一种试剂中使用。

　　（6）取出的试剂绝不允许再倒回原试剂瓶中。

　　（7）试剂瓶上必须有标签，并写明试剂名称、规格、配制日期、配制人等。书写标签最好用绘图墨汁，以防日久褪色；从试剂瓶中倒取试剂时要保护标签。

### 2. 化学试剂的保管

　　化学试剂保管不当会造成变质，引起分析误差，甚至造成事故。因此妥善、合理地保管化学试剂是一项相当重要的工作。一般的化学试剂要保存在干燥、洁净、通风良好的贮藏室中；注意远离火源，并防止水分、灰尘和其他物质的污染；注意试剂之间的相互影响引起的变质。在保管化学试剂时，还要注意以下几点：

　　（1）一般试剂应保存在通风良好、干净、干燥的贮藏室，分类存放。例如，无机试剂可按酸、碱、盐、氧化物、单质等分类；有机试剂一般常按官能团排列；指示剂可按用途分类；专用试剂可按测定对象分类。

　　（2）特殊试剂应采用特殊方法保存。例如，金属钠要保存在煤油中；白磷要保存在水中等。

　　（3）固体试剂应保存在广口瓶中；液体试剂一般要保存在细口玻璃瓶中。

　　（4）见光易分解的试剂应盛在棕色瓶中并置于暗处存放。

　　（5）容易侵蚀玻璃而影响纯度的试剂应保存在塑料瓶或涂有石蜡的玻璃瓶中。

　　（6）盛碱液的瓶子要用橡皮塞，不能使用磨口塞。

　　（7）吸水性强和易被空气氧化的试剂，应该蜡封处理。

　　（8）易相互作用的试剂应分开存放。

　　（9）易燃、易爆的试剂应该与其他试剂分开，存放于阴凉通风、不受光照的地方。

　　（10）剧毒试剂应有专人妥善保管，并严格领用手续，以免发生事故。

## 三、化学试剂效能的简易判断

　　化学试剂如果包装不良或保管不当、存放时间过长，由于自身的性质及环境因素的影响，其纯度将会降低，甚至变质失效。因此，在使用化学试剂前应进行检查，以免给分析工作造成不应有的失误。以下是化学试剂效能判断的一些简单、粗略的方法。

**1. 根据颜色判断**

许多化学试剂均有一定的颜色，如其颜色发生改变，往往会反映出品质的变化。例如，化学试剂 $FeSO_4 \cdot 7H_2O$ 是一种淡绿色结晶，若晶体表面呈现黄色或棕色，则表明 $Fe^{2+}$ 已被空气氧化为 $Fe^{3+}$。又如，化学试剂无水 $CuSO_4$ 为白色粉末，若其呈现蓝色，则表明已吸收了水分。

**2. 根据形态判断**

某些化学试剂的质量变化，常常伴随着形态的改变。如一些晶体试剂可能因风化、脱水或潮解变成粉末或糊状，甚至变成液体状态；一些液体试剂或溶液试剂也可能发生聚合等原因变成固体。例如，$MgCl_2 \cdot 6H_2O$ 很容易吸收空气中的水分并溶解在其中而变成溶液；甲醛的水溶液在 9℃ 以下或贮存过久则发生聚合形成白色的三聚甲醛沉淀。

**3. 根据气体的产生判断**

有些化学试剂变质后产生气体，因此通常可以从有无气味和气泡出现来判断是否变质。例如，无水 $FeCl_3$ 吸水后水解产生刺激性气体 $HCl$；过氧化氢分解后瓶的内壁附有氧气泡。

**4. 根据定性分析实验判断**

当通过化学试剂的外观不易判断其质量状况时，可通过定性分析实验的结果进行判断（参见有关定性分析教材内容）。

---

📖 **阅读材料**

### 实验室废弃物的处理

在化学实验过程中会产生各种废气、废液和废渣等有毒、有害的废弃物，为了保证实验人员的健康，以消除或减少其对环境的污染，应及时进行妥善处理，使之达到我国环境保护的有关排放规定。

1. 有毒废气的排放

实验室排出少量有毒气体，允许直接排到室外，被空气稀释。根据有关规定，放空管不得低于屋顶 3m。若废气量较多或毒性较大，则需通过化学方法进行处理后再放空。例如，$CO_2$、$NO_2$、$SO_2$、$Cl_2$、$H_2S$ 等酸性废气可用碱性溶液吸收；$NH_3$ 等碱性废气可用酸性溶液吸收；$CO$ 可先点燃转变成 $CO_2$ 后再用碱性溶液吸收等。

2. 有毒、有害废液和废渣的处理

有毒、有害的废液和废渣不可直接倒入垃圾堆，必须经过化学处理使其转化为无害物后再行排放。

含六价铬的化合物可加入还原剂（$FeSO_4$、$Na_2S_2O_3$）使之还原为三价铬后，再加入碱（$NaOH$、$Na_2CO_3$）调 pH 为 6～8，使之生成氢氧化铬沉淀除去。

氰化物可用硫代硫酸钠处理，使其生成毒性较低的硫氰酸盐；也可加入次氯酸钠使氰化物分解为 $CO_2$ 和 $N_2$ 而除去。

含硫、含磷的有机剧毒农药可先与氧化钙作用，再用碱液处理，使其迅速分解失去毒性。

硫酸二甲酯先用氨水再用漂白粉处理；苯胺可用盐酸或硫酸中和成盐。

含砷化合物的废液，加入 $FeSO_4$，并用 NaOH 调 pH 至 9，以便使砷化物生成亚砷酸钠或砷酸钠与氢氧化铁共沉淀而除去。

汞可用硫黄处理生成无毒的 HgS；含汞盐或其他重金属离子的废液中加入硫化钠，便可生成难溶性的氢氧化物、硫化物等，再将其深埋地下。

## 练习题

### 一、选择题

1. 分析纯试剂瓶的标签颜色为（　　）。
　　A. 金光红色　　B. 中蓝色　　C. 深绿色　　D. 玫瑰红色

2. 分析纯试剂瓶的标签上英文字母的缩写为（　　）。
　　A. G. R.　　B. A. R.　　C. C. P.　　D. L. P.

3. 用原子吸收分光光度法测定高纯 Zn 中的 Fe 含量时，应当采用（　　）的盐酸。
　　A. 优级纯　　B. 分析纯　　C. 工业级　　D. 化学纯

4. 氧气通常灌装在（　　）色的钢瓶中。
　　A. 白　　B. 黑　　C. 深绿　　D. 天蓝

5. 下列不属于易燃液体贮存温度范围的是（　　）。
　　A. 20℃　　B. 25℃　　C. 28℃　　D. 30℃

6. 作为基准试剂，其杂质含量应略低于（　　）。
　　A. 分析纯　　B. 优级纯　　C. 化学纯　　D. 实验试剂

7. 下列药品需要用专柜由专人负责贮存的是（　　）。
　　A. KOH　　B. KCN　　C. $KMnO_4$　　D. 浓 $H_2SO_4$

8. 下列物质能腐蚀玻璃的是（　　）。
　　A. 氢氟酸　　B. 盐酸　　C. 氢溴酸　　D. 氢碘酸

9. 碱金属该保存在（　　）。
　　A. 水中　　B. 砂中　　C. 酒精中　　D. 石蜡或煤油中

10. 实验室中应尽量避免使用剧毒试剂，尽可能使用（　　）试剂代替。
　　A. 难挥发　　B. 无毒或难挥发　　C. 低毒或易挥发　　D. 低毒或无毒

### 二、判断题

1. 压缩气体钢瓶应避免日光照射或远离热源。（　　）
2. 在分析化学实验中常用化学纯的试剂。（　　）
3. 中华人民共和国强制性国家标准的代号是 GB/T。（　　）
4. 化学试剂标准可以从国家标准、行业标准、企业标准中任意选定。（　　）
5. KCN、$As_2O_3$ 等剧毒试剂应特别保管，以免发生中毒事故。（　　）
6. 氢氟酸、氢氧化钾可直接保存在玻璃瓶中。（　　）
7. 分析实验室不应贮存大量易燃的有机溶剂。（　　）
8. 存放药品时，应将氧化剂与有机化合物和还原剂分开保存。（　　）
9. 市售浓 HCl 含 HCl 的质量分数为 $36\%\sim38\%$，浓 $H_2SO_4$ 的质量分数为 $95\%\sim98\%$。（　　）
10. 一些见光分解的试剂应保存在白色试剂瓶中。（　　）
11. 应根据分析任务、分析要求选用不同纯度的化学试剂。（　　）
12. 分析纯试剂的纯度高于优级纯。（　　）
13. 用于标定的化学试剂常用纯度级别为分析纯。（　　）

14. 化学纯试剂的标签是红色的。（    ）

15. 存放化学试剂的仓库应密闭不通风，以防试剂挥发。（    ）

16. 所有试剂一律分类存放，严格分区。（    ）

17. 强氧化剂不应与有机溶剂一起存放，避免发生燃烧或爆炸。（    ）

18. 实验室不应存放大量化学试剂，应随用随领。（    ）

19. 剧毒试剂如氰化钾、三氧化二砷等应设专人管理，建立领用手续。（    ）

20. 液体试剂应存放在广口瓶中。（    ）

# 第六节　实验室常用溶液的配制

分析工作中常用到各种各样的试剂溶液，如常用的酸、碱、盐溶液，标准溶液，指示剂溶液，缓冲溶液，特殊试剂和制剂溶液等。

由于化学试剂的性质不同，对溶液组成浓度的准确度要求不同，所用溶剂不同（虽然大多数是水溶液，但也有用混合溶剂的，也有配成固态掺和物的），所以配制方法、操作要求也各不相同。

## 一、一般溶液的配制

一般试剂溶液主要是指普通酸、碱、盐溶液。对这类溶液的组成浓度一般不需要十分准确。因此，在配制操作时也不要求十分严格。一般可选用分析纯规格的化学试剂，所用水应符合三级实验室用水标准。

### 1. 由固体试剂配制溶液

先算出配制一定浓度、体积溶液所需的固体试剂的质量。在托盘天平或分析天平上称出所需量的固体试剂，于烧杯中先用适量水溶解，搅动，再稀释至所需的体积。试剂溶解时若有放热现象（或以加热促使溶解），应待溶液冷却后，再转入试剂瓶中。配好的溶液应马上贴好标签，注明溶液的名称、浓度和配制日期。

### 2. 由液体试剂（或浓溶液）配制溶液

先算出配制一定体积、浓度溶液所需的液体（或浓溶液）的用量。用量筒量取所需的液体（或浓溶液），加到装有少量水的烧杯中，搅动均匀混合，再稀释至所需的体积。如果溶液发热，需冷却至室温后，将溶液转移到试剂瓶中，贴上标签，备用。

### 3. 注意事项

（1）有一些易水解的盐，在配制溶液时，需加入适量酸，再用水或稀酸稀释。有些易被氧化或还原的试剂，常在使用前临时配制；或采取措施，防止其被氧化或还原。

（2）易侵蚀或腐蚀玻璃的溶液，不能盛放在玻璃瓶内。如氟化物应保存在聚乙烯瓶中；装强碱溶液的玻璃瓶应换成橡皮塞（强碱溶液最好也盛于聚乙烯瓶中）。

（3）配制溶液时，要合理选择试剂的级别。不要超规格使用试剂，以免造成浪费；也不要降低规格使用试剂，以免影响分析结果的准确度。

（4）经常并大量使用的溶液，可先配制成浓度为使用浓度 10 倍的贮备液，需要时取贮备液稀释 10 倍即可。

## 二、标准溶液的配制

标准溶液是已确定其主体物质浓度或其他特性量值的溶液。分析化学实验中常用的标准溶液主要有三类，即滴定分析用标准滴定溶液、仪器分析用标准溶液和 pH 测量用标准缓冲溶液。

滴定分析用标准滴定溶液用于测定试样中的常量组分，其浓度值保留四位有效数字，其不确定度为±0.2%左右。通常有以下两种配制方法。

**1. 直接法**

用分析天平准确称取一定量的基准试剂，溶于适量的水中，再定量转移到容量瓶中，用水稀释至刻度。根据称取试剂的质量和容量瓶的体积，计算它的准确浓度。这种方法比较简单，但成本很高，不宜大量使用。

基准物质是纯度很高、组成一定、性质稳定的试剂，它相当于或高于优级纯试剂的纯度。基准物质可用于直接配制标准滴定溶液或用于标定溶液的浓度。作为基准试剂，应具备下列条件：

（1）试剂的组成与其化学式完全相符；

（2）试剂的纯度应足够高（一般要求纯度在99.9%以上），而杂质的含量应低到不至于影响分析的准确度；

（3）试剂在通常条件下应该稳定；

（4）试剂参加反应时，应按反应式定量进行，没有副反应。

基准试剂要预先按规定的方法（参阅附录二）进行干燥恒重处理。

**2. 标定法**

实际上只有少数试剂符合基准试剂的要求，而且很多标准滴定溶液没有适用的标准物质供直接配制（例如 HCl、NaOH 溶液等），而要用间接的方法，即标定法。在这种情况下，先用分析纯试剂配成接近所需浓度的溶液，然后用基准试剂或另一种已知准确浓度的标准溶液来标定它的准确浓度。

配制这类标准滴定溶液时要注意以下几点：

（1）要选用符合实验要求的蒸馏水。配位滴定和沉淀滴定用的标准溶液对蒸馏水的质量要求较高，一般应高于三级水的指标；其他标准滴定溶液通常使用三级水。配制 NaOH、$Na_2S_2O_3$ 等溶液时，要使用临时煮沸并快速冷却的蒸馏水。配制 $KMnO_4$ 溶液要煮沸 15min 以上并放置一周（以除去水中的还原性物质，使溶液比较稳定），过滤后再标定。

（2）当一溶液可用多种标准物质及指示剂进行标定时（如 EDTA 溶液），原则上应使标定时的实验条件与测定试样时相同或相近，以避免可能产生的系统误差。使用标准溶液时的室温与标定时若有较大差别（相差 5℃以上），应重新标定或根据温差和水溶液的膨胀系数进行浓度校正。总之，不能以为标准溶液一旦配成就可永远如初使用。

（3）标准溶液均应密闭存放，避免阳光直射甚至应完全避光。由于水分蒸发，水珠凝于瓶壁，使用前应将溶液摇匀。较稳定的标准滴定溶液的标定周期为 1～2 个月。溶液的标定周期长短，除与溶质本身的性质有关外，还与配制方法、保存方法及实验室的环境有关。浓度低于 0.01mol/L 的标准滴定溶液不宜长期存放，应在临用前用较高浓度的标准滴定溶液进行定量稀释。

（4）当对实验结果的准确度要求不是很高时，可用优级纯或分析纯试剂代替同种的基准试剂进行标定。

## 三、常用指示剂溶液的配制

指示剂是一类颜色会发生变化的物质，其颜色变化的原因是由于溶液中某种性质的变化而引起的，其作用是指示滴定终点的到达，以便确定是否应当停止滴定操作。根据引发指示剂颜色变化的原因及其用途，一般常分为：酸碱指示剂、氧化还原指示剂、配位滴定指示剂、沉淀滴定指示剂等。

配制指示剂溶液时，需称取的指示剂量往往很少，这时可用分析天平称量，但只要读取两位有效数字即可；要根据指示剂的性质，采用合适的溶剂，必要时还要加入适当的稳定剂，并注意其保存期；配好的指示剂一般贮存于棕色瓶中。

常用指示剂溶液的配制方法见附录五。

## 四、常用缓冲溶液的配制

缓冲溶液是一种能够抗御少量强酸（或强碱）对溶液酸度（或碱度）的影响，而保持溶液 pH 基本不变的溶液。缓冲溶液可分为一般缓冲溶液和标准缓冲溶液两类。

### 1. 一般缓冲溶液

一般缓冲溶液多用于控制化学反应的酸度范围，主要由浓度较大的弱酸及其共轭碱、弱碱及其共轭酸组成。一般而言，对其 pH 的要求并不很严，但要求缓冲能力较大。

一般缓冲溶液的配制见附录四。

### 2. 标准缓冲溶液

用 pH 计测量溶液的 pH 时，必须先用 pH 标准缓冲溶液对仪器进行校准（亦称定位）。

pH 标准缓冲溶液是具有准确 pH 的专用缓冲溶液，要使用 pH 基准试剂进行配制。一般实验室常用的 6 类标准缓冲物质是：四草酸钾、酒石酸氢钾、邻苯二甲酸氢钾、磷酸氢二钠-磷酸二氢钾、四硼酸钠和氢氧化钙。标准缓冲溶液的 pH 随温度变化而改变，见表 1-6。

表 1-6    标准缓冲溶液在不同温度下的 pH

| 试剂[浓度/(mol/L)] | 温　　度/℃ | | | | | |
|---|---|---|---|---|---|---|
| | 10 | 15 | 20 | 25 | 30 | 35 |
| 四草酸钾(0.05) | 1.67 | 1.67 | 1.68 | 1.68 | 1.68 | 1.69 |
| 酒石酸氢钾(饱和) | | | | 3.56 | 3.55 | 3.55 |
| 邻苯二甲酸氢钾(0.05) | 4.00 | 4.00 | 4.00 | 4.00 | 4.01 | 4.02 |
| 磷酸氢二钠(0.025)-磷酸二氢钾(0.25) | 6.92 | 6.90 | 6.88 | 6.86 | 6.85 | 6.84 |
| 四硼酸钠(0.01) | 9.33 | 9.28 | 9.23 | 9.18 | 9.14 | 9.11 |
| 氢氧化钙(饱和) | 13.01 | 12.82 | 12.64 | 12.46 | 12.29 | 12.13 |

国家标准《pH 测量用缓冲溶液制备方法》（GB 11076—89）中规定的 6 种缓冲溶液的配制方法见附录四。

配制上述 6 种标准缓冲溶液可用优级纯或分析纯试剂，所用蒸馏水的电导率应不大于 0.02mS/m，最好使用二次蒸馏水或新制备的去离子水配制。配制碱性溶液所用的蒸馏水应预先煮沸 15min 以上，以除去其中的 $CO_2$。配好的 pH 标准缓冲溶液应贮存在玻璃试剂瓶或聚乙烯试剂瓶中，硼酸盐和氢氧化钙标准缓冲溶液存放时应防止空气中的 $CO_2$ 进入。缓冲溶液一般可保存 2～3 个月，若发现浑浊、沉淀或发霉现象，则不能继续使用。

有的 pH 基准试剂有小包装产品，使用很方便，不需要进行干燥和称量，直接将袋内的试剂全部溶解并稀释至一定体积（一般为 250mL）即可使用。

## 五、常用试纸的制备

试纸是用滤纸浸渍了指示剂或液体试剂制成的。在检验分析中经常使用试纸来代替试剂，用来定性检验一些溶液的性质或某些物质是否存在，操作简单，使用方便。通常使用的试纸有酸碱试纸和特性试纸两大类。

**1. 酸碱试纸**

（1）pH 试纸　国产 pH 试纸分为广泛 pH 试纸和精密 pH 试纸两种。广泛 pH 试纸按变色范围分为 1～10、1～12、1～14、9～14 四种，最常用的是 1～14 的 pH 试纸。精密 pH 试纸按变色范围分类更多，如变色范围在 2.7～4.7、3.8～5.4、5.4～7.0、6.8～8.4、8.2～10.0、9.5～13.0 等。精密 pH 试纸测定的 pH，其变化值小于 1，很容易受空气中酸碱性气体的影响，不易保存。

（2）石蕊试纸　石蕊试纸分红色和蓝色两种。酸性溶液使蓝色石蕊试纸变红，碱性溶液使红色石蕊试纸变蓝。

（3）其他酸碱试纸

① 酚酞试纸。白色，遇碱性介质变红。

② 苯胺黄试纸。黄色，遇酸性介质变红。

③ 中性红试纸。有黄色和红色两种。黄色中性红试纸遇碱性介质变红，遇强酸性介质变蓝；红色中性红试纸遇碱性介质变黄，遇强酸性介质变蓝。

**2. 特性试纸**

（1）碘化钾-淀粉试纸　将 2.5g 可溶性淀粉加 25mL 水搅匀，倾入 225mL 沸水中，再加 1g KI 和 1g $Na_2CO_3$，用水稀释成 500mL。将滤纸浸入浸渍，取出在阴凉处晾干成白色，剪成条状贮存于棕色瓶中备用。碘化钾-淀粉试纸用来检验 $Cl_2$、$Br_2$、$NO_2$、$O_2$、$HClO$、$H_2O_2$ 等氧化剂，它们可使试纸变蓝。

（2）醋酸铅试纸　将滤纸用 10% 的 $Pb(Ac)_2$ 溶液浸泡后，在无 $H_2S$ 的环境中晾干后贮存于棕色瓶中。醋酸铅试纸用来检验痕量 $H_2S$ 是否存在。$H_2S$ 气体与润湿的 $Pb(Ac)_2$ 试纸反应生成 PbS 沉淀，沉淀呈黑褐色并有金属光泽，有时颜色较浅，但定有金属光泽为特征。若溶液中 $S^{2-}$ 的浓度较小，加酸酸化逸出的 $H_2S$ 太少，用此试纸就不易检出。

（3）硝酸银试纸　将滤纸放入 2.5% 的 $AgNO_3$ 溶液中浸泡后，取出晾干，保存在棕色瓶中备用。试纸为黄色，遇 $AsH_3$ 有黑斑形成。

$$AsH_3 + 6AgNO_3 + 3H_2O \longrightarrow 6Ag(黑斑) + 6HNO_3 + H_3AsO_3$$

（4）溴化汞试纸　称取 1.25g 溴化汞，溶于 25mL 乙醇（95%）。将无灰滤纸放入该溶液中浸泡 1h，取出，于暗处晾干，贮存于棕色瓶中。

**3. 试纸的使用**

（1）pH 试纸的使用　用镊子取一小块试纸放在干净的表面皿边缘上或滴板上。用玻璃棒将待测溶液搅拌均匀，然后用棒端蘸少量溶液点在试纸中部，待试纸变色后与色阶板的标准色阶比较，确定溶液的 pH。

（2）石蕊试纸和酚酞试纸的使用　用镊子取一小块试纸放在干净的表面皿边缘上或滴板上。用玻璃棒将待测溶液搅拌均匀，然后用棒端蘸少量溶液点在试纸中部，观察试纸颜色的变化，确定溶液的酸碱性。

（3）碘化钾-淀粉试纸的使用　将一小块试纸用蒸馏水润湿后，放在盛待测溶液的试管口上，如有待测气体逸出，试纸则变色。必须注意不要使试纸直接接触待测物。

醋酸铅试纸和硝酸银试纸的用法与碘化钾-淀粉试纸基本相同，区别是润湿后的试纸盖在试管的口上。

使用试纸时，每次用一小块即可。取用时不要直接用手，以免手上沾有化学药品污染试纸。从容器中取出所需试纸后要立即盖好容器，使剩余试纸不受空气中杂质的污染。切勿将试纸直接投入被测溶液中，以免污染溶液。用过的试纸投入废物缸中。

## 六、常用洗涤液的种类、选用及配制

化学分析实验要求洗净的玻璃器皿应洁净透明，其内外壁能被水均匀地润湿而不挂水珠，可根据污垢的性质选用洗涤液进行洗涤。常见的几种洗涤液介绍如下。

### 1. 合成洗涤剂

用洗衣粉或洗洁精配制成一定浓度的溶液。一般的器皿都可以用它们洗涤，洗涤油脂类污垢效果良好。

### 2. 铬酸洗液

铬酸洗液具有强酸性和氧化性，适用于洗涤无机物和一般油污。用铬酸洗液浸泡沾污的容器一段时间，效果更好。

铬酸洗液的配制：在托盘天平上称取 10g 工业纯 $K_2Cr_2O_7$（或 $Na_2Cr_2O_7$），置于 500mL 烧杯中，先用少许水溶解，在不断搅动下，慢慢注入 180mL 浓硫酸（工业纯），待 $K_2Cr_2O_7$ 全部溶解并冷却后，将其保存于带磨口的试剂瓶中密闭，备用。

使用铬酸洗液应注意以下几点：

（1）由于六价铬和三价铬都有毒，大量使用会污染环境。凡是能够用其他洗涤剂进行洗涤的仪器，都不要用铬酸洗液。在分析化学实验中，铬酸洗液只用于滴定管、容量瓶、移液管的洗涤。

（2）用铬酸洗液洗涤前，凡能用毛刷洗刷的仪器必须先用自来水和毛刷洗刷，倾尽水，以免洗液被稀释后降低洗涤效果。

（3）铬酸洗液用过后倒回原瓶中循环使用，当洗液由暗红色变为绿色时即已失效。

（4）铬酸洗液具有强腐蚀性，使用时特别注意不要溅在皮肤和衣服上。

### 3. 碱-乙醇洗液

适用于洗涤铬酸洗液无效的各种油污及某些有机物。

配制：在 120mL 水中溶解 120g 固体 NaOH，用 95％的乙醇稀释至 1L。但凡浓度大的碱液都能侵蚀玻璃，故不要加热和长期与玻璃器皿接触，通常贮存于塑料瓶中。

### 4. 盐酸-乙醇溶液

适合于洗涤被染色的吸收池、比色管、吸量管等。使用时最好是将器皿在洗液中浸泡一定时间，再用自来水冲洗。

配制：将化学纯的盐酸和乙醇按 1∶2 的体积比进行混合而成。

### 5. 草酸洗液

主要用来洗涤 $MnO_2$ 和三价铁的沾污。

配制：将 5～10g $H_2C_2O_4$ 溶于 100mL 水中，再加少量浓盐酸。

### 6. 有机溶剂

如苯、汽油、乙醇、丙酮、氯仿等有机溶剂，可用于洗涤一般方法难以洗去的少量有机物。用过的废液经蒸馏回收还可再用。有机溶剂易着火，有的还有毒，使用时应注意安全。

所有的洗涤剂用完排入下水道都会不同程度地污染环境，因此，凡能循环使用的洗涤剂都应反复使用，不能循环使用的则应尽量减少用量。上述洗涤剂都可循环使用数次。

**阅读材料**

# 认识有毒化学品对人体的危害

随着社会的发展，化学品的应用越来越广泛，生产及使用量也随之增加，因而生活于现代社会的人类都有可能通过不同途径、不同程度地接触到各种化学物质。化学品对健康的影响从轻微的皮疹到一些急、慢性伤害甚至癌症，危害更严重的是一些引人瞩目的化学灾害性事故，给国民经济及人民生命财产带来极其严重的损失，因此了解化学物质对人体危害的基本知识，对于加强化学品管理、防止中毒事故的发生是十分必要的。

## 一、毒物进入人体的途径

毒物可经呼吸道、消化道和皮肤进入体内。在工业生产中，毒物主要经呼吸道和皮肤进入体内，也可经消化道进入，但比较次要。

## 二、毒物对人体的危害

有毒物质对人体的危害主要为引起中毒。化学品的有毒作用可分为以下临床类型：引起刺激、过敏、缺氧、昏迷和麻醉、全身中毒、致癌、致畸、致突变、肺尘埃沉着病。

### 1. 刺激

刺激意味着身体同化学品接触已相当严重。一般受刺激的部位为皮肤、眼睛和呼吸系统。

（1）皮肤　当某些化学品和皮肤接触时，化学品可使皮肤保护层脱落，而引起皮肤干燥、粗糙、疼痛，这种情况称作皮炎。许多化学品能引起皮炎。

（2）眼睛　化学品和眼部接触导致的伤害轻至轻微的、暂时性的不适，重至永久性的伤残，伤害严重程度取决于中毒的剂量和采取急救措施的快慢。

（3）呼吸系统　雾状、气态、蒸气化学刺激物和上呼吸系统（鼻和咽喉）接触时，会导致火辣辣的感觉，这一般是由可溶物（如氨水、甲醛、二氧化硫、酸、碱）引起的，它们易被鼻咽部湿润的表面所吸收。处理这些化学品必须小心对待，如在喷洒药物时，就要防止吸入这些蒸气。一些刺激物对气管的刺激可引起气管炎，甚至严重损害气管和肺组织，如二氧化硫、氯气、粉尘；一些化学物质将会渗透到肺泡区，引起强烈的刺激。在工作场所一般不易检测这些化学物质，但它们能严重危害工人健康。化学物质和肺组织反应马上或几个小时后便引起肺水肿。这种症状由强烈的刺激开始，随后会出现咳嗽、呼吸困难（气短）、缺氧以及痰多。例如二氧化氮、臭氧以及光气就会引起上述反应。

### 2. 过敏

接触某些化学品可引起过敏，开始接触时可能不会出现过敏症状，然而长时间的暴露会引起身体的反应。即便是接触低浓度的化学物质也会产生过敏反应，皮肤和呼吸系统可能会受到过敏反应的影响。

（1）皮肤　皮肤过敏是一种看似皮炎（皮疹或水疱）的症状，这种症状不一定在接触的部位出现，而可能在身体的其他部位出现。引起这种症状的化学品如环氧树脂、胺类硬化剂、偶氮染料、煤焦油衍生物和铬酸。

（2）呼吸系统　呼吸系统对化学物质的过敏引起职业性哮喘，这种症状的反应常包括咳嗽（特别是夜间）以及呼吸困难（如气喘和呼吸短促）。引起这种过敏反应的化学品有甲苯、聚氨酯、福尔马林。

### 3. 缺氧（窒息）

窒息涉及对身体组织氧化作用的干扰，这种症状分为三种：单纯窒息、血液窒息和细胞内窒息。

(1) 单纯窒息　这种情况是由于周围氧气被惰性气体（如氮气、二氧化碳、乙烷、氢气或氦气）所代替，而使氧气量不足以维持生命的继续。一般情况下，空气中含氧21%。如果空气中氧浓度降到17%以下，机体组织的供氧不足，就会引起头晕、恶心、调节功能紊乱等症状。这种情况一般发生在空间有限的工作场所，缺氧严重时导致昏迷，甚至死亡。

(2) 血液窒息　这种情况是由于化学物质直接影响机体传送氧的能力，典型的血液窒息性物质就是一氧化碳。空气中一氧化碳含量达到0.05%时就会导致血液的携氧能力严重下降。

(3) 细胞内窒息　这种情况是由于化学物质直接影响机体和氧结合的能力，如氰化氢、硫化氢，这些物质影响细胞和氧的结合能力，尽管血液中含氧充足。

**4. 昏迷和麻醉**

接触高浓度的某些化学品，如乙醇、丙醇、丙酮、丁酮、乙炔、烃类、乙醚、异丙醚会导致中枢神经抑制。这些化学品有类似醉酒的作用，一次大量接触可导致昏迷甚至死亡。而且也会导致一些人沉醉于这种麻醉品。

**5. 全身中毒**

人体是由许多系统组成的。全身中毒是指化学物质引起的对一个或多个系统产生有害影响并扩展到全身的现象，这种作用不局限于身体的某一点或某一区域。有一些物质反复损害肝脏组织可能造成伤害引起病变（肝硬化）和降低肝脏的功能，例如溶剂酒精、四氯化碳、三氯乙烯、氯仿。不少生产性毒物对肾有毒性，尤以重金属和卤代烃最为突出，如汞、铅、铊、镉、四氯化碳、氯仿、六氟丙烯、二氯乙烷、溴甲烷、溴乙烷、碘乙烷等。长期接触一些有机溶剂引起疲劳、失眠、头痛、恶心，更严重的将导致运动神经障碍、瘫痪、感觉神经障碍。神经末梢不起作用与接触己烷、锰和铅有关，导致腕垂病；接触有机磷酸盐化合物如对硫磷可能导致神经系统失去功能；接触二硫化碳可引起精神紊乱（精神病）。接触一定的化学物质可能对生殖系统产生影响，导致男性不育、怀孕妇女流产，如二溴化乙烯、苯、氯丁二烯、铅、有机溶剂和二硫化碳。

**6. 致癌**

长期接触一定的化学物质可能引起细胞的无节制生长，形成癌性肿瘤。这些肿瘤可能在第一次接触这些物质以后许多年才表现出来，这一时期被称为潜伏期，一般为4~40年。造成职业肿瘤的部位是变化多样的，未必局限于接触区域，如砷、石棉、铬、镍等物质可能导致肺癌；鼻腔癌和鼻窦癌是由铬、镍、木材、皮革粉尘等引起的；膀胱癌与接触联苯胺、萘胺、皮革粉尘等有关；皮肤癌与接触砷、煤焦油和石油产品等有关；接触氯乙烯单体可引起肝癌；接触苯可引起再生障碍性贫血。

**7. 致畸**

接触化学物质可能对未出生胎儿造成危害，干扰胎儿的正常发育。在怀孕的前三个月，胎儿的脑、心脏、胳膊和腿等重要器官正在发育，一些研究表明化学物质可能干扰正常的细胞分裂过程，如麻醉性气体、水银和有机溶剂，从而导致胎儿畸形。

**8. 致突变**

某些化学品对人工遗传基因的影响可能导致后代发生异常。实验结果表明，80%~85%的致癌化学物质对后代有影响。

**9. 肺尘埃沉着病**

化学毒物引起的中毒往往是多器官、多系统的损害。如常见毒物铅可引起神经系统、消化系统、造血系统及肾脏损害；三硝基甲苯中毒可出现白内障、中毒性肝病、贫血、高铁血红蛋白血症等。同一种毒物引起的急性和慢性中毒，其损害的器官及表现也可有很大差别。

例如，苯急性中毒主要表现为对中枢神经系统的麻醉作用，而慢性中毒主要为造血系统的损害。这在有毒化学品对机体的危害作用中是一种很常见的现象。此外，有毒化学品对机体的危害尚取决于一系列因素和条件，如毒物本身的特性（化学结构、理化特性），毒物的剂量、浓度和作用时间，毒物的联合作用，个体的敏感性等。总之，机体与有毒化学品之间的相互作用是一个复杂的过程，中毒后的表现千变万化。

## 练 习 题

**一、选择题**

1. 配制好的盐酸溶液贮存于（　　）中。
   A. 棕色橡皮塞试剂瓶　　　　　B. 白色橡皮塞试剂瓶
   C. 白色磨口塞试剂瓶　　　　　D. 试剂瓶

2. 配制 HCl 标准溶液宜取的试剂规格是（　　）。
   A. A. R.　　B. G. R.　　C. L. R.　　D. C. P.

3. 下列不可以加快溶质溶解速度的办法是（　　）。
   A. 研细　　B. 搅拌　　C. 加热　　D. 过滤

4. 制备的标准溶液浓度与规定浓度的相对误差不得大于（　　）。
   A. 1%　　B. 2%　　C. 5%　　D. 10%

5. （　　）时，溶液的定量转移所用到的烧杯、玻璃棒需以少量蒸馏水冲洗 3～4 次。
   A. 直接配制标准溶液　　　　　B. 配制缓冲溶液
   C. 配制指示剂　　　　　　　　D. 配制化学试剂

6. 下列基准物质的干燥条件正确的是（　　）。
   A. $H_2C_2O_4 \cdot 2H_2O$ 放在空的干燥器中　　B. NaCl 放在空的干燥器中
   C. $Na_2CO_3$ 放在 105～110℃的电烘箱中　　D. 邻苯二甲酸氢钾放在 500～600℃的电烘箱中

7. 下列物质不能在烘箱中烘干的是（　　）。
   A. 硼砂　　B. 碳酸钠　　C. 重铬酸钾　　D. 邻苯二甲酸氢钾

8. 关于制备 $I_2$ 标准溶液错误的说法是（　　）。
   A. 由于碘的挥发性较大，故不宜以直接法制备标准溶液
   B. 标定 $I_2$ 标准溶液的常用基准试剂是 $Na_2C_2O_4$
   C. $I_2$ 应先溶解在浓 KI 溶液中，取用时再稀释至所需体积
   D. 标定 $I_2$ 标准溶液的常用基准试剂是 $As_2O_3$

9. 基准物质具备的条件不应是（　　）。
   A. 化学性质稳定　　　　　　　B. 必须有足够的纯度
   C. 最好具有较小的摩尔质量　　D. 物质的组成与化学式相符合

10. 不需贮存于棕色具塞试剂瓶中的标准溶液为（　　）。
    A. $I_2$　　B. $Na_2S_2O_3$　　C. HCl　　D. $AgNO_3$

11. 标定盐酸标准溶液常用的基准物质有（　　）。
    A. 无水碳酸钠　　B. 重铬酸钾　　C. 草酸钠　　D. 碳酸钙

12. 滴定分析所用的指示剂是（　　）。
    A. 本身具有颜色的辅助试剂
    B. 利用本身颜色变化确定化学计量点的外加试剂
    C. 本身无色的辅助试剂
    D. 能与标准溶液起作用的外加试剂

13. 配位滴定中常用的指示剂不包括（　　）。

  A. 铬黑 T、二甲酚橙　　　　B. PAN、酸性铬蓝 K

  C. 钙指示剂　　　　　　　　D. 甲基橙

14. 下列溶液中需要避光保存的是（　　）。

  A. 氢氧化钾　　B. 碘化钾　　C. 氯化钾　　D. 碘酸钾

15. 直接法配制标准溶液必须使用（　　）。

  A. 基准试剂　　B. 化学纯试剂　　C. 分析纯试剂　　D. 优级纯试剂

16. 配制 $I_2$ 标准溶液时，是将 $I_2$ 溶解在（　　）中。

  A. 水　　B. KI 溶液　　C. HCl 溶液　　D. KOH 溶液

17. 国家标准规定的标定 EDTA 溶液的基准试剂是（　　）。

  A. MgO　　B. ZnO　　C. Zn 片　　D. Cu 片

18. 配制酚酞指示剂选用的溶剂是（　　）。

  A. 水-甲醇　　B. 水-乙醇　　C. 水　　D. 水-丙酮

19. 滴定分析中，若怀疑试剂在放置中失效，可通过（　　）方法来检验。

  A. 仪器校正　　B. 对照分析　　C. 空白试验　　D. 以上都不对

20. 实验室中常用的铬酸洗液是由哪两种物质配成的？（　　）

  A. $K_2CrO_4$，$H_2SO_4$　　　　B. $K_2CrO_4$，浓 HCl　　　　C. $K_2Cr_2O_7$，浓 HCl

  D. $K_2Cr_2O_7$，浓 $H_2SO_4$　　E. $K_2Cr_2O_7$，浓 $HNO_3$

21. 实验室中干燥剂二氯化钴变色硅胶失效后，呈现（　　）。

  A. 红色　　　　B. 蓝色　　　　C. 黄色　　　　D. 黑色

## 二、判断题

1. 配制硫酸、磷酸、硝酸、盐酸溶液时都应将酸注入水中。（　　）

2. 在实验室中浓碱溶液应贮存在聚乙烯塑料瓶中。（　　）

3. 常用的酸碱指示剂是一些有机弱酸或有机弱碱。（　　）

4. 缓冲溶液是由某一种弱酸或弱碱的共轭酸碱对组成的。（　　）

5. 由于 $K_2Cr_2O_7$ 容易提纯，干燥后可作为基准物直接配制标准溶液，不必标定。（　　）

6. 根据 GB 602 的规定，配制标准溶液的试剂纯度不得低于分析纯。（　　）

7. 凡是优级纯的物质，都可用于直接法配制标准溶液。（　　）

8. 盛放碱液的试剂瓶不能用玻璃塞，是为了防止玻璃中的二氧化硅与碱反应生成硅酸盐而使瓶口黏合。（　　）

9. 配制好的 $KMnO_4$ 溶液要盛放在棕色瓶中保存，如果没有棕色瓶应放在避光处保存。（　　）

10. 配制好的 $Na_2S_2O_3$ 标准溶液应立即用基准物质标定。（　　）

11. 存放 1L $AgNO_3$ 标准溶液，用棕色细口玻璃瓶。（　　）

12. 玻璃器皿不可盛放浓碱液，但可以盛酸性溶液。（　　）

13. EDTA 标准溶液应贮存于聚乙烯试剂瓶中，若贮存在软质玻璃瓶中，由于玻璃中的 $Mg^{2+}$、$Ca^{2+}$ 进入，溶液浓度会降低，一般四个月可降低约 1%。（　　）

14. 分析纯的 NaCl 试剂，如不作任何处理，用来标定 $AgNO_3$ 溶液的浓度，结果会偏高。（　　）

15. 国家标准规定，一般滴定分析用标准溶液在常温（15～25℃）下使用两个月后必须重新标定浓度。（　　）

16. 配制 $SnCl_2$ 溶液时，应将 $SnCl_2$ 先溶于盐酸中，否则 $SnCl_2$ 易水解，加相当多酸仍难溶解沉淀。（　　）

17. 配制碘溶液时，应将碘溶于较浓的碘化钾水溶液后才可稀释。（　　）

18. 刚配好的铬酸洗液应呈红棕色，用久后变为绿色时，表示洗液已经失效。（　　）

19. 用过的铬酸洗液应倒入废液缸，不能再次使用。（　　）

20. 由于化学试剂不纯或蒸馏水中有微量杂质而引起的测量误差可做空白试验加以校正。（　　）

21. 直接法配制标准溶液必须使用基准试剂。（　　）

22. 将 20.000g $Na_2CO_3$ 准确配制成 1L 溶液，其物质的量浓度 $c(Na_2CO_3)=0.1886mol/L$。[已知 $M(Na_2CO_3)=106g/mol$]（　　　）

23. 1L 溶液中含有 98.08g $H_2SO_4$，则 $c\left(\dfrac{1}{2}H_2SO_4\right)=2mol/L$。（　　　）

24. 用浓溶液配制稀溶液的计算依据是稀释前后溶质的物质的量不变。（　　　）

25. 盐酸标准滴定溶液可用精制的草酸标定。（　　　）

26. 盐酸和硼酸都可以用 NaOH 标准溶液直接滴定。（　　　）

27. 基准物质可用于直接配制标准溶液，也可用于标定溶液的浓度。（　　　）

28. 一般把 B 级标准试剂用于滴定分析标准溶液的配制。（　　　）

29. 用来直接配制标准溶液的物质称为基准物质，$KMnO_4$ 是基准物质。（　　　）

30. 配制硫酸、盐酸和硝酸溶液时都应在搅拌条件下将酸缓慢注入水中。（　　　）

# 第二章

# 分析天平和称量

分析天平是分析化学实验中不可缺少的重要的称量仪器。尤其是在定量分析工作中经常要准确称量一些物质的质量，而称量的准确程度直接影响到测定结果的准确度。分析天平是定量分析中最主要、最常用的衡量质量的仪器之一，正确熟练地使用分析天平进行称量，是做好分析工作的基本保证。

## 第一节　分析天平的种类

**【学习目标】**

1. 了解分析天平的分类方法；
2. 了解分析天平的主要技术数据；
3. 掌握分析天平相对精度分级方法。

只有了解天平的种类、结构、特点，掌握分析天平的作用原理及称量方法，才能更好地做好定量分析工作。天平有以下几种分类方法。

**1. 按结构原理分类**

按天平的结构原理，天平可分为机械式天平和电子天平两大类。

机械式天平是依据杠杆原理设计制造的。机械式天平又可分为等臂双盘天平和不等臂双刀单盘天平，其中双盘天平又分为普通标牌和微分标牌两种，微分标牌天平带有光学读数装置，又称电光天平。机械式天平按其加码器加码范围，可分为半机械加码（半自动）和全部机械加码（全自动）天平。

电子天平是近几十年发展起来的先进天平。根据传感器的不同，电子天平可分为应变式传感器电子天平、电容式传感器电子天平、电感式电子天平、电磁平衡传感器电子天平等四类。其中，电磁平衡传感器电子天平是目前实验室常用的电子天平，它是利用电磁力平衡原理设计而成的，根据电磁力平衡原理直接称量。这种天平的结构复杂、精度很高，可达二百万分之一以上的精度。其特点是性能稳定，操作简便，称量速度快、准确可靠，显示快速清晰，并且具有自动检测系统、简便的自动校准装置以及超载保护等装置，能进行自动校准、去皮及质量电信号输出。它是目前国际上高精度天平普遍采用的一种形式。根据精度的不同，电子天平可分为超微量电子天平、微量电子天平、半微量电子天平、常量电子天平、分析天平和精密电子天平。

**2. 按使用目的分类**

根据使用目的，天平可分为通用天平和专用天平两大类。根据量值传递范畴，天平又可分为标准天平和工作用天平两大类：凡直接用于检定传递砝码质量量值的天平均为标准天平；其他的天平一律称为工作用天平。工作用天平又可分为分析天平和其他专用天平。根据分度值的大小，分析天平又可分为常量（0.1mg）分析天平、半微量（0.01mg）分析天平、微量（0.001mg）分析天平等。

**3. 按相对精度分类**

（1）天平的主要技术指标

① 最大称量。最大称量又叫最大载荷，表示天平可称量的最大值，用 max 表示。天平的最大称量必须大于被称量物品的质量，如果称量物品的质量大于天平的最大称量值，可能会损坏天平或影响天平的性能。在分析工作中常用的天平最大称量一般为 100～200g。

② 分度值。天平标尺一个分度相对应的质量叫检定标尺分度值，简称分度值，即天平读数标尺能够读取的有实际意义的最小质量数，用 $e$ 表示。最大载荷为 100～200g 的分析天平其分度值一般为 0.1mg，即万分之一天平；最大载荷为 20～30g 的分析天平其分度值一般为 0.01mg，即十万分之一天平。

天平的最大载荷与分度值之比称为检定标尺分度数，用 $n$ 表示，$n = \text{max}/e$。$n$ 越大，天平的准确度级别越高。

（2）天平的级别　《中华人民共和国国际计量检定规程》（JJG 98—90）规定，天平按其检定标尺分度值 $e$ 和检定标尺分度数 $n$，划分为 4 个准确度级别：特种准确度级高精密天平（符号为Ⅰ）；高准确度级精密天平（符号为Ⅱ）；中准确度级商用天平（符号为Ⅲ）；普通准确度级普通天平（符号为Ⅳ）。根据天平的最大称量（max）与检定标尺分度值（$e$）之比，又将Ⅰ级和Ⅱ级机械杠杆式天平细分为 10 小级，列于表 2-1。Ⅰ$_1$ 级天平相对精度最好，Ⅱ$_{10}$ 级天平相对精度最差。

表 2-1　天平相对精度分级

| 准确度级别代号 | 相对精度（最大称量与检定标尺分度值之比） | 准确度级别代号 | 相对精度（最大称量与检定标尺分度值之比） |
|---|---|---|---|
| Ⅰ$_1$ | $1 \times 10^7 \leqslant n$ | Ⅰ$_6$ | $2 \times 10^5 \leqslant n < 5 \times 10^5$ |
| Ⅰ$_2$ | $5 \times 10^6 \leqslant n < 1 \times 10^7$ | Ⅰ$_7$ | $1 \times 10^5 \leqslant n < 2 \times 10^5$ |
| Ⅰ$_3$ | $2 \times 10^6 \leqslant n < 5 \times 10^6$ | Ⅱ$_8$ | $5 \times 10^4 \leqslant n < 1 \times 10^5$ |
| Ⅰ$_4$ | $1 \times 10^6 \leqslant n < 2 \times 10^6$ | Ⅱ$_9$ | $2 \times 10^4 \leqslant n < 5 \times 10^4$ |
| Ⅰ$_5$ | $5 \times 10^5 \leqslant n < 1 \times 10^6$ | Ⅱ$_{10}$ | $1 \times 10^4 \leqslant n < 2 \times 10^4$ |

按相对精度分级的特点是简单明了，只要知道天平的级别和分度值就可知道它的最大称量；同样，知道了级别和最大称量也可算出分度值。

## 练习题

**一、选择题**

1. 下列不是电子天平的特点的是（　　）。

　　A. 性能稳定　　　B. 灵敏度高　　　C. 采用机械加码　　　D. 操作简便

2. 按结构原理，天平可分为（　　）。

　A. 全自动天平和半自动天平　　　　B. 机械式天平和电子天平

　C. 电光分析天平和托盘天平　　　　D. 等臂双盘天平和不等臂双刀单盘天平

3. 十万分之一天平的最大载荷为（　　　）。

　A. 200～300g　　　B. 100～200g　　　C. 10～20g　　　D. 20～30g

**二、判断题**

1. 天平都是根据杠杆原理制造的。（　　）

2. 万分之一天平的分度值为 0.01mg。（　　）

3. 天平的最大称量就是天平所能称量的最大质量。（　　）

4. 天平检定标尺分度数越大，天平的准确度级别越高。（　　）

# 第二节　电子天平的称量原理和构造

## 【学习目标】

1. 了解电子天平的称量原理；

2. 了解电子天平的基本构造；

3. 掌握电子天平各部件的作用。

相对于利用有几千年历史的杠杆原理制作的机械天平而言，人们对电子天平的认识不过几十年，电子天平在国内的广泛应用也是近二十年的事。

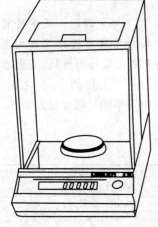

图 2-1　电子天平的外形

### 一、电子天平的称量原理

电子天平是最新一代的天平，其外形如图 2-1 所示。它利用电子装置完成电磁力补偿的调节，使物体在重力场中实现力的平衡，或通过电磁力矩的调节，使物体在重力场中实现力矩的平衡。

自动调零、自动校准、自动扣皮和自动显示称量结果是电子天平的基本功能。这里的"自动"，严格地说应该是"半自动"，因为需要经人工触动指令键后方可自动完成指定的动作。

### 二、电子天平的基本构造

随着现代科学技术的不断发展，电子天平产品的结构设计一直在不断改进和提高，向着功能多、平衡快、体积小、重量轻和操作简便的趋势发展。但就其基本结构和称量原理而言，各种型号的电子天平都大同小异。

常见电子天平的结构是机电结合式的，其核心部分由载荷接受与传递装置、测量及补偿控制装置两部分组成。常见电子天平的基本结构示意见图 2-2。

下面以 FA 系列电子天平为例来介绍其构造。和电光天平不同，电子天平主要包括外框部分、称量部分、键盘部分和电路部分。

**1. 外框部分**

电子天平的外框一般为镶有玻璃的合金框架，顶部和左右两侧均为可移动的玻璃门，供称量工作时使用。天平底部有三个底脚，它们既是电子天平的支承部件，也是天平的水平调节器。和电光天平不同的是，电子天平一般用前两个底脚来调节天平的水平位置。

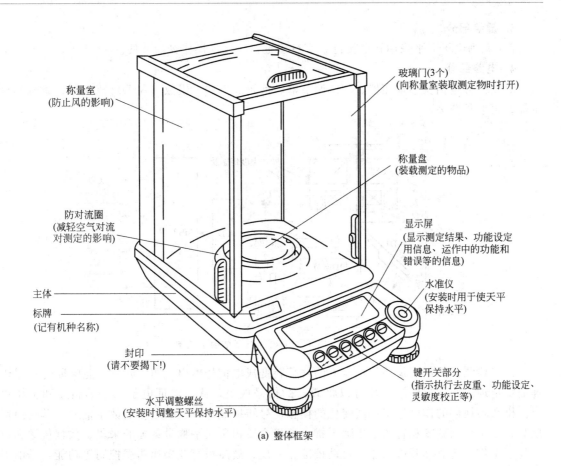

称量室
(防止风的影响)

玻璃门(3个)
(向称量室装取测定物时打开)

称量盘
(装载测定的物品)

防对流圈
(减轻空气对流
对测定的影响)

显示屏
(显示测定结果、功能设定
用信息、运作中的功能和
错误等的信息)

主体

标牌
(记有机种名称)

水准仪
(安装时用于使天平
保持水平)

封印
(请不要揭下!)

键开关部分
(指示执行去皮重、功能设定、
灵敏度校正等)

水平调整螺丝
(安装时调整天平保持水平)

(a) 整体框架

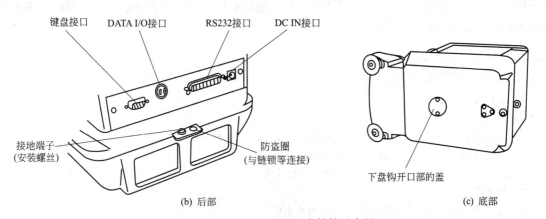

键盘接口　　DATA I/O接口　　RS232接口　　DC IN接口

接地端子
(安装螺丝)

防盗圈
(与链锁等连接)

下盘钩开口部的盖

(b) 后部　　　　　　　　　　　　　　　　(c) 底部

图 2-2　电子天平的基本结构示意图

## 2. 称量部分

称量部分包括水准仪、盘托、称量盘、传感器等。

水准仪位于天平框罩内，称量盘的左（或右）前方，用来指示天平的水平情况。

盘托位于称量盘的下面，用来支承称量盘。称量盘位于框罩内中部，多为金属材料制成。使用中应注意清洁卫生，不许随便调换称量盘。

传感器由外壳、磁钢、极靴和线圈等组成，装于称量盘的下方。其作用是检测被测物加载瞬间线圈及连杆所产生的位移。称量时要保持称量室清洁卫生，勿使样品洒落，以保护传感器。

**3. 键盘部分**

FA 系列电子天平采用轻触按键，实行多键盘控制，操作灵活方便。

**4. 电路部分**

电路部分包括位移检测器、PID 调节器、前置放大器、模数（A/D）转换器、微机和显示器。可参见图 2-3。

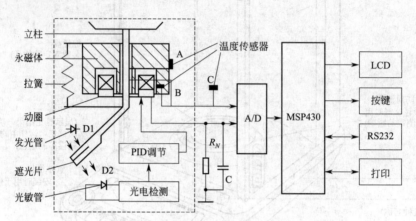

图 2-3　电子天平内部电路结构示意图

位移检测器的作用是将称量盘上的载荷转变成电信号输出。PID 调节器能保证传感器快速而稳定地工作。前置放大器可以将微弱的信号放大，从而保证电子天平的精度和工作要求。模数转换器的作用是将连续变化的模拟信号转换成计算机能接受的数字信号。其转换精度高，易于自动调零和有效地排除干扰。微机主要担负天平称量数据的采集、数据传送和数字显示工作，还兼具开机操作、自动校准、去皮、故障报警及操作错误控制等功能，是电子天平的关键部件。其作用是进行数据处理，具有记忆、计算和查表等功能。显示器的作用是将输出的数字信号显示在屏幕上。

## 练 习 题

**一、选择题**

1. 调节天平水平用（　　）。

　　A. 螺旋脚　　　B. 水准仪　　　C. 重心螺丝　　　D. 开关旋钮

2. 当电子天平显示（　　）时，可进行称量。

　　A. 0.0000g　　　B. CAL　　　C. TARE　　　D. OL

**二、判断题**

1. 电子天平一般用后两个底脚来调节天平的水平位置。（　　）

2. 振动太大、防风罩未完全关闭会使电子天平读数不稳定。（　　）

3. 在称量过程中，天平的前门不可以打开。（　　）

# 第三节　电子天平的性能特点

## 【学习目标】

了解电子天平的性能特点。

电子天平具有以下的性能特点：

（1）电子天平支撑点采用弹性簧片，没有机械式天平的宝石或玛瑙刀口，用差动变压器取代升降枢装置，用数字显示方式代替指针刻度式显示。因而，电子天平具有使用寿命长、性能稳定、操作方便、灵敏度高的特点。

（2）电子天平采用电磁力平衡原理，称量时全量程不用砝码，放上称量物后，在几秒钟内即达到平衡、显示读数，称量速度快，精度高。

（3）有的电子天平具有称量范围和读数精度可变的功能，可以一机多用。如瑞士梅特勒AE240天平，在0～205g称量范围内，读数精度为0.1mg；在0～41g称量范围内，读数精度为0.01mg。

（4）分析及半微量电子天平一般具有内部校准功能。天平内部装有标准砝码，使用校准功能时，标准砝码被启用，天平的微处理器将标准砝码的质量值作为校准标准，以获得正确的称量数据。自动校准的基本原理是，当人工给出校准指令后，天平便自动对标准砝码进行测量，而后微处理器将标准砝码的测量值与存储的理论值（标准值）进行比较，并计算出相应的修正系数，存于计算器中，直至再次进行校准时方能改变。

（5）电子天平是高智能化的，可在全量程范围内实现自动去皮、累加、超载显示、故障报警等功能。

（6）电子天平具有质量电信号输出功能，这是机械式天平无法做到的。它可以与打印机、计算机联用，进一步扩展其功能，如统计称量的最大值、最小值、平均值及标准偏差等，实现称量、记录和计算的自动化；同时，电子天平也可以在生产、科研中作为称量、检测的手段，或组成各种新仪器。

由于电子天平具有机械式天平无法比拟的优点，因此尽管其价格较贵，但已越来越广泛地应用于各个领域并逐步取代机械式天平。

# 第四节　电子天平的使用规则

## 【学习目标】

1. 了解电子天平的使用规则；
2. 能够正确、熟练地使用电子天平。

电子天平在使用时，应遵循以下使用规则：

（1）天平应放置在牢固平稳的水泥台或木台上，室内要求清洁、干燥、温度较恒定，同时应避免光线直射和防止腐蚀气体的侵袭。天平安放好后，不准随便移动，要保持天平处于水平状态。

（2）称量前将天平罩取下叠好，检查天平是否处于水平状态，用软毛刷轻刷天平盘，检查各部件的位置是否正确，再调节天平零点。

（3）为防止潮湿，天平箱内应放置吸潮剂（如变色硅胶等），吸潮剂应定期烘干除去水分，以确保吸湿性能。另外，天平内要保持一定的温度。

（4）称量时应从侧门取放称量物，读数时应关闭天平门，以免空气流动引起天平摆动。前门仅在检修或清除残留物质时使用。

（5）称量物的温度和天平箱的温度必须一致，不得把热的或冷的物体放进天平内称量。

热的或冷的物体，要放在干燥器中与室温平衡后再进行称量。

（6）挥发性、腐蚀性、强酸强碱类物质应盛于带盖称量瓶、表面皿、坩埚上称量，防止腐蚀天平。盛放试样的称量瓶除放在称量盘上或拿在手中（用纸带或戴手套）外，不得放在其他地方，避免沾污。称量时若用手套，要求手套要洁净合适；若用纸带，要求纸带的宽度小于称量瓶的高度，套上或取出纸带时，不要接触称量瓶口，纸带也应放在洁净的地方。

（7）天平的载重不许超过天平的最大负载。为了减小称量误差，同一次实验中，应使用同一台天平。

（8）称量的数据应及时准确地记录在数据记录本上，不得记在纸片或其他地方。

（9）称量工作完成后，必须取出称量物，检查天平内外是否清洁，关好侧门。然后检查零点，将使用情况登记在记录本上，再切断电源，罩好天平罩，将板凳放回原位，整理好实验台。

（10）电子天平在安装或移动位置后需先进行校准后才可以使用。电子天平若长时间不使用，应定时通电预热，以确保仪器始终处于良好使用状态。

（11）电子天平是对环境高度敏感的精密电子测量仪器，使用时应小心操作，安装台面应无明显振动，不要放在空调口。若这些条件不能满足，应采取一些改进措施，如变更使用地点、装上防风罩等，同时注意要调整底脚螺丝使天平水平。天平未调好水平也是产生称量误差的原因之一。

（12）在进行磕样操作时，若倾出试样超过要求的量太多，则需弃去重称。要在接受容器的上方打开或盖上称量瓶盖，以免黏附在瓶盖上的试样失落；粘在瓶口上的试样应尽量磕回瓶中，以免粘到瓶盖上或丢失。

# 第五节　电子天平的使用方法

## 【学习目标】

1. 了解电子天平的一般称量步骤；
2. 能够熟练使用电子天平进行称量操作。

## 一、　电子天平的称量步骤

虽然电子天平种类繁多，但其使用方法大同小异，具体操作可参看各仪器的使用说明书。一般来说，在用电子天平称量时，只使用"开/关键"、"除皮/调零键"和"校准/调整键"。下面以FA1604型电子天平为例，简要介绍电子天平的使用方法。

（1）水平调节　观察天平的水准仪，如水准仪气泡偏移，则需调整水平调节脚，使气泡位于水准仪正中。

（2）预热　事先检查电源电压是否匹配（必要时配置稳压器），接通电源，预热至规定时间后（一般预热20min以上），开启天平，天平将自动进行灵敏度及零点调节。若天平不处于零位，则按去皮键TARE。

（3）开启显示器　轻按ON键，显示器全亮，约2s后显示天平的型号，然后显示称量模式0.0000g。注意读数时应关上天平门。

（4）天平基本模式的选定　天平的默认模式为"通常情况"模式，并具有断电记忆功能。使用时若改为其他模式，使用后一经按 OFF 键，天平即恢复通常情况模式。称量单位的设置等可按说明书进行操作。

（5）校准 天平安装后，第一次使用前，应对天平进行校准。因存放时间较长、位置移动、环境变化或未获得精确测量，天平在使用前一般都应进行校准操作。有的电子天平采用外校准（有的电子天平具有内校准功能），由 TARE 键清零及 CAL 键、100g 校准砝码完成。

（6）称量 按 TARE 键，屏幕显示为零后，置称量物于称量盘中央，待数字稳定即显示器左下角的"0"标志消失后，即可读出称量物的质量值。

（7）去皮称量 按 TARE 键清零，置容器于称量盘上，天平显示容器质量，再按 TARE 键，显示零，即去除皮重。再置称量物于容器中，或将称量物（粉末状物或液体）逐步加入容器中直至达到所需质量，待显示器左下角"0"消失，这时显示的是容器内称量物的净质量。将称量盘上的所有物品拿开后，天平显示负值，按 TARE 键，天平显示 0.0000g。若称量过程中称量盘上的总质量超过最大载荷（FA1604 型电子天平为 160g）时，天平仅显示上部线段，此时应立即减小载荷，以免影响天平的性能或损坏天平。

FA 系列电子天平的去皮清零键用 TARE、TAR、T 等符号表示，使用时要根据说明书来确定具体是属于哪一种符号表示的。

（8）结束称量 称量结束后，取下被称物。若短时间内还使用天平，可暂不按"开/关键"，天平将自动保持零位；或者按一下"开/关键"（但不可拔下电源插头），让天平处于待命状态，即显示屏上数字消失，左下角出现一个"0"，再来称样时按一下"开/关键"就可使用。可不必切断电源，以便再用时省去预热时间。若当天不再使用天平，应拔下电源插头，罩好天平罩，并做好使用情况登记。

## 二、 电子天平的校准

电子天平从首次使用起，应对其定期校准。如果连续使用，需每星期校准一次。校准时必须用标准砝码，有的天平内藏有标准砝码，可以用其校准天平。校准前，电子天平必须开机预热 1h 以上，并校对水平。校准时应按规定程序进行，否则将起不到校准的作用。在开始使用电子天平之前，要求预先开机，即要预热 0.5～1h。如果一天中要多次使用，最好让天平整天开着。这样，电子天平内部能有一个恒定的操作温度，有利于测定过程的准确。

电子天平的校准方法分为内校准和外校准两种。德国生产的塞多利斯、瑞士生产的梅特勒、我国上海生产的"JA"等系列电子天平均有标准装置。如果使用前不仔细阅读说明书，很容易忽略"校准"操作，造成较大称量误差。

（1）内校准方法 以梅特勒天平为例。将天平调至水平状态，预热 40min，使天平空载并稳定地显示零位。轻按并保持天平控制杆直至显示"CAL"时松开控制杆，等待几秒后天平显示"CAL100"且"100"字样不停闪动（也可能不是"100"，视显示值而定）。将天平右侧下部写有"CAL"字样的校准杆慢慢由前端推至后端，等待几秒，天平显示"100.0000"，紧接着又显示"CAL0"且"0"字母不停闪动。此时已校准完毕，应将天平黑色校准杆慢慢由后端推回前端。切记：稍后天平显示"00.0000"表示天平待用。

（2）外校准方法 以 JA1203 型电子天平为例。轻按"CAL"键，当显示屏出现"CAL-"时，即松手，显示屏出现"CAL-100"，其中"100"为闪烁码，表示校准砝码需用

100g 的标准砝码。此时就把准备好的 100g 校准砝码放上称量盘，显示屏即出现 "----" 等待状态，经较长时间后显示屏出现 100.000g，拿去校准砝码，显示器应出现 0.000g。若出现的不是零，则清零，再重复以上校准操作，目的是为了得到准确的校准结果。

需要注意：电子天平开机显示零点，不能说明天平称量的数据准确度符合测试标准，只能说明天平零位稳定性合格。因为衡量一台天平合格与否，还需综合考虑其他技术指标的符合性。

## *三、电子天平简单故障的排除

分析天平的操作和维护是一项复杂而又细致的工作，需要掌握专门的知识。若在操作过程中出现故障，在未掌握一定的技术之前，不能乱调乱动，如需检修，应由专门人员进行修理。但经常使用分析天平的分析人员应该学会针对天平的一般故障，寻找产生的原因，及时排除，以保证分析工作正常进行。

电子天平简单故障的排除方法见表 2-2。

表 2-2　电子天平简单故障的排除方法

| 故　障 | 原　因 | 排除方法 |
|---|---|---|
| 天平开机自检无法通过，出现下列故障代码。<br>"EC1"：CPU 损坏<br>"EC2"：键盘错误<br>"EC3"：天平存储数据丢失<br>"EC4"：采样模块没有启动 | 自检错误造成天平不能正常工作 | 应将天平及时返厂家修理 |
| 显示数据曾经随称重变化而正常变化，突然出现不再变化 | 曾经使用大于校准砝码值的物体用于天平校准，从而出现大于某一个显示值后显示不再增加 | 重新校准天平 |
| 显示屏显示"H" | 1. 超载<br>2. 曾用小于校准砝码值的砝码或其他物体校准过天平，导致放上正常量程内的物体会显示超重 | 1. 只在量程范围内称量<br>2. 用正确的砝码重新进行校准 |
| 显示屏显示"L" | 1. 未装称量盘或底盘<br>2. 称量盘下面有异物<br>3. 气流罩与称量盘碰在一起 | 1. 依据电子天平的结构类型装上称量盘或底盘<br>2. 清除异物<br>3. 轻轻拿起称量盘或气流罩查看是否有碰的现象，调整气流罩的位置 |
| 开机显示"L"，加载显示"H"；或开机显示"H"，加载显示"L" | 天平走出允许工作的环境温度 | 天平正常工作的环境温度为 20℃±5℃，每小时环境温度变化不大于 1℃。遇此情况，应将天平移至符合该环境温度条件的场所 |
| 称量结果明显错误 | 1. 电子天平未经调校<br>2. 称量之前未清零 | 1. 对天平进行调校<br>2. 称量前清零 |
| 称量结果不断改变 | 1. 振动太大，天平显露在无防风措施的环境中<br>2. 防风罩未完全关闭<br>3. 在称量盘与天平壳体之间有杂物<br>4. 吊钩称量开孔封闭盖板被打开<br>5. 被测物质量不稳定（吸收潮气或蒸发）<br>6. 被测物带静电荷 | 1. 通过"电子天平工作菜单"采取相应措施<br>2. 完全关闭防风罩<br>3. 清除杂物<br>4. 关闭吊钩称量开孔<br>5. 用器皿盛放易挥发或易吸潮物品进行称量<br>6. 装入金属容器中称量 |

续表

| 故　　障 | 原　　因 | 排除方法 |
|---|---|---|
| 按下"I/O"键后未出现任何显示 | 1. 电源没插上<br>2. 保险丝熔断<br>3. 键盘出错，按键卡死 | 1. 插上电源<br>2. 更换保险丝<br>3. 拧松按键固定螺丝，调整按键位置 |
| 开机后仅在显示屏的左下角显示"0"，不再有其他显示。说明天平称重环境不稳定，天平始终无法得到一个稳定的称重 | 1. 天平玻璃门未关好<br>2. 称量盘下面或四周有异物<br><br>3. 气流罩未安放好，导致称量盘与气流罩有碰擦<br>4. 天平四周有强振动、气流<br><br>5. 天平的称量环境选择和称量可变动范围设置不当 | 1. 关好玻璃门<br>2. 轻轻拿起称量盘，观察是否有异物，特别注意是否有细小异物<br>3. 缓缓旋转气流罩或称量盘，观察有无碰擦现象<br>4. 选择坚固的安装台面，无振动、气流较小的使用环境<br>5. 重新设置天平称量环境设置 |
| 天平每次称量之后，示值不回零位 | 1. 天平放置不水平<br>2. 天平预热时间短<br><br>3. 线性误差太大，超出了应答范围 | 1. 调整天平水准仪<br>2. 应预热 30min 以上，天平需定期进行校准<br>3. 应根据天平说明书进行线性调整 |

## *四、称量结果不稳定的几种常见原因及解决办法

### 1. 天平放置的位置不合理

天平在使用时，应将门窗关闭。如果有风吹，或者实验台上放有其他有震动产生的仪器，都会使电子天平的读数不稳定。要注意附近基建施工打桩、隔壁装修造成的震动影响。

### 2. 测试中样品的水分增加或丢失

有些样品吸湿性较强或者具有挥发性，以致在测试时样品的质量不断增加或减少。面对这种情况，解决办法是使用口径很小的器皿，减小样品的吸潮或挥发，同时称量操作时间要短，使称量结果更加准确。

### 3. 样品和容器的温度

温度对电子天平称量结果的影响是很大的，所以电子天平一般都要在恒温恒湿的房间里工作，预热时间要足够。刚拿到实验室的样品或容器由于其温度和电子天平的环境温度相差太多而使读数不稳定。有些高端天平一般会有全自动校准，如果是外校准的天平，在温度发生变化时则需要人工校准。

### 4. 样品和容器的静电现象

静电现象也可能造成电子天平的称量不稳定。具有高绝缘度的材料（大多数玻璃或塑料制的称重容器）都容易带静电，在允许的情况下，可使用金属器皿。如果静电现象一直无法消除，还需要检查一下仪器的接地线是否接好。

### 5. 样品或容器被磁化

样品和容器的磁化都可能使天平误以为其所承受的磁力来自样品的重力。所以，在使用铁器皿时，要经常进行消磁的操作。平时要避免强磁场靠近电子天平。强磁性物质要使用非电磁类型的天平。

### 6. 手机等电磁波发射源的影响不容忽视

实践证明，高精度电子天平在工作时，手机若靠得太近，会对测量结果有干扰（在天平

工作时，手机拨号并靠近，有 1mg 的数值干扰）。电子天平室内应禁止使用手机，且不能安放电磁炉、微波炉、超声波清洗机等电磁辐射较大的电器，并应远离通信基站。

另外，电子天平是将被称物的质量产生的重力通过传感器转换成电信号来表示被称物的质量的，所以，称量结果实际上反映的是被称物重力的大小，故与重力加速度 $g$ 有关。因此，称量值随纬度的增高而增加。例如，在北京用电子天平称量 100g 的物体，到了广州，如果不对电子天平进行校准，称量值将减少 137.86mg。称量值还随海拔的升高而减小。通过对比在同一幢楼 1 楼与 4 楼（高出 10m）的称量结果，发现同样 200g 的砝码，在 4 楼的称量结果减少了 0.63mg。因此，电子天平在安装后或移动位置后必须进行校准。

# 第六节　称　量　方　法

## 【学习目标】

了解直接称量法、指定质量称量法和递减称量法的原理。

试样的称量方法主要有直接称量法、固定（指定）质量称量法、递减称量法（又称减量法或差减法）。

## 一、直接称量法

简单地说，直接称量法就是将被称量物置于称量盘中央，待数字稳定即显示屏左下角的"0"标志消失后，即可读出被称量物的质量值。当称量某一试样的质量时，具体称取的方法是：先称出容器如表面皿或称量纸的质量，再将试样放入容器内，称出容器和试样的总质量，两次称量质量之差即为试样的质量。

此方法适用于称取不吸湿、不挥发和在空气中性质稳定的固体物质，如合金等；也适用于称量洁净干燥的器皿、棒状或块状的金属及其他块状不易潮解或升华的固体。

## 二、固定（指定）质量称量法

在定量分析实验中，有时需要准确称取一定质量的试样，也就是说，要称取的试样的质量是固定的。如用直接法配制准确浓度的标准溶液时，常用指定质量称量法称取指定质量的基准物质。例如，要用直接法配制 $c\left(\dfrac{1}{6}K_2Cr_2O_7\right) = 0.1000mol/L$ 的重铬酸钾标准溶液 1000mL 时，则必须准确称量 4.904g $K_2Cr_2O_7$ 基准试剂。

具体的称取方法是：先调节好天平的零点，将称样容器（如干燥的小表面皿、扁平的称量瓶或硫酸纸等）放入称量盘，然后用小药匙（或窄纸条）向称量盘上的容器内慢慢加入试样，极其小心地用右手持盛有试样的药匙，伸向容器中心部位上方 $2\sim3cm$ 处，用右手拇指、中指及掌心拿稳药匙，用食指轻弹药匙柄，使试样非常缓慢地落入容器中，如图 2-4 所示。这时，眼睛既要注意药匙，同时也要注视显示屏，待显示屏正好到所需的数值时，立即停止加样。操作时应注意：加样或取样时，试样绝不能失落在称量盘上。加样时，如不慎加多了试样，必须用药匙取出多余试样，重复以上操作，直到符合要求为止。然后，取出容器，将试样全部转入接受器中。注意必须将试样定量地转移到接受器中，若试样为可溶性盐类，沾在容器上的少量试样粉末，可用蒸馏水吹洗入接受器中。

　　该法只能用来称取不易吸湿且不与空气中各种组分发生反应的、性质稳定的粉末状物质，不适用于块状物质的称量。指定质量称量法由于称量计算简单，结果计算简便，在工业生产的例行分析中得到广泛应用，但此法要求实验者操作熟练，对初学者来讲难度较大，花费时间较多。

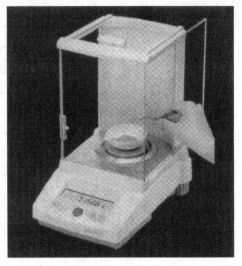

图 2-4　指定质量称量法

## 三、递减称量法

　　递减称量法又称减量法或差减法，是分析工作中最常用的一种方法，其称取试样的质量由两次称量之差而求得。这种方法称出的试样的质量只需在要求的称量范围内即可。

　　称取的方法是：将适量的试样装入洁净干燥的称量瓶中（打开称量瓶盖时，要用小纸片夹住

称量瓶盖柄），用清洁的纸条叠成宽约 1cm 的纸带套在称量瓶上，左手拿住纸带的尾部，称出称量瓶加试样的准确质量（$m_1$，准确到 0.1mg，下同）。拿取称量瓶的方法见图 2-5(a)，也可以在操作时带上白色细纱手套来代替纸条和纸片。

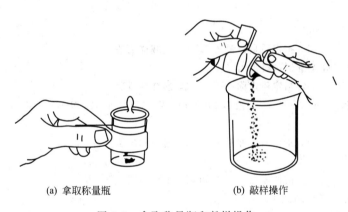

(a) 拿取称量瓶　　　　　　　(b) 敲样操作

图 2-5　拿取称量瓶和敲样操作

　　敲样操作方法是用左手按上述方法从天平的称量盘上取出称量瓶，拿到接受器上方，右手用纸片夹住瓶盖柄，打开瓶盖，但瓶盖也不要离开接受器上方。将瓶身慢慢向下倾斜，然后用瓶盖轻轻敲击瓶口内边沿，使试样慢慢落入接受器中，如图 2-5(b)所示。当倾出试样接近需要量时，一边继续敲击瓶口上沿，一边逐渐将瓶身竖直，使沾在瓶口的试样落入接受器或落回称量瓶底部，盖好瓶盖。再将称量瓶放回天平称量盘，准确称其质量（$m_2$），两次称量的质量之差（$m_1 - m_2$）即为接受器内试样的质量。称量时应检查所磕出的试样质量是否在称量范围内，如不足应重复上面的操作，直至倾出试样的质量达到要求为止。按上述方法连续递减，可称出若干份试样。若称取三份试样，连续称量四次即可。

$$第一份样品质量 = m_1 - m_2$$
$$第二份样品质量 = m_2 - m_3$$

第三份样品质量＝$m_3 - m_4$

递减称量法简便、快速，对于易吸湿、易氧化、易与空气中 $CO_2$ 反应的样品，宜用递减称量法称量。

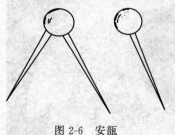

图 2-6 安瓿

用递减法称量时，所选用的称量容器应根据标准物质或试样的性质而定。固体物质一般选用带磨口的称量瓶；液体样品一般选用胶帽滴瓶；对易挥发的液体（如氨水等），则应选用安瓿，如图 2-6 所示。安瓿的使用方法是：先准确称量空安瓿的质量，然后将安瓿放在酒精灯上微微加热，排除瓶内的空气后，再把安瓿尖嘴放入试样溶液内吸取试样，之后取出安瓿，加热将其尖嘴封上，再称量安瓿与试样的总质量，两次质量之差即为所取试样的质量。

对于不吸湿、在空气中不发生变化的固体物质，可以选用小表面皿或硫酸纸。用硫酸纸称取固体物质，倒出被称物后，应再称一次纸的质量，以防纸上有残留物。称样前后两次纸的质量如有不符，应以倾样后纸的质量为准。用小表面皿称样时，可用水或其他溶剂将试样全部冲入接受器中。

## 练习题

**一、选择题**

1. 称取镁条、锌片采用（　　）。

　　A. 直接称量法　　　B. 指定质量称量法　　　C. 递减称量法

2. 称取 $Na_2CO_3$ 工作基准试剂时采用（　　）。

　　A. 直接称量法　　　B. 指定质量称量法　　　C. 递减称量法

3. 用容量瓶配制 0.1g/L 的 $Fe^{3+}$ 溶液 1000mL 时，需称取 0.8634g $NH_4Fe(SO_4)_2 \cdot 12H_2O$ 固体，用（　　）。

　　A. 直接称量法　　　B. 指定质量称量法　　　C. 递减称量法

4. 直接称量法中（　　）。

　　A. 需调零点　　　B. 不需调零点　　　C. 可调，也可不调

5. 递减法称量中，错误的做法是（　　）。

　　A. 在承接容器的上方，打开或盖上称量瓶盖　　　B. 一下子倾倒（以节省时间）

　　C. 倾倒后，边敲边竖起瓶身后盖上盖子　　　　　D. 边敲边倾倒

6. 拿取洁净、干燥的称量瓶时，下列操作错误的是（　　）。

　　A. 戴上手套取　　　B. 用纸带取　　　C. 用干净的手取

7. 当电子天平显示（　　）时，可进行称量。

　　A. 0.0000　　B. CAL　　C. TARE　　D. 0

8. 采用称量瓶作称量容器时，递减称量法最适用于称量（　　）。

　　A. 在空气中稳定的试样　　　　　B. 在空气中不稳定的试样

　　C. 干燥试样　　　　　　　　　　D. 易挥发物

9. 减量法称量物质的质量，称量的准确度与（　　）。

　　A. 样品的质量有关　　　　　B. 样品的体积有关

　　C. 样品的质量无关　　　　　D. 称量瓶的质量有关

10. 下列关于称量瓶的使用表述，错误的是（　　）。

　　A. 不可作反应器　　　　　B. 不用时要盖紧盖子

C. 盖子要配套使用　　　　　D. 用后要洗净

**二、判断题**

1. 用分析天平称量样品的质量，所有被称物必须放在称量瓶内或表面皿内，若所称物质是易吸潮或易挥发和在空气中易变化的，则应放入称量瓶内并加盖。（　　）

2. 天平不水平或侧门未关都可能造成天平的零点变动性大。（　　）

3. 天平的水准仪气泡的位置与称量结果无关。（　　）

4. 称量时，不可直接用手拿物品。（　　）

5. 称量时，进行磕样操作，应用纸带（或戴手套）移取称量瓶。（　　）

# 第七节　分析天平称量实验

## 实验一　直接称量法练习

**一、技能目标**

1. 了解电子天平的结构，学会正确使用电子天平；

2. 掌握称量的一般程序；

3. 掌握直接称量法；

4. 培养正确、及时、简明地记录实验原始数据的习惯。

**二、实验原理**

（1）电子天平是利用电子装置完成电磁力补偿的调节，使物体在重力场中实现力矩的平衡的。

（2）直接称量法是将被称量物置于称量盘中央，所得读数即为被称量物的质量。

**三、仪器与试剂**

电子天平、称量瓶或空的青霉素瓶子（三个，洗净烘干）。

**四、实验步骤**

1. 准备工作

取下天平罩，折叠整齐，放在天平右后方的台面上。面对天平端坐。记录本放在天平前面或右侧的台面上，被称量物放在左侧的台面上。

2. 清扫天平

用天平内的软毛刷轻轻扫净天平的托盘，扫去异物和灰尘。

3. 检查天平水平

查看水准仪，如不水平，调节天平的螺旋脚，使天平达到水平状态（气泡居于水准仪中间）。接通电源，预热20min，开启天平进行操作。

4. 称量操作

用直接称量法依次准确称量三个瓶子各自的质量以及三个瓶子的总质量。

重复实验三次，并把实验结果填写到数据记录单内相应位置。

5. 读数与数据记录

读取被称物质量，记录在数据记录本上。计算绝对偏差和相对偏差。

6. 关闭天平

每次称量完都要取出天平盘上的被称物，放回原位，并检查一下天平零点变动情况，如果超过0.2mg，则应重称。

7. 切断电源

切断电源，填好天平使用记录本，将天平室收拾干净，离开天平室。

## 五、数据记录与处理

见表2-3。

### 表2-3　直接称量法练习

零点_____　　零点漂移_____

| 项　　目 | 测　定　次　数 | | | | | |
|---|---|---|---|---|---|---|
| | 1 | 2 | 3 | 4 | 5 | 6 |
| $m_1$ | | | | | | |
| $m_2$ | | | | | | |
| $m_3$ | | | | | | |
| $m_0$ | | | | | | |
| $m$ | | | | | | |
| 绝对偏差 | | | | | | |

注：1. $m_1$、$m_2$、$m_3$ 分别为三个瓶子的质量，g。

2. $m_0$ 为三个瓶子的实际称量总质量，g。

3. $m$ 为三个瓶子的理论计算总质量，g。

4. $m_0-m$ 为绝对偏差，要求绝对偏差小于 $3\times0.2mg$ 即为合格。

## 六、注意事项

1. 用天平称量之前一定要检查仪器是否水平。

2. 开关天平侧门，取放被称物时，动作应轻、缓、稳。避免用力过大，损坏天平部件。

3. 称量时应将被称物置于天平称量盘正中央。被称量物质量不得超过天平的量程。

4. 称量时要把天平的门关好，待稳定后再读数。

5. 不能用天平直接称量腐蚀性的物质。

6. 使用称量瓶时，应用纸拿。

7. 实验数据只能记在实验本上，不能随意记在纸片上。

## 七、思考题

1. 符合什么条件的试样可以用直接称量法进行称量？

2. 称量前为什么要检查天平是否处于水平状态？如何调节？

3. 为什么天平的零点变动超过 0.2mg 时，要重称试样的质量？

4. 在实验中记录称量数据应准确至几位？为什么？

5. 称量时，每次均应将物体放在天平称量盘的中央，为什么？

# 实验二　递减称量法练习

## 一、技能目标

1. 掌握递减称量法的一般程序；

2. 学会用称量瓶敲样的操作。

## 二、实验原理

参见本章第六节。

## 三、仪器与试剂

电子天平。

称量瓶：高型一个、低型一个（没有低型称量瓶可用坩埚代替），洗净烘干。

细沙：普通沙子先用水清洗干净，除去泥土及杂草，烘干后，用 40～60 目的筛子过筛。（或选择在空气中稳定的其他试剂。）

### 四、实验步骤

1. 水平调节

观察天平的水平仪，如水平仪气泡偏移，则需调整水平调节脚，使气泡位于水平仪正中。

2. 预热

接通电源，预热后，开启天平进行操作。

3. 开启显示器

轻按 ON 键，显示器全亮，约 2s 后，显示天平的型号，然后显示称量模式 0.0000g。

4. 称量

（1）首先将低型称量瓶置于称量盘中央，待数字稳定即显示器左下角的"0"标志消失后，读出低型称量瓶的质量 $m_0$。

（2）将盛放干燥至恒重的细沙的高型称量瓶置于称量盘中央，同上法，即可读出称量瓶和细沙的总质量 $m_1$。

（3）用小纸片夹住称量瓶盖柄，用清洁的纸条叠成宽约 1cm 的纸带套在称量瓶上，左手拿住纸带的尾部（也可以在操作时带上白色细纱手套来代替纸带）取出称量瓶，用低型称量瓶作为接受器，进行敲样操作，要求倾出细沙质量为 0.2～0.4g，敲完样后，再将称量瓶放回天平称量盘上，准确称其质量 $m_2$。两次称量的质量之差即为倾入低型称量瓶内细沙的质量。称量时应检查倾出的试样质量是否在称量范围内；如不足，应重复上面的操作，直至倾出试样的质量达到要求为止。按上述方法连续递减，称取 3 份试样。

（4）取出高型称量瓶，将接受了细沙的低型称量瓶放入天平中，准确称其质量 $m$。

5. 结束称量

称量结束后，若短时间内还使用天平，可不必切断电源，再用时可省去预热时间。若当天不再使用天平，应拔下电源插头，罩好天平罩，并做好使用情况登记。

### 五、数据记录与处理

将数据填入表 2-4 并进行处理。

表 2-4 差减称量法练习

零点_____ 零点漂移_____

| 样品名 | 称量瓶＋样品质量/g | 称量瓶＋样品质量/g | 样品质量/g |
|---|---|---|---|
| 1 | | | |
| 2 | | | |
| 3 | | | |
| 4 | | | |
| 5 | | | |
| 空瓶质量 $m_0$ | | | |
| 空瓶＋样品质量 $m$ | | | |
| 实际样品质量 $w_1 = m - m_0$ | | | |
| 理论样品质量 $w_2 = m_1 - m_n$ | | | |
| 绝对偏差 $w_1 - w_2 =$ | | | |

注：要求绝对偏差小于 $n \times 0.2mg$（$n$ 为测定次数）。

### 六、注意事项

（1）采用细沙练习递减称量，主要是考虑学生刚开始练习，动作较慢，细沙在空气中稳定、不吸潮，既能减少称量误差，又能减少试剂的消耗。若没有细沙，也可选用在空气中稳定的其他试剂。

（2）因为是采用电子天平称量，所以也可在准确称出称量瓶与试样的总质量后，按去除皮/调零键去皮后，进行敲样操作，敲样后再次称量称量瓶与试样的总质量，则电子天平屏幕上显示数值的绝对值就是敲到低型称量瓶内的试样质量。

（3）将天平置于稳定的工作台上，避免振动、气流及阳光照射。

（4）在使用前调整水平仪气泡至中间位置。

（5）电子天平应按说明书的要求进行预热。

（6）经常对电子天平进行自校或定期外校，保证其处于最佳状态。

（7）如果电子天平出现故障应及时检修，不可带"病"工作。

（8）操作天平不可过载使用，以免损坏天平。

（9）若长期不用电子天平，应暂时收藏为好。

## 七、思考题

1. 在什么情况下选用递减称量法？

2. 递减法称取试样，需要注意哪些问题？

3. 进行敲样操作时，为什么不能用手直接取放称量瓶？

---

📖 **阅读材料**

## 自制简易天平

自制简易天平一般由横梁、支架、秤盘和砝码几大部分组成。下面简单介绍一下简易天平的制作方法。

### 1. 横梁

取一根表面光滑、质量均匀的长方形木条，作为横梁。截取一段钢锯条，把没有锯齿的一边在砂轮上磨成劈形，锯条超出横梁的部分作刀口用。在横梁正中上边用钢锯锯开一个深约 1cm 的凹槽。将磨好的刀口垂直嵌入槽内。在横梁两端的上边距中心 10cm 处各刻一个 V 形槽，要求 V 形槽和横梁正中的刀口互相平行，且高度在同一水平面上，这是保证天平等臂性的一个重要条件。在横梁的正面，从刀口处到右边的 V 形槽正中，贴上长度为 10cm 的卷尺（要求卷尺的刻度清晰），再用质量为 1g 的铜丝做游码。

用废旧钟表的秒针作为指针，钉在横梁中间的下方。

### 2. 支架

支架由固定在木板上的高约 30cm 的窄木条制成。支架顶部钉一个方木块，在这个木块上面钉上两段平行的锯条片，以支托横梁上的刀口。两锯条片间需留 1.5cm 以上的空隙，使横梁能在两锯条片上稳定地自由摆动。用厚纸板画好标尺，固定在支架的下部，位置以指针能在标尺表面自由摆动为准。

### 3. 秤盘

可以用两个直径约 10cm 的硬塑料盘制作。用细塑料绳分别穿过盘子的直径的两个端点，再用回形别针将秤盘吊在横梁上，注意秤盘挂好后其重心要通过盘子的圆心与盘子垂直，并且穿两个秤盘的绳子的长度要相等。

### 4. 砝码

1g 砝码由游码代替，2g、5g、10g 的砝码由用托盘天平准确称得质量的铜丝制成。

# 第三章

# 滴 定 分 析

滴定分析是根据滴定时所消耗标准滴定溶液的体积及其浓度来计算分析结果，因此，除了要准确地确定标准滴定溶液的浓度外，还必须准确地测量它的体积。准确测量溶液的体积取决于两个因素：一是仪器容积的准确性；二是正确使用容量仪器。

在滴定分析中测量溶液准确体积所用的容量仪器有滴定管、容量瓶、移液管和吸量管等。滴定管、移液管和吸量管为"量出"式量器，在量器上标有"Ex"字样，用来测定从量器中放出溶液的体积。容量瓶为"量入"式量器，标有"In"字样，用于测定注入量器中溶液的体积。

这三种仪器的正确使用是滴定分析中最重要的基本操作，对这些仪器使用得准确、熟练就可以减少溶液体积的测量误差，为获得准确的分析结果创造先决条件。

下面分别介绍这些仪器的性能、规格、洗涤、使用和校准方法。

## 第一节　滴定分析仪器及其洗涤

【学习目标】

1. 了解常用滴定分析仪器的性能、规格；
2. 掌握滴定分析仪器的洗涤方法。

## 一、滴定分析仪器介绍

### 1. 容量瓶

容量瓶是用于测量容纳液体体积的一种量入式计量玻璃仪器。

容量瓶是一种细颈梨形平底的玻璃瓶，带有尺寸与瓶口相配合的玻璃磨口塞或惰性塑料塞（如图 3-1 所示），可用橡皮筋将塞子系在容量瓶的颈上；颈上有一环形标线，并标有量入式符号"In"，表示在所指定的温度（一般为 20℃）下液体充满至标线时，瓶内液体的准确体积恰好等于瓶上所标明的体积。

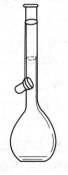

图 3-1　容量瓶

容量瓶是量入式（In）计量玻璃仪器，必须符合 GB 12806—91 的要求。

容量瓶按精度的高低分为 A 级和 B 级，A 级为较高级，B 级为较低级。标准中规定容量瓶的容量允差见表 3-1。

表 3-1   常用容量瓶的容量允差（摘自国家标准 GB 12806—91）    单位：mL

| 标称容量 | | 5 | 10 | 25 | 50 | 100 | 200 | 250 | 500 | 1000 | 2000 |
|---|---|---|---|---|---|---|---|---|---|---|---|
| 容量允差(±) | A 级 | 0.02 | | 0.03 | 0.05 | 0.10 | | 0.15 | 0.25 | 0.40 | 0.60 |
| | B 级 | 0.04 | | 0.06 | 0.10 | 0.20 | | 0.30 | 0.50 | 0.80 | 1.20 |

容量瓶的颜色有无色和棕色两种。

容量瓶的规格有 5mL、10mL、25mL、50mL、100mL、200mL、250mL、500mL、1000mL、2000mL 等。

容量瓶上的标志通常有标称总容量及单位（如 250mL）、标准温度（20℃）、量入式符号（In）、精度级别（A 或 B）和制造厂商标等。

容量瓶主要用于配制标准溶液、试样溶液，或将准确容积的浓溶液稀释成一定容积的稀溶液，这种过程通常称为"定容"，故常和分析天平、移液管配合使用。

选择容量瓶时，要根据工作精度要求、溶液性质及所需体积来选择相应规格的容量瓶，另外应注意该溶液的对光稳定性，对见光易分解的溶液应选择棕色容量瓶，一般性的溶液则选择无色容量瓶。

**2. 移液管和吸量管**

移液管和吸量管都是用于准确移取一定量溶液的量出式计量玻璃仪器。

移液管是一支细长而中间有膨大的玻璃管，如图 3-2(a) 所示。管颈上部刻有环形标线，标有量出式符号"Ex"，表示在所指定的温度（一般为 20℃）下，吸取溶液的弯月面与移液管标线相切，再让溶液按规定操作方法自由流出，所流出溶液的体积与管上标示的体积相同。

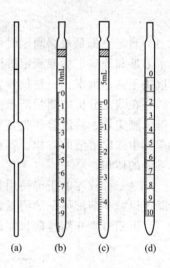

(a)    (b)    (c)    (d)

图 3-2   移液管和吸量管

移液管是量出式（Ex）计量玻璃仪器，必须符合 GB 12806—91 的要求。

移液管按精度的高低分为 A 级和 B 级，A 级为较高级，B 级为较低级。标准中规定移液管的容量允差见表 3-2。

表 3-2   常用移液管的容量允差（摘自 GB 12806—91）    单位：mL

| 标称容量 | | 2 | 5 | 10 | 20 | 25 | 50 | 100 |
|---|---|---|---|---|---|---|---|---|
| 容量允差(±) | A 级 | 0.010 | 0.015 | 0.020 | 0.030 | | 0.050 | 0.080 |
| | B 级 | 0.020 | 0.030 | 0.040 | 0.060 | | 0.100 | 0.160 |

移液管常用的规格有 1mL、2mL、5mL、10mL、25mL、50mL、100mL 等。

移液管膨大部分上的标志通常有标称总容量及单位（如 25mL）、标准温度（20℃）、量出式符号（Ex）、精度级别（A 或 B）和制造厂商标等。

吸量管是具有分刻度的玻璃管，两端直径较小，中间管身直径相同，可用来准确量取标示范围内任意体积的溶液，如图 3-2(b)、(c)、(d) 所示。吸量管转移溶液的准确度不如移液管。应该注意，有些吸量管其分刻度不是刻到管尖，而是离管尖尚差 1～2cm，如图 3-2

(d) 所示。

吸量管是量出式（Ex）计量玻璃仪器，必须符合 GB 12806—91 的要求。

常用的吸量管有 1mL、2mL、5mL、10mL 等规格。

根据所移溶液的体积和要求选择合适规格的移液管使用。在滴定分析中准确移取溶液一般使用移液管，反应需控制试液加入量时一般使用吸量管。

**3. 滴定管**

滴定管是用于准确测量放出溶液体积的量出式计量玻璃仪器。

滴定管的主要管身是用细长且内径均匀的玻璃管制成的，上面刻有均匀的分度线，线宽不超过 0.3mm；下端的流液口为一尖嘴；中间通过玻璃活塞、聚四氟乙烯活塞或乳胶管（配以玻璃珠）连接以控制滴定速度。

（1）滴定管按用途不同分为酸式滴定管和碱式滴定管。

在滴定管的下端有一玻璃活塞的称为酸式滴定管，如图 3-3(a) 所示。

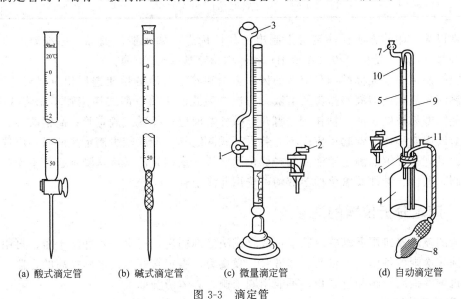

(a) 酸式滴定管　　(b) 碱式滴定管　　(c) 微量滴定管　　(d) 自动滴定管

图 3-3　滴定管

1,2—活塞；3—加液漏斗；4—贮液瓶；5—量管；6—磨口接头（或胶塞）；7—防御管；
8—打气球；9—玻璃管；10—毛细管；11—通气口

通过乳胶管与尖嘴玻璃管连接的为碱式滴定管，如图 3-3(b) 所示。碱式滴定管下端的乳胶管中有一个玻璃珠，用以堵住液体流动，玻璃珠的直径应稍大于乳胶管内径，用手指捏挤玻璃珠附近的乳胶管，在玻璃珠旁形成一条狭窄的小缝，液体就沿着这条小缝流出来。

（2）滴定管按其容积不同分为常量滴定管、半微量滴定管及微量滴定管。

常量滴定管规格有 25mL、50mL、100mL，分刻度值为 0.1mL，最常用的是 50mL 的滴定管。

半微量滴定管是容积为 10mL、分刻度值为 0.05mL 的滴定管。

微量滴定管如图 3-3(c) 所示，其规格有 1mL、2mL、5mL，分刻度值为 0.005mL 或 0.01mL，用于微量和半微量滴定分析操作。

（3）滴定管按构造的不同，又可分为普通滴定管和自动滴定管。

自动滴定管如图 3-3(d) 所示，是将贮液瓶与具塞滴定管通过磨口塞连接在一起的滴定装置，加液方便，自动调零点，主要用于需隔绝空气的滴定操作，配有 1000mL 的贮液瓶和供打气用的二连球。规格有 10mL、25mL、50mL。主要适用于经常使用同一标准溶液的日常例行分析工作。

聚四氟乙烯塞滴定管：酸性、碱性溶液可通用，规格有 25mL、50mL、100mL。

滴定管是量出式（Ex）计量玻璃仪器，必须符合 GB 12806—91 的要求。

（4）滴定管按精度的高低分为 A 级和 B 级，A 级为较高级，B 级为较低级。标准中规定滴定管的容量允差见表 3-3。

表 3-3　常用滴定管的容量允差（摘自国家标准 GB 12806—91）　　　　单位：mL

| 标称容量 | | 1 | 2 | 5 | 10 | 25 | 50 | 100 |
|---|---|---|---|---|---|---|---|---|
| 最小分度值 | | 0.01 | 0.01 | 0.02 | 0.05 | ±0.1 | ±0.1 | ±0.2 |
| 容量允差 | A 级 | ±0.01 | ±0.01 | ±0.01 | ±0.025 | ±0.05 | ±0.05 | ±0.1 |
| | B 级 | ±0.02 | ±0.02 | ±0.02 | ±0.05 | ±0.1 | ±0.1 | ±0.2 |

通常以喷、印的方法在滴定管上制出耐久性标志，如制造厂商标、标准温度（20℃）、量出式符号（Ex）、精度等级（A 或 B）和标称总容量（mL）等。

应根据滴定中消耗标准滴定溶液的体积多少和滴定溶液的性质选择相应规格的滴定管。如酸性溶液、氧化性溶液和盐类稀溶液，应选择酸式滴定管；酸式滴定管不能装碱性溶液，因为玻璃活塞易被碱腐蚀，粘住无法打开。碱性溶液应选择碱式滴定管；高锰酸钾、碘和硝酸银等溶液因能和橡皮管起反应而不能装入碱式滴定管。消耗较少滴定溶液时，应选用微量滴定管；见光易分解的滴定溶液应选择棕色滴定管。聚四氟乙烯旋塞滴定管可不受溶液酸碱性的限制，酸性、碱性及氧化性溶液均可选用此滴定管。

## 二、滴定分析仪器的洗涤

一般的玻璃器皿用毛刷蘸取肥皂水或合成洗涤剂刷洗，用自来水冲洗干净，再用少量蒸馏水润洗 3 次则可备用。容量瓶、移液管、吸量管、滴定管等测量准确度高的容器，为避免内壁受机械磨损而影响测量容积，不能用刷子刷，具体清洗如下。

### 1. 容量瓶的洗涤

（1）当容量瓶不太脏时，用自来水冲洗干净，再用蒸馏水润洗 3 次则可备用。

（2）当容量瓶较脏时，应进行下列洗涤：

① 将容量瓶中的残留水倒尽，再倒入 10～20mL 的铬酸洗液；

② 盖上容量瓶瓶塞，缓缓摇动并颠倒数次，让洗液布满全部内壁，然后放置数分钟；

③ 将洗液倒回原瓶，倒出时，边转动容量瓶边倒出洗液，让洗液布满瓶颈，同时用洗液冲洗瓶塞；

④ 用自来水将容量瓶及瓶塞冲洗干净，冲洗液倒入废液缸；

⑤ 用蒸馏水润洗容量瓶及瓶塞 3 次，盖好瓶塞，备用。

使用时，为了避免沾污或搞错，可用橡皮筋或细绳将玻璃磨口瓶塞系在瓶颈上，如图 3-1 所示；平顶的塑料塞子可直接倒置在桌面上放置。

洗净的容量瓶内壁和外壁能够被水均匀润湿而不挂水珠。如挂水珠，应重新洗涤。

### 2. 移液管、吸量管的洗涤

移液管和吸量管洗涤方法相同，下面以移液管为例进行说明。

（1）移液管不太脏时，用自来水冲洗干净，再用蒸馏水润洗 3 次则可备用。

（2）移液管用水冲洗不净时，可用合成洗涤剂或铬酸洗液洗涤。洗涤方法是：用右手拿移液管上端合适位置，食指靠近管上口，中指和无名指张开握住移液管外侧，拇指在中指和无名指中间位置握在移液管内侧，小指自然放松；左手拿洗耳球，持握拳式，将洗耳球握在掌中，尖口向下，握紧洗耳球，排出球内空气，将洗耳球尖口插入到移液管上口，注意不能漏气。慢慢松开左手手指，将洗液慢慢吸入管内，吸取洗液至球部的 $1/4\sim1/3$ 处，如图 3-4 所示，移开洗耳球，迅速用右手食指堵住移液管上口，将移液管横过来，用两手的拇指及食指分别拿住移液管的两端，转动移液管并使洗液布满全管内壁，稍浸泡一会儿后将洗液倒入洗液回收瓶中。再用自来水冲洗干净，然后用蒸馏水润洗 3 次，控干水，置于洁净的移液管架上备用。洗净的移液管内壁和外壁能够被水均匀润湿而不挂水珠。如挂水珠，应重新洗涤。

如果内壁污染严重，则应将移液管或吸量管放入盛有洗液的大量筒中，浸泡 15min 至数小时，取出后再用自来水冲洗、蒸馏水润洗。

移液管和吸量管的尖端容易碰坏，操作时要小心。

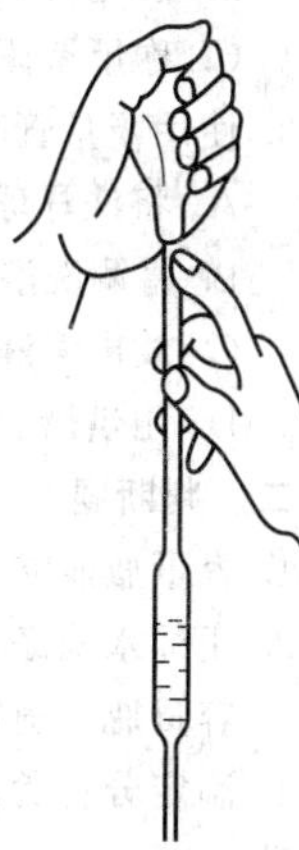

**3. 滴定管的洗涤**

滴定管的外侧可用洗衣粉或洗洁精刷洗，管内无明显油污、不太脏的滴定管可直接用自来水冲洗，或用洗涤剂泡洗，但不可用去污粉刷洗，以免划伤内壁，影响体积的准确测量。若有油污不易洗净时，可用铬酸洗液洗涤。

图 3-4 移液管吸取溶液

酸式滴定管的洗涤为先除去管内水，再关闭活塞，倒入 $10\sim15$mL 铬酸洗液，右手拿住滴定管上部无刻度部分，左手拿住活塞下部无刻度部分，两手缓慢平放滴定管，边转动边向管口倾斜，直至洗液布满全管内壁为止，立起后打开活塞，将洗液从下口流回原洗液瓶内。如果滴定管油污较严重，将铬酸洗液充满滴定管，浸泡十几分钟或更长时间，甚至用温热洗液浸泡一段时间。放出洗液后，先用自来水将洗液冲洗干净，每一遍的冲洗液都应从滴定管下口流入废液缸，最后用蒸馏水润洗 $3\sim4$ 次，洗净的滴定管其内壁应完全被水润湿而不挂水珠。倒尽水并将滴定管倒置，夹在滴定台上备用。

碱式滴定管的洗涤同酸式滴定管，但要注意，铬酸洗液不能直接接触乳胶管，否则乳胶管会变硬损坏。防止直接接触乳胶管的方法有如下 3 种：

（1）将乳胶管连同尖嘴部分一起拔下，滴定管下端套上一个滴瓶的胶帽，然后装入洗液洗涤。

（2）先去掉乳胶管，取出玻璃珠和尖嘴管，再将滴定管倒立于洗液中，用洗耳球吸取洗液充满全管数分钟，再将洗液放回原瓶，用自来水冲洗干净，将玻璃珠、尖嘴管、滴定管、乳胶管装配好，最后用蒸馏水润洗 $3\sim4$ 次。

（3）将碱式滴定管的尖嘴部分取下，乳胶管还留在滴定管上，将滴定管倒立于装有洗液的器皿中，固定在滴定管架上，连接到水压真空泵上，打开水龙头，轻捏玻璃珠，待洗液徐徐上升至接近乳胶管处即停止，让洗液浸泡一段时间后，拆开抽气管，将洗液放回原瓶中；用自来水冲洗滴定管，最后用蒸馏水润洗 $3\sim4$ 次，洗净的滴定管其内壁应完全被水润湿而不挂水珠。如挂水珠，应重新洗涤。倒尽水并将滴定管倒置夹在滴定台上备用。

## 三、注意事项

（1）铬酸洗液可反复使用，使用时尽量不使洗液冲稀，以免降低其洗涤效果。

（2）第一次用自来水冲洗的废液，浓度仍很大，腐蚀性仍很强，不能直接倒入下水道，应倒入盛废液的废液缸中。

## 练习题

### 一、选择题

1. 下列仪器中可在沸水浴中加热的有（　　）。

   A. 容量瓶　　　B. 滴定管　　　C. 移液管　　　D. 锥形瓶

2. 在下列所述情况中，不属于操作错误的为（　　）。

   A. 称量时，分析天平零点稍有变动　　　B. 仪器未洗涤干净

   C. 称量易挥发样品时没有采取密封措施　　D. 操作时有溶液溅出

3. 使用吸量管时，以下操作正确的是（　　）。

   A. 将洗耳球紧接在管口上再排出其中的空气

   B. 将涮洗溶液从上口放出

   C. 放出溶液时，使管尖与容器内紧贴，且保持管身垂直

   D. 用烘烤法进行干燥

### 二、判断题

1. 容量瓶能够准确量取所容纳液体的体积。（　　）

2. 用纯水洗涤玻璃仪器时，使其既干净又节约用水的方法原则是少量多次。（　　）

3. 容量瓶、滴定管、吸量管不可以加热烘干，也不能盛装热的溶液。（　　）

4. 滴定分析所使用的滴定管按照其容量及分刻度值不同分为：微量滴定管、半微量滴定管和常量滴定管三种。（　　）

# 第二节　滴定分析仪器的准备和使用

## 【学习目标】

1. 掌握容量瓶的使用方法；

2. 掌握移液管、吸量管的使用方法；

3. 掌握滴定管的使用方法。

## 一、容量瓶的使用

### 1. 容量瓶的选择

（1）按所需的体积选择容量瓶的容积。

（2）若配制见光易分解物质的溶液，应选择棕色容量瓶。

### 2. 容量瓶的检查

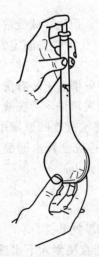

（1）瓶塞是否漏水　注入水至标线附近，盖好瓶塞后，用滤纸擦干瓶口和瓶塞；然后用左手食指按住瓶塞，其余手指拿住瓶颈标线以上部分，右手用指尖托住瓶底边缘，如图 3-5 所示，将瓶倒立 2min 以后，不应有水渗出；正置，观察有无水渗漏（用滤纸一角在瓶塞和瓶口的缝隙处擦拭，查看滤纸是否潮湿）；若无水渗漏，将容量瓶直立，转动容量瓶塞子180°，再倒立 2min 后检查。如不漏水，方可使用。

容量瓶与塞子要配套使用，不要将其玻璃磨口塞子随便取下放在桌子上，以免沾污或搞错，可用橡皮筋或适当长度的细绳（2～3cm，以可启

图 3-5　检查漏水操作

开塞子为限）将瓶塞系在瓶颈上，如图 3-1 所示，以防掉下摔破，也可在使用时夹在食指和中指之间，如图 3-6(b) 所示；平顶的玻璃塞和塑料塞子可倒立于桌子上。

（2）标线位置 标线位置离瓶口太近，不便混匀溶液，则不宜使用。

**3. 容量瓶的洗涤**

见本章第一节。

**4. 溶液的配制**（溶质为固体）

（1）溶解样品 将准确称取的固体物质置于小烧杯中，加水（或其他溶剂），用玻璃棒搅拌至溶解完全。必要时可盖上表面皿，加热溶解，但必须冷却至室温以后才能转移溶液。

（2）转移溶液 左手将盛放溶液的烧杯（注意：玻璃棒不得拿出随便放置，以免玻璃棒上的溶液损失及吸附杂质带入溶液）移近容量瓶口，右手拿起玻璃棒，将玻璃棒下端在烧杯内壁轻轻靠一下后插入容量瓶内 1~2cm，并使玻璃棒下端和瓶颈内壁相接触（注意：玻璃棒不能和瓶口接触），再将烧杯嘴紧靠玻璃棒中下部，烧杯离容量瓶口 1cm 左右。逐渐倾斜烧杯，缓缓使溶液沿玻璃棒和瓶颈内壁全部流入容量瓶中，如图 3-6(a) 所示。烧杯中溶液流完后，将烧杯嘴贴紧玻璃棒稍向上提，同时将烧杯慢慢直立，烧杯嘴稍离玻璃棒，基本保持在原位置，并将玻璃棒提起（此时玻璃棒要保持在容量瓶瓶口上方）放回烧杯中，防止玻璃棒下端的溶液落至瓶外。注意：不要使溶液流到烧杯或容量瓶的外壁而引起误差；玻璃棒的上端不能靠在烧杯嘴处，也不能让玻璃棒在烧杯中滚动，可用左手食指将其按住。然后，用洗瓶小心吹洗玻璃棒和烧杯内壁 5次以上（每次 5~10mL），按上法转移入容量瓶中，以保证定量转移。然后加水（或其他溶剂）稀释至总容积的 3/4 时，用右手食指和中指夹住容量瓶瓶塞的扁头，按水平方向旋摇几周（注意不要加塞），如图 3-6(b) 所示，使溶液初步混合，继续加水至距离标线下 1cm，放置 1~2min。

（3）定容 用左手拇指和食指（也可加上中指）拿起容量瓶。保持容量瓶垂直，使刻度线和视线保持水平，用细长滴管滴加蒸馏水（注意勿使滴管接触溶液）至弯月面下缘与标线相切。若溶液为无色或浅色溶液，应使弯液面的最低点与刻度线上边缘的水平面相切，视线应与刻度线上边缘在同一水平面上；若溶液为深色溶液，则应使弯液面两侧最高点与刻度线上边缘的水平面相切，视线应与刻度线上边缘在同一水平面上。

（4）摇匀 盖紧干的瓶塞，用左手食指按住瓶塞，其余四指拿住瓶颈标线以上部分，右手指尖托住瓶底边缘（手心不要接触瓶底）。将容量瓶倒置，如图 3-6(c) 所示，待气泡全部上移后，同时将容量瓶旋摇数次，混匀溶液，然后将容量瓶直立，让溶液完全流下至标线处，放正容量瓶，将瓶塞稍提起，让瓶塞周围的溶液流下，重新盖好，如此反复操作 10 次以上（注

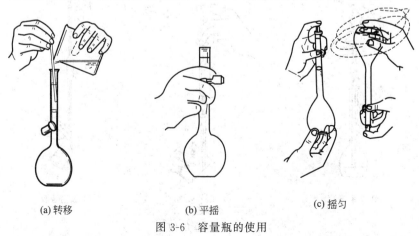

(a) 转移 (b) 平摇 (c) 摇匀

图 3-6 容量瓶的使用

意要数次提起瓶塞），使溶液充分混匀。

（5）配制完成　将容量瓶放正，打开瓶塞，将溶液转入洗净干燥的试剂瓶中保存。用毕后洗净容量瓶，在瓶口和瓶塞间夹一纸片，放在指定位置。

**5. 定量稀释溶液**（溶质为液体）

用移液管移取一定体积的浓溶液于容量瓶中，加蒸馏水至 3/4 左右容积时初步混匀，再加蒸馏水至标线处，按前述方法混匀溶液。

**6. 注意事项**

（1）容量瓶不能用任何方式加热，以免改变其容积而影响测量的准确度。

（2）向容量瓶中转移溶液，应让热溶液冷却至室温后再移入容量瓶稀释至标线。

（3）配制的溶液应及时转移到试剂瓶中，容量瓶不能长久贮存溶液，不能将容量瓶作试剂瓶使用。

（4）稀释过程中放热的溶液应在稀释至容量总体积的 3/4 时摇匀，并待冷却至室温后，再继续稀释至刻度。

（5）使用后的容量瓶应立即冲洗干净。闲置不用时，可在瓶口处垫一小纸条以防黏结。

## 二、移液管和吸量管的使用

**1. 使用前的准备**

（1）检查　检查移液管的管口和尖嘴有无破损，若有破损则不能使用。

（2）洗涤　对移液管和吸量管的洗涤见本章第一节。

（3）润洗　摇匀待吸溶液，将待吸溶液倒一小部分于一洁净并干燥的小烧杯中，用滤纸将清洗过的移液管尖端内外的水分吸干，并插入小烧杯中吸取溶液，当吸至移液管容量的 1/3 时，立即用右手食指按住管口，取出，横持并转动移液管，使溶液浸润全管内壁，当溶液流至刻度线以上且距上口 2～3cm 时，将移液管直立，使溶液从下端尖口处排入废液杯内，以置换内壁的水分，确保移取溶液的浓度不变（注意：吸出的溶液不能流回原瓶，以防稀释溶液）。如此操作，润洗 3～4 次后即可吸取溶液。

**2. 移取溶液的操作**

（1）吸取溶液　将用待吸液润洗过的移液管插入待吸液面下 1～2cm 处，用洗耳球按上述操作方法吸取溶液（注意移液管插入溶液不能太深也不能太浅，太深时会使管外壁黏附溶液过多而影响量取溶液的准确性；过浅时会因液面下降后产生吸空，把溶液吸到洗耳球内被污染），

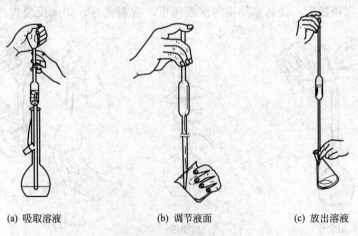

(a) 吸取溶液　　　　(b) 调节液面　　　　(c) 放出溶液

图 3-7　移液管的使用

并随液面的下降而下移，始终保持此深度，如图 3-7(a) 所示。当管内液面上升至标线以上 1～2cm 处时，迅速移去洗耳球，用右手食指堵住管口（此时若溶液下落至标线以下，应重新吸取），将移液管提出待吸液面，并使管尖端接触待吸液容器内壁片刻后提起，用滤纸擦干移液管或吸量管下端黏附的少量溶液。在移动移液管或吸量管时，应将移液管或吸量管保持垂直，不能倾斜。

（2）调节液面　移去洗耳球，立即用右手的食指按紧管口，大拇指和中指拿住移液管标线（或吸量管最高刻度线）的上方，左手持容量瓶颈部，使容量瓶倾斜，右手持移液管，管下部尖端紧靠在容量瓶内壁并使管身垂直（或左手另取一干净小烧杯，将移液管管尖紧靠小烧杯内壁，小烧杯保持倾斜，使移液管保持垂直），刻度线和视线保持水平（左手不能接触移液管）。右手食指微放松，用拇指和中指轻轻转动移液管，使管内溶液慢慢从下口流出，液面平稳下降，将溶液的弯月面底线放至与标线上缘相切时，立即用食指压紧管口，如图 3-7(b) 所示。将尖口处紧靠烧杯内壁，向烧杯口移动少许，去掉尖口处的液滴。将移液管或吸量管小心移至承接溶液的容器中。

（3）放出溶液　将移液管直立，左手拿锥形瓶将其倾斜，移液管尖端紧靠锥形瓶内壁并让其垂直，放开食指，让溶液沿锥形瓶内壁流下，如图 3-7(c) 所示，待液面下降至管尖时（此时溶液不流）再等 15s，将移液管尖端靠接受器内壁轻轻地旋转一下（由于移液管的管尖部做得不很圆滑，留存在管尖部位的体积会因管尖贴靠容器内壁的方位不同而有变化，为此，可在等待 15s 后，将管身轻轻地旋转一下，这样管尖部分每次留存的体积基本相同，不会在平行测定时有过大的误差），再取出移液管。如果所用的移液管上没有标明"吹"字，残留在管尖内壁处的少量溶液，不可用外力强使其流出，因校准移液管或吸量管时，已扣除了尖端内壁处保留溶液的体积。反之，凡是在管子上标有"吹"字的，则应用洗耳球吹出管尖残留的液滴，不允许保留。

吸量管的使用方法与移液管相同，只是放液时用食指控制管口，使液面慢慢下降至所需刻度时按住管口，取出吸量管。

有一种吸量管，分刻度标到离管尖尚差 1～2cm 处，如图 3-2(d) 所示，使用时应注意不要使液面降到刻度线以下，即刻度线以下的少量溶液不应该放出。在同一实验中，应尽可能使用同一支吸量管的同一段体积，并且使用上段而不用下端收缩部分，以减少测量误差。

移液管和吸量管用完后应立即洗净，放在移液管架上。

**3. 注意事项**

（1）移液管（或吸量管）不应在烘箱中烘干，以免改变其容积。

（2）移液管（或吸量管）不能移取太热或太冷的溶液。

（3）同一实验中应尽可能使用同一支移液管；同一分析工作，应使用同一支移液管或吸量管。

（4）移液管在使用完毕后，应立即用自来水及蒸馏水冲洗干净，置于移液管架上。

（5）移液管和容量瓶常配合使用，因此在使用前常作两者的相对体积校准。

（6）在使用吸量管时，为了减少测量误差，每次都应以最上面刻度（0 刻度）处为起始点，往下放出所需体积的溶液，而不是需要多少体积就吸取多少体积。

## 三、滴定管的使用

**1. 酸式滴定管的操作步骤**

（1）涂凡士林　在使用一支新的或较长时间不使用的和使用了较长时间的酸式滴定管时，因玻璃旋塞闭合不好或转动不灵活，导致实验中漏液和操作困难，必须涂抹凡士林。操作方法是：将活塞与活塞槽配套吻合的酸式滴定管平放在实验台上，取下活（旋）塞，用滤纸片擦干活塞、活塞孔和活塞槽，如图 3-8(a) 所示；用食指蘸取少许凡士林或真空脂，均匀地、薄薄地涂在活塞大头部分上，如图 3-8(b) 所示；将活塞涂好凡士林，再将滴定管的活塞槽的细端涂上凡士林，如图 3-8(c) 所示；注意涂油量不能太多，以免凡士林堵塞住活塞的小孔及滴定管的出口。然后将活塞平行插入活塞槽并压紧活塞，再向同一个方向转动活塞，如图 3-8(d) 所示，直到活塞和活塞槽上的凡士林油膜均匀、透明、无纹路、活塞转动灵活为止。此时，在活塞孔内应无凡士林（若有，说明凡士林涂得太多；若转动不灵活，说明凡士林涂得太少）。将涂好油的滴定管放在实验台上，一手顶住活塞粗端，一手将乳胶圈或者塑料套卡套在活塞的小头部分沟槽上，以防止活塞脱落。在涂凡士林过程中要特别小心，切莫让活塞跌落打碎，造成整支滴定管报废。

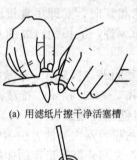

(a) 用滤纸片擦干净活塞槽

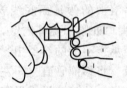

(b) 活塞用滤纸擦干净后，在粗端涂少量凡士林，细端不要涂，以免沾污活塞槽上下孔

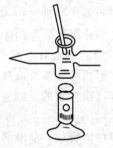

(c) 活塞涂好凡士林，再将滴定管的活塞槽的细端涂上凡士林

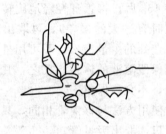

(d) 活塞平行插入活塞槽后，向一个方向转动，直至凡士林均匀

图 3-8    酸式滴定管涂凡士林的操作

若活塞孔或出口尖嘴被凡士林堵塞，则可用细铜丝轻轻将其捅出；也可将滴定管充满水后，将活塞打开，用洗耳球在滴定管上部挤压、鼓气，可以将凡士林排除；若仍不能除去，则插入热水中温热片刻，然后打开活塞，使管内的水突然流下（最好借助洗耳球挤压），将软化的凡士林冲出；或用有机溶剂浸泡一定时间，并重新涂油、试漏。

注意：若使用活塞为聚四氟乙烯的滴定管，则不需涂凡士林。

(2) 试漏    检查活塞处是否漏水，方法是：将活塞关闭，滴定管用水充满至 "0.00" 刻度线附近，擦干滴定管外壁，把滴定管直立夹在滴定管架上静置 2min，观察液面是否下降，滴定管管尖是否有液珠，活塞两端缝隙中是否渗水（用干的滤纸在活塞槽两端贴紧活塞擦拭并察看，滤纸是否潮湿，若潮湿，说明渗水）。若不漏水，将活塞转动 $180°$，静置 2min，按前述方法察看是否漏水，若不漏水且活塞转动灵活，涂油成功；否则，应再擦干活塞，重新涂凡士林，直至不漏水为止。

(3) 滴定管的洗涤    见本章第一节。

(4) 滴定管的润洗    准备好了的滴定管即可装入标准滴定溶液。装标准滴定溶液之前应将试剂瓶中的标准滴定溶液摇匀，使凝结在试剂瓶内壁的水珠混入溶液。为了除去滴定管内残留的水分，确保标准滴定溶液的浓度不变，应先用此标准滴定溶液淋洗滴定管内壁 3 次以上，每次向滴定管中加入 10～15mL 标准滴定溶液。先从下口放出少量，以洗涤尖嘴部分，然后关闭活塞，双手平托滴定管的两端并慢慢转动，使溶液润洗滴定管整个内壁，最后将溶液从管口倒出弃去，但不要打开活塞，以防活塞上的油脂冲入管内。尽量将管内溶液倒完后再进行下次洗涤，方法相同，但润洗液要从管尖处放出（不能从管口放出），如此洗涤 3 次后，即可装入标准滴定溶液。

　　（5）标准溶液的装入　溶液应直接倒入滴定管中，不得用其他容器（如滴管、烧杯、漏斗等）来转移，以免改变溶液的浓度。方法是：关闭活塞，用左手前三指拿住滴定管上部无刻度处，并让滴定管稍微倾斜，右手拿住试剂瓶往滴定管中倾倒溶液，使溶液沿滴定管内壁慢慢流下，直到"0.00"刻度以上。

　　（6）赶气泡　右手拿住滴定管上部无刻度处，并使滴定管倾斜约 30°，在其下面放一承接溶液的烧杯，左手迅速打开活塞，使溶液冲出管口，将气泡排出，使溶液充满尖嘴管。若气泡仍未能排出，可在放出溶液的同时，用力上下抖动滴定管或在管尖接一段乳胶管，将胶管弯曲向上，排出气泡。

　　（7）调零　加入标准滴定溶液至"0.00"刻度线以上，再调节液面在 0.00mL 处稍上方（如溶液不足，可以补充），夹在滴定台上静置约 1min，再调至"0.00"刻度处。读数时，手持在"0.00"刻度线以上部位，保持滴定管垂直，"0.00"刻度线和视线保持水平，慢慢转动旋（活）塞，放出溶液，使弯月面下缘刚好和"0.00"刻度线上缘相切。调好零点后，将滴定管夹在滴定管架上备用。

　　（8）滴定　滴定一般在锥形瓶中进行，有时也可在烧杯中进行。将滴定管垂直夹在滴定管架上，锥形瓶放在滴定架瓷板上，使滴定管尖端距锥形瓶瓶口 3～5cm 高度。滴定操作是：右手摇动锥形瓶，右手前三指拿住瓶颈，使瓶底离瓷板 2～3cm，调节滴定管的高度使滴定管的下端插入锥形瓶口 1～2cm，要边滴边摇瓶，转动腕关节，向同一方向（顺时针方向或逆时针方向）作圆周运动，不能将锥形瓶前后摇动、左右摇晃，以防溶液溅出而造成误差；左手握持滴定管的活塞，左手的大拇指从滴定管内侧放在旋塞上中部，食指和中指从滴定管外侧放在旋塞下面两端，手腕向外略弯曲（手掌中心要空，以防手心碰到活塞尾部而使活塞松动漏液）以控制活塞，如图 3-9(a) 和（b）所示。眼睛注意观察锥形瓶中溶液颜色的变化，左右两手操作及眼睛观察要同时进行并密切配合，以便准确地确定滴定终点。滴定开始时液滴落点周围无明显的颜色变化，滴定速度可以快些，并边滴边摇瓶；继续滴定，落点颜色可暂时扩散到溶液，此时应滴一滴摇几下，最后每滴出半滴就需要摇几下，直至终点（颜色变化的转折点）。

　　滴定时转动活塞，控制溶液的流出速度，要求做到：逐滴加入溶液（滴定速度一般为 6～8mL/min）；只加入一滴；加半滴溶液。加半滴的方法是先控制活塞转动，使半滴溶液

(a) 酸式滴定管的操作　　(b) 在锥形瓶中的滴定操作　　(c) 在碘量瓶中的操作　　(d) 在烧杯中的滴定操作

图 3-9　酸式滴定管的操作

悬于管口，用锥形瓶内壁接触液滴，再用蒸馏水吹洗瓶壁。

滴定前，观察液面是否在"0.00"刻度，若滴定管内的液面不在"0.00"刻度，则记下该读数（为滴定管初读数），若在"0.00"刻度，也作记录。最好能调在"0.00"刻度，可提高读数的准确性。用干燥洁净的小烧杯的内壁碰一下悬在滴定管尖端的液滴（此操作一定要进行，管尖外的液滴是滴定管有效体积之外的，否则将产生误差）。

滴定时，应使滴定管尖部分插入锥形瓶口（或烧杯口）下1~2cm处，滴定速度不能太快，以6~8mL/min为宜或点滴成线下落。边滴边摇动锥形瓶（滴入烧杯中时应用玻璃棒搅拌），摇动时锥形瓶应按同一方向旋转摇动（不可左右或前后振动，否则会溅出溶液）；锥形瓶口应尽量不动，防止碰坏滴定管。在滴定时，溶液应直接落入锥形瓶或烧杯的溶液中，不可沿锥形瓶壁往下流动，否则会附着在瓶壁上没有及时和试液发生反应，而使滴定过量。临近终点时，应逐滴加入，然后半滴加入，将溶液悬挂在滴定管尖端，用锥形瓶的内壁靠下，用少量蒸馏水冲下（建议不要过多地用蒸馏水进行冲洗，以防水中的杂质影响实验结果），然后摇动锥形瓶，观察终点是否已到（为便于观察，可在锥形瓶下放一块白瓷板），如终点未到，继续靠加半滴标准滴定溶液，直至终点到达。

若使用碘量瓶等有磨口玻璃塞的锥形瓶滴定时，玻璃塞应夹在右手中指与无名指之间，以防沾污，如图3-9(c)所示。

（9）读数　滴定管的读数不准确是造成滴定分析误差的主要原因之一。由于水溶液的表面张力的作用，滴定管中的液面呈弯月形，无色水溶液的弯月面比较清晰，有色溶液的弯月面清晰程度较差，因此，两种情况的读数方法稍有不同。

为了正确读数，应遵守下列规则：

① 注入溶液或放出溶液后，需等待0.5~1min后才能读数（使附着在内壁上的溶液流下）。

② 应用拇指和食指拿住滴定管的上端（液面上方适当位置）使滴定管保持垂直后读数。

③ 初始读数应在"0.00"刻度线位置。对于无色溶液或浅色溶液，应读弯月面下缘实线的最低点，读数时视线应与弯月面下缘实线的最低点相切，即视线与弯月面下缘实线的最低点在同一水平面上，如图3-10(a)所示；初读数和终读数应用同一标准。颜色较深的有色溶液则与弯月面上缘相切，如图3-10(b)所示。

④ 有一种蓝线衬背的滴定管，它的读数方法与上述不同，无色溶液有两个弯月面相交于滴定管蓝线的某一点，如图3-10(c)所示，读数时视线应与此点在同一水平面上。有色溶液的读数方法与上述普通滴定管相同。

⑤ 滴定时，最好每次都从"0.00"刻度线开始，这样可减少测量误差，读数必须准确到0.01mL。

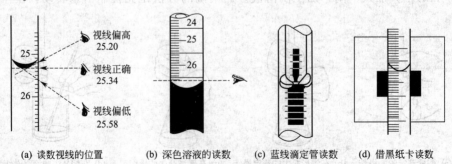

(a) 读数视线的位置　　(b) 深色溶液的读数　　(c) 蓝线滴定管读数　　(d) 借黑纸卡读数

图3-10　滴定管读数

⑥ 为了协助读数，可采用读数卡，这种方法有利于初学者练习读数。读数卡可用涂有黑长方形（约 3cm×1.5cm）的白纸制成。读数时，将读数卡放在滴定管背后，使黑色部分在弯月面下约 1mm 处，此时即可看到弯月面的反射层成为黑色，如图 3-10(d) 所示，然后读此黑色弯月面下缘的最低点。

**2. 碱式滴定管的操作步骤**

（1）检漏　将碱式滴定管装蒸馏水至一定刻度线，擦干滴定管外壁，处理掉管尖处的液滴。把滴定管直立夹在滴定管架上静置 2min，仔细观察液面是否下降，滴定管下管口是否有液珠，若漏水，则应更换胶管中的玻璃珠，选择一个大小合适、圆滑的玻璃珠或橡胶管配上再试。玻璃珠太小或不圆滑都可能漏水，太大则操作不方便。

（2）洗涤　见本章第一节。

（3）滴定管的润洗　同酸式滴定管。

（4）标准溶液的装入　同酸式滴定管。

（5）赶气泡　赶气泡方法和酸式滴定管不同。碱式滴定管的赶气泡方法是：将装满标准溶液的滴定管放于滴定管架上，用左手拇指和食指捏住玻璃珠所在部位稍上处，橡胶管向上弯曲，尖嘴管倾斜向上，管尖要高于玻璃珠一定位置，玻璃珠下方的胶管应圆滑，必要时可倾斜滴定管，用力捏挤玻璃珠侧上方，使溶液从尖嘴喷出，以排出气泡，如图 3-11(a) 所示。碱式滴定管中的气泡一般是藏在玻璃珠附近，必须对光检查胶管内气泡是否完全赶尽。

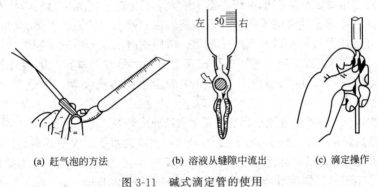

(a) 赶气泡的方法　　　(b) 溶液从缝隙中流出　　　(c) 滴定操作

图 3-11　碱式滴定管的使用

注意：当气泡排除后，左手应边挤捏橡胶管，边将橡胶管放直，待橡胶管放直后，才能松开左手的拇指和食指，否则气泡排不干净。

（6）调零　赶尽气泡后再调节液面至 0.00mL 稍上方处，夹在滴定台上静置约 1min（若溶液不足可补加），用左手拇指和食指捏住玻璃珠所在部位稍上处橡胶管，使溶液液面缓缓下降，直至弯月面下缘恰好与"0.00"刻度线相切。

装标准溶液时应从容器内直接将标准溶液倒入滴定管中，不能用小烧杯或漏斗等其他容器帮忙，以免浓度改变。

（7）滴定　将滴定管垂直地夹在滴定管架上，锥形瓶放在滴定管架瓷板上，使滴定管尖端距锥形瓶瓶口 3～5cm 处。左手操作滴定管，拇指在前，食指在后，其他三指辅助夹住出口管，使尖嘴管垂直而不摆动，如图 3-11(c) 所示，拇指和食指捏住玻璃珠所在部位稍上方的橡胶管处，捏挤橡胶管，使橡胶管与玻璃珠之间形成一条缝隙，溶液即从缝隙中流出，如图 3-11(b) 所示；但注意不能捏挤玻璃珠下方的胶管，否则松开手指后，有空气从管尖进入形成气泡，导致误差。通过控制捏挤的缝隙大小，控制滴定速度。滴定的同时，右手摇动锥形瓶。停止滴定时，要先松开拇指和食指，然后松开无名指和小拇指。右手摇瓶，眼睛注意观察锥形瓶中溶液颜色的变化，掌握逐滴滴加、加一滴、加半滴三种技巧。

注意：不要用力捏玻璃珠，不能使玻璃珠上下移动；不能捏挤玻璃珠下面的橡胶管，否则放开手时，会有空气进入玻璃管而形成气泡。

（8）读数　与酸式滴定管的读数方法相同。

**3. 注意事项**

（1）滴定管不能在烘箱中烘干或用电吹风吹干，以免改变其容积。

（2）同一分析工作，应使用同一支滴定管。

（3）滴定管用毕后，倒去管内剩余溶液，用自来水冲洗干净，再用蒸馏水淋洗 3～4 次后，倒置夹在滴定管夹上。或装入蒸馏水至刻度线以上，用大试管套在管口上，这样，下次使用时可不必再用洗液洗涤。否则溶液风干后粘在滴定管内壁，不易洗净而污染下次盛放的标准滴定溶液。

（4）酸式滴定管长期不用时，活塞部分应垫上纸片；否则，时间久了活塞不易打开。碱式滴定管不用时胶管应拔下，蘸些滑石粉保存。

---

### ☑ 阅读材料

#### 滴定速度对滴定分析的影响

滴定速度对定量滴定分析的测定结果影响较大。这是由于在滴定分析中标准滴定溶液或样品溶液从滴定管中流出速度的不同，使溶液在管壁上残留附着量也不同，故对于标定和使用标准滴定溶液都应对其流出速度作统一规定，以便提高滴定分析的精密度。将流出速度规定为 6～8mL/min，到达滴定终点后不必等一定时间，而是立即读数，则溶液的残留附着量已经少到可以忽略不计，从而避免了可能产生的读数的系统误差，保证了滴定分析的准确度。

在滴定分析中从滴定管快速流出标准滴定溶液或样品溶液，然后等若干分钟再读数的方法，不适用于标准滴定溶液的标定和化学试剂成分分析等对准确度要求较高的滴定分析。可以采用高锰酸钾标准滴定溶液或碘标准滴定溶液做一个简单的实验证明这一点。取两支相同规格的滴定管，用同一瓶中的高锰酸钾标准滴定溶液 $[c(KMnO_4)=0.1mol/L]$，按上述两种方法分别放出相同体积的标准滴定溶液（如 35mL），读数后立即以白色为背景，比较两支滴定管壁上附着的所用溶液的紫红色，结果表明，后一种方法即使等若干分钟后读数，其紫红色仍明显深于前一种方法的管壁颜色，说明标准滴定溶液在管壁上残留附着量要大。实验表明后一种方法易引入系统误差。

---

### ⁝⁝ 练 习 题 ⁝⁝

**一、选择题**

1. 下列操作中，（　　）是容量瓶不具备的功能。
   A. 直接法配制一定体积准确浓度的标准溶液
   B. 定容操作
   C. 测量容量瓶规格以下的任意体积的液体
   D. 准确稀释某一浓度的溶液

2. 将固体溶质在小烧杯中溶解，必要时可加热。溶解后溶液转移到容量瓶中时，下列操作错误的是（　　）。

A. 趁热转移

B. 使玻璃棒下端和容量瓶颈内壁相接触，但不能和瓶口接触

C. 缓缓使溶液沿玻璃棒和容量瓶颈内壁全部流入容量瓶内

D. 用洗瓶小心冲洗玻璃棒和烧杯内壁 3～5 次，并将洗涤液一并移至容量瓶内

3. 使用容量瓶时，下列操作正确的是（　　　）。

A. 将固体试剂放入容量瓶中，加入适量的水，加热溶解后稀释至刻度

B. 热溶液应冷却至室温后再移入容量瓶并稀释至标线

C. 容量瓶中长久贮存溶液

D. 容量瓶闲置不用时，盖紧瓶塞，放在指定的位置

4. 在放出移液管中的溶液时，下列操作错误的是（　　　）。

A. 将移液管或吸量管直立，接受容器倾斜

B. 管尖与接受容器内壁接触

C. 溶液流完后，保持放液状态停留 15s

D. 用洗耳球吹出管尖处溶液

5. 用移液管吸取溶液时，下列操作正确的是（　　　）。

A. 用待吸溶液润洗移液管 3～4 次

B. 将移液管插入待吸液面下较深处，以免吸空

C. 用右手的拇指按住管口

D. 将溶液吸至刻度线以上，快速放至刻度线

6. 从 250mL 容量瓶中移取 3 份 25mL 溶液，应选择下列哪种规格的移液管？（　　　）

A. 10mL 移液管　　　　　B. 25mL 移液管

C. 10mL 吸量管　　　　　D. 50mL 移液管

7. 带有玻璃活塞的滴定管常用来装（　　　）。

A. 见光易分解的溶液　　　B. 酸性溶液

C. 碱性溶液　　　　　　　D. 任何溶液

8. 碱式滴定管常用来装（　　　）。

A. 碱性溶液　　　　　　　B. 酸性溶液

C. 任何溶液　　　　　　　D. 氧化性溶液

9. 读取滴定管读数时，下列操作错误的是（　　　）。

A. 读数前要检查滴定管内壁是否挂水珠，管尖是否有气泡

B. 读数时，应使滴定管保持垂直

C. 读取弯月面下缘最低点，并使视线与该点在一个水平面上

D. 有色溶液与无色溶液的读数方法相同

10. 滴定过程中，下列操作正确的是（　　　）。

A. 使滴定管尖部分悬在锥形瓶口上方，以免碰到瓶口

B. 摇瓶时，使溶液向同一方向作圆周运动，溶液不得溅出

C. 滴定时，左手可以离开旋塞任其自流

D. 为了操作方便，最好滴完一管再装溶液

**二、判断题**

1. 容量瓶在闲置不用时，应在瓶塞及瓶口处垫一纸条，以防黏结。（　　　）

2. 定容时，将容量瓶放在桌面上，使刻度线和视线保持水平，滴加蒸馏水至弯月面下缘与标线相切。（　　　）

3. 稀释至总容积的 3/4 时，将容量瓶拿起，盖上瓶塞，反复颠倒摇匀。（　　　）

4. 移液管可在烘箱中烘干，或在电炉上方烘烤。（　　　）

5. 移液管和吸量管不能移取太热或太冷的溶液。（　　　）

6. 移液管在使用完毕后，应立即用自来水及蒸馏水冲洗干净，置于移液管架上。（　　）

7. 滴定开始时，滴定速度可以快些，可连续呈直线状滴下。（　　）

8. 进行滴定操作前，要将滴定管管尖处的液滴靠进锥形瓶中。（　　）

9. 在装入滴定液后，要排除滴定管内的气泡。（　　）

10. 微量滴定管及半微量滴定管用于消耗标准滴定溶液较少的微量及半微量测定。（　　）

11. 硝酸银标准溶液应装在棕色碱式滴定管中进行滴定。（　　）

# 第三节　滴定分析仪器的校准

## 【学习目标】

1. 了解滴定分析仪器校准的意义和方法；
2. 了解滴定分析仪器的容量允差；
3. 掌握滴定分析仪器的校准知识。

## 一、滴定分析仪器校准的必要性

滴定分析中准确测量溶液体积的容量器皿主要是滴定管、容量瓶、移液管和吸量管，它们的实际容积常因种种原因如温度的变化、试剂的侵蚀、制造工艺的限制等，与它所标示的容积（标称容积）不完全相符而出现误差，此值必须符合一定标准（容量允差），见表 3-1～表 3-3。

对于一般的生产控制分析，量器的准确度已经满足要求，不必进行校准。但对于准确度较高的分析，如原材料分析、成品分析、标准溶液的标定、仲裁分析、科研分析等，所用量器必须校准，因此有必要掌握量器的校准方法。

## 二、滴定分析仪器的校准方法

滴定分析仪器的校准在实际工作中通常采用绝对校准和相对校准两种方法。

### 1. 绝对校准法

绝对校准法也叫称量法或衡量法。绝对校准法是指称取滴定分析仪器某一刻度内放出或容纳蒸馏水的质量，然后根据该温度下蒸馏水的密度，将水的质量换算为容积的方法。测定工作在室温下进行，一般规定以 20℃作为室温的校准温度。国产的滴定分析仪器其标称容量都是以 20℃为标准温度进行校准。

将称出的蒸馏水质量换算成体积时，必须考虑下列三方面的因素。

（1）水的密度随温度的变化而改变　水在 3.98℃的真空中相对密度为 1，高于或低于此温度，其相对密度均小于 1。

（2）温度对玻璃仪器热胀冷缩的影响　温度改变时，因玻璃的膨胀和收缩，量器的容积也随之而改变。因此，在不同的温度校准时，必须以标准温度为基础加以校准。

（3）在空气中称量时，空气浮力对蒸馏水质量的影响　校准时，在空气中称量，由于空气浮力的影响，水在空气中称得的质量必小于其在真空中称得的质量，这个减轻的质量应该加以校准。

在一定的温度下，上述 3 个因素的校准值是一定的，所以可将其合并为一个总校准值。此值表示玻璃仪器中容积（20℃时）为 1mL 的蒸馏水在不同温度下，于空气中用黄铜砝码称得的质量，列于表 3-4 中。

**表 3-4　玻璃容器中 1mL 水在空气中用黄铜砝码称得的质量**

| $t/℃$ | $\rho_t/g$ | $t/℃$ | $\rho_t/g$ | $t/℃$ | $\rho_t/g$ | $t/℃$ | $\rho_t/g$ |
|---|---|---|---|---|---|---|---|
| 1 | 0.99824 | 11 | 0.99832 | 21 | 0.99700 | 31 | 0.99464 |
| 2 | 0.99834 | 12 | 0.99823 | 22 | 0.99630 | 32 | 0.99434 |
| 3 | 0.99839 | 13 | 0.99814 | 23 | 0.99660 | 33 | 0.99406 |
| 4 | 0.99844 | 14 | 0.99804 | 24 | 0.99638 | 34 | 0.99325 |
| 5 | 0.99848 | 15 | 0.99793 | 25 | 0.99617 | 35 | 0.99345 |
| 6 | 0.99850 | 16 | 0.99730 | 26 | 0.99593 | 36 | 0.99312 |
| 7 | 0.99850 | 17 | 0.99765 | 27 | 0.99569 | 37 | 0.99280 |
| 8 | 0.99848 | 18 | 0.99751 | 28 | 0.99544 | 38 | 0.99216 |
| 9 | 0.99844 | 19 | 0.99734 | 29 | 0.99518 | 39 | 0.99212 |
| 10 | 0.99839 | 20 | 0.99718 | 30 | 0.99491 | 40 | 0.99177 |

利用此值可将不同温度下水的质量换算成 20℃时的体积，其换算公式为：

$$V_{20} = \frac{m_t}{\rho_t}$$

式中　$m_t$——$t$℃时在空气中用砝码称得量器放出或装入蒸馏水的质量，g；

　　　$\rho_t$——1mL 蒸馏水在 $t$℃时用黄铜砝码称得的质量，g/mL；

　　　$V_{20}$——将 $m_t$ 蒸馏水换算成 20℃时的体积，mL。

【例题 3-1】　在 21℃时校准滴定管，由滴定管中放出 10.03mL 水，称得其质量为 10.04g，求该段滴定管在 20℃时的实际容量及校准值各是多少？

**解**　查表 3-4，21℃时 $\rho_{21}=0.99700$g/mL。已知 $m_{21}=10.04$g，所以 20℃时

$$V_{20} = \frac{m_{21}}{\rho_{21}} = \frac{10.04}{0.99700} = 10.07(\text{mL})$$

容量校准值　　$\Delta V = 10.07 - 10.03 = 0.04(\text{mL})$

碱式滴定管的校准方法与酸式滴定管相同。表 3-5 为校准滴定管的一个实例。

**表 3-5　滴定管校准实例**（水温 25℃，$\rho_{25}=0.99617$g/mL）

| 滴定管读数/mL | 瓶与水的总质量/g | 标称容量/mL | 水的质量/g | 实际容量/mL | 体积校准值/mL | 总校准值/mL |
|---|---|---|---|---|---|---|
| 0.00 | 31.20 | | | | | |
| 10.10 | 41.28 | 10.10 | 10.08 | 10.12 | +0.02 | +0.02 |
| 20.07 | 51.19 | 9.97 | 9.91 | 9.95 | -0.02 | 0.00 |
| 30.14 | 61.27 | 10.07 | 10.08 | 10.12 | +0.05 | +0.05 |
| 40.17 | 71.24 | 10.03 | 9.97 | 10.01 | -0.02 | +0.03 |
| 49.96 | 81.07 | 9.79 | 9.83 | 9.87 | +0.08 | +0.11 |

以滴定管读数为横坐标、相应的总校准值为纵坐标，绘制出校准曲线，如图 3-12 所示，以备使用该滴定管时查取。

校准滴定分析量器的标准温度是 20℃，而使用温度不一定是 20℃，因此，量器的容量及溶液的体积都将发生变化。如果溶液在同一温度下配制和使用，就不必校准，因为这时所引起的误差在计算时可以抵消。如果配制和使用是在不同的温度下进行，则需要校准。当温度变化不大时玻璃量器容量变化值很小，可以忽略不计，但溶液体积的变化

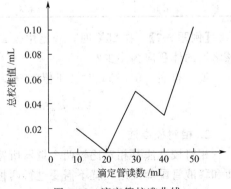

图 3-12　滴定管校准曲线

不可忽略。为了便于校准在其他温度下所测量溶液的体积，表 3-6 列出在不同温度下 1000mL 水或稀溶液换算到 20℃时，其体积应增减的补正值(mL)。

**表 3-6　不同温度下 1000mL 水或稀溶液换算到 20℃时的补正值**　　　单位：mL

| 温度/℃ | 水和0.05mol/L以下的各种水溶液 | 0.1mol/L、0.2mol/L的各种水溶液 | 盐酸溶液[c(HCl)=0.5mol/L] | 盐酸溶液[c(HCl)=1mol/L] | 0.5mol/L硫酸溶液；0.5mol/L氢氧化钠溶液 | 1mol/L硫酸溶液；1mol/L氢氧化钠溶液 | 1mol/L碳酸钠溶液 | 0.1mol/L氢氧化钾-乙醇溶液 |
|---|---|---|---|---|---|---|---|---|
| 5 | +1.38 | +1.7 | +1.9 | +2.3 | +2.4 | +3.6 | +3.3 | |
| 6 | +1.38 | +1.7 | +1.9 | +2.2 | +2.3 | +3.4 | +3.2 | |
| 7 | +1.36 | +1.6 | +1.8 | +2.2 | +2.2 | +3.2 | +3.0 | |
| 8 | +1.33 | +1.6 | +1.8 | +2.1 | +2.2 | +3.0 | +2.8 | |
| 9 | +1.29 | +1.5 | +1.7 | +2.0 | +2.1 | +2.7 | +2.6 | |
| 10 | +1.23 | +1.5 | +1.6 | +1.9 | +2.0 | +2.5 | +2.4 | +10.8 |
| 11 | +1.17 | +1.4 | +1.5 | +1.8 | +1.8 | +2.3 | +2.2 | +9.6 |
| 12 | +1.10 | +1.3 | +1.4 | +1.6 | +1.7 | +2.0 | +2.0 | +8.5 |
| 13 | +0.99 | +1.1 | +1.2 | +1.4 | +1.5 | +1.8 | +1.8 | +7.4 |
| 14 | +0.88 | +1.0 | +1.1 | +1.2 | +1.3 | +1.6 | +1.5 | +6.5 |
| 15 | +0.77 | +0.9 | +0.9 | +1.0 | +1.1 | +1.3 | +1.3 | +5.2 |
| 16 | +0.64 | +0.7 | +0.8 | +0.8 | +0.9 | +1.1 | +1.1 | +4.2 |
| 17 | +0.50 | +0.6 | +0.6 | +0.6 | +0.7 | +0.8 | +0.8 | +3.1 |
| 18 | +0.34 | +0.4 | +0.4 | +0.4 | +0.5 | +0.6 | +0.6 | +2.1 |
| 19 | +0.18 | +0.2 | +0.2 | +0.2 | +0.2 | +0.3 | +0.3 | +1.0 |
| 20 | 0.00 | 0.00 | 0.00 | 0.0 | 0.0 | 0.0 | 0.0 | 0.0 |
| 21 | −0.18 | −0.2 | −0.2 | −0.2 | −0.2 | −0.3 | −0.3 | −1.1 |
| 22 | −0.38 | −0.4 | −0.4 | −0.5 | −0.4 | −0.6 | −0.6 | −2.2 |
| 23 | −0.58 | −0.6 | −0.7 | −0.7 | −0.8 | −0.9 | −0.9 | −3.3 |
| 24 | −0.80 | −0.9 | −0.9 | −1.0 | −1.0 | −1.2 | −1.2 | −4.2 |
| 25 | −1.03 | −1.1 | −1.1 | −1.2 | −1.3 | −1.5 | −1.5 | −5.3 |
| 26 | −1.26 | −1.4 | −1.4 | −1.4 | −1.5 | −1.8 | −1.8 | −6.4 |
| 27 | −1.51 | −1.7 | −1.7 | −1.7 | −1.8 | −2.1 | −2.1 | −7.5 |
| 28 | −1.76 | −2.0 | −2.0 | −2.0 | −2.1 | −2.4 | −2.4 | −8.5 |
| 29 | −2.01 | −2.3 | −2.3 | −2.3 | −2.4 | −2.8 | −2.8 | −9.6 |
| 30 | −2.30 | −2.5 | −2.5 | −2.6 | −2.8 | −3.2 | −3.1 | −10.6 |
| 31 | −2.58 | −2.7 | −2.7 | −2.9 | −3.0 | −3.5 | | −11.6 |
| 32 | −2.86 | −3.0 | −3.0 | −3.2 | −3.4 | −3.8 | | −12.6 |
| 33 | −3.04 | −3.2 | −3.5 | −3.5 | −3.7 | −4.2 | | −13.7 |
| 34 | −3.47 | −3.7 | −3.6 | −3.8 | −4.1 | −4.6 | | −14.8 |
| 35 | −3.78 | −4.0 | −4.0 | −4.1 | −4.4 | −5.0 | | −16.0 |
| 36 | −4.10 | −4.3 | −4.3 | −4.4 | −4.7 | −5.3 | | −17.0 |

【例题 3-2】　在 25℃时，滴定用去 25.00mL 0.1mol/L 的标准滴定溶液，计算在 20℃时该溶液的体积应为多少？

**解**　查表 3-6，25℃时补正值为−1.1，所以

$$V_{20} = 25.00 - \frac{1.1}{1000} \times 25.00 = 24.97(\text{mL})$$

**2. 相对校准法**

相对校准法是相对比较两个量器所盛液体的体积比例关系。在分析工作中，经常是容量瓶和移液管配套使用，就不需要进行两种量器各自的绝对校准，而只需进行两种量器的相对校准。校准方法是：用 25.00mL 移液管移取蒸馏水，注入洗净沥干的 250.00mL 容量瓶中，

如此进行 10 次，观察容量瓶中水的弯月面下缘是否与标线相切。若正好相切，说明移液管与容量瓶的容积关系比例为 1：10；若不相切表示有误差，待容量瓶沥干后再重复操作，若仍不相切，可在容量瓶瓶颈上另作一标记，以此标记为准。但要注意，每更换其中一种仪器，应重新校准。

## 三、校准注意事项

（1）量器必须用热铬酸洗液或其他洗涤液充分清洗。当水面下降（或上升）时，与器壁接触处形成正常弯月面，水面上部器壁不应挂有水珠。

（2）水和容量器皿的温度尽可能接近室温，温度测量应精确至 0.1℃。

（3）校准滴定管时，充水至最高标线以上约 5mm 处，然后慢慢将液面调至 "0.00" 刻度。全开旋塞，按规定的流出时间以 6～8mL/min 的速度让水流出。当液面流至被检分度线上约 5mm 处时，关好旋塞等待 30s，然后在 10s 内将液面准确地调至被检分度线上。

（4）校准移液管及完全流出式吸量管时，水自标线流至出口端时，按规定再等待 15s。

（5）校准不完全流出式吸量管时，水自最高标线流至最低标线上约 5mm 处，等待 15s，然后调至最低标线。

## 练 习 题

### 一、选择题

1．滴定分析操作中出现下列情况，导致偶然误差的有（　　）。

　　A. 滴定管未经校准　　　　　　　B. 滴定时有溶液溅出

　　C. 指示剂选择不当　　　　　　　D. 试剂中含有干扰离子

2．如发现容量瓶漏水，则应（　　）。

　　A. 调换磨口塞　　　　　　　　　B. 在瓶塞周围涂油

　　C. 停止使用　　　　　　　　　　D. 摇匀时勿倒置

3．使用碱式滴定管，正确的操作是（　　）。

　　A. 左手捏于稍低于玻璃珠近旁　　B. 左手捏于稍高于玻璃珠近旁

　　C. 右手捏于稍低于玻璃珠近旁　　D. 右手捏于稍高于玻璃珠近旁

4．酸式滴定管尖部出口被润滑油脂堵塞，快速有效的处理方法是（　　）。

　　A. 热水中浸泡并用力下抖　　　　B. 用细铁丝捅出并用水冲洗

　　C. 装满水利用水柱的压力压出　　D. 用洗耳球对吸

5．使用移液管吸取溶液时，应将其下口插入液面以下（　　）。

　　A. 0.5～1cm　　　　B. 5～6cm　　　　C. 1～2cm　　　　D. 7～8cm

6．放出移液管中的溶液时，当液面降至管尖后，应等待（　　）以上。

　　A. 5s　　　　　　　B. 10s　　　　　　C. 15s　　　　　　D. 20s

### 二、判断题

1．用移液管吸取溶液时，必须将残留在管尖内的少量溶液吹出。（　　）

2．锥形瓶使用前都应干燥。（　　）

3．若滴定开始时发现滴定管下端挂溶液，可将其靠入锥形瓶中。（　　）

4．酸式滴定管和碱式滴定管在使用前必须用待装溶液润洗。（　　）

5．滴定管每次使用起点一般为最上面的 "0.00" 刻度线。（　　）

6．校准滴定管时使用的水可为自来水。（　　）

7．滴定管、移液管、量杯属于精密量器。（　　）

8．容量瓶的校准常用相对校准法。（　　）

9. 溶解基准物质时用移液管移取 20～30mL 水加入。（　　）

10. 玻璃器皿不可盛放浓碱液，但可以盛酸性溶液。（　　）

11. 配制酸碱标准溶液时，用吸量管量取 HCl，用托盘天平称取 NaOH。（　　）

# 第四节　滴定分析仪器基本操作和校准实验

## 实验三　滴定分析仪器的基本操作

### 一、技能目标

1. 掌握滴定分析仪器的洗涤方法；

2. 初步掌握容量瓶、移液管、滴定管的正确使用和操作方法。

### 二、仪器与试剂

常用滴定分析仪器。

固体 $K_2Cr_2O_7$。

### 三、实验步骤

1. 清点实验仪器

实验仪器清单认领、清点仪器。

2. 移液管的使用

（1）检查移液管的质量及有关标志　移液管的上管口应平整，流液口没有破损；主要的标志应有商标、标准温度、标称容量数字及单位、移液管的级别、有无规定等待时间。

（2）移液管的洗涤　依次用自来水、洗涤剂或铬酸洗液，洗涤至不挂水珠并用蒸馏水淋洗 3 次以上。

（3）移液操作　用 25mL 移液管移取蒸馏水，练习移液操作。

① 润洗移液管。用待吸液润洗 3 次。

② 吸取溶液。用洗耳球将待吸液吸至刻度线稍上方（注意握持移液管及洗耳球的手形），堵住管口，用滤纸擦干外壁。

③ 调节液面。将弯月面最低点调至与刻度线上缘相切。注意观察视线应水平，移液管要保持垂直，用一小烧杯在流液口下接取并注意处理管尖外的液滴。

④ 放出溶液。将移液管移至另一接受器中，保持移液管垂直，接受器倾斜，移液管的流液口紧触接受器的内壁。放松手指，让液体自然流出，流完后停留 15s，保持触点，将管尖在靠点处靠壁左右移动。

⑤ 洗净移液管，放置在移液管架上。

以上操作反复练习，直至熟练为止。

3. 容量瓶的使用

（1）检查容量瓶的质量和有关标志　检查容量瓶，应无破损，磨口瓶塞应适合、不漏水。

（2）容量瓶的洗涤　洗净容量瓶至不挂水珠。

（3）容量瓶的操作

① 溶解。在小烧杯中用约 50mL 水溶解所称量的 $K_2Cr_2O_7$ 样品。

② 转移溶液。将 $K_2Cr_2O_7$ 溶液沿玻璃棒注入容量瓶中（注意杯嘴和玻璃棒的靠点及玻璃棒和容量瓶颈的靠点），洗涤烧杯并将洗涤液也注入容量瓶中。

③ 初步摇匀。加水至总体积的 3/4 左右时，摇动容量瓶数圈（不要盖瓶塞，不能颠倒，水平转动摇匀）。

④ 定容。注水至刻度线稍下方，放置 1～2min，调节弯月面最低点和刻度线上缘相切（注意容量瓶垂直，视线水平）。

⑤ 混匀。塞紧瓶塞，颠倒摇动容量瓶 14 次以上（注意摇动数次提起瓶塞），混匀溶液。

⑥ 结束工作。用毕后洗净，在瓶口和瓶塞间夹一纸片，放在指定位置。

4. 滴定管的使用

① 检查滴定管的质量和有关标志。

② 涂油，试漏。

③ 洗净滴定管至不挂水珠。

④ 滴定管的使用。

a. 用待装溶液润洗。

b. 装溶液，赶气泡。

c. 调零。

d. 滴定操作练习，练习 3 种滴定速度（点滴成线、一滴、半滴）。

e. 读数。

⑤ 用毕后洗净，倒夹在滴定台上。

实验结束后将实验仪器洗净、收拾好，最后将实验台擦净。以后的每次实验都应该这样。

**四、注意事项**

（1）用待吸溶液润洗移液管时，插入溶液之前要将移液管内外的水尽量沥干。

（2）要将移液管外壁擦干再调节液面至刻度线。

（3）放溶液时注意移液管在接受容器中的位置，溶液流完后应停留 15s，最后再左右旋转。

（4）酸式滴定管涂油量要适当。

（5）定量转移时注意玻璃棒下端和烧杯的位置。

（6）加水至总体积的 3/4 处应水平摇动，水平摇动不要盖瓶塞。

（7）稀释至近刻度线时应放置 1～2min，然后再稀释至刻度线。

**五、思考题**

1. 移液管、滴定管和容量瓶这 3 种量器中，哪些要用待装溶液润洗 3 次？怎样操作？

2. 润洗前为什么要尽量沥干水？

3. 使用铬酸洗液时应注意些什么问题？

4. 玻璃仪器洗净的标志是什么？

5. 使用未洗净或存有气泡的滴定管，对滴定有什么影响？怎样赶除气泡？

# 实验四　滴定分析仪器的校准

**一、技能目标**

1. 了解滴定分析仪器校准的意义；

2. 初步掌握容量瓶和移液管的相对校准法、滴定管的绝对校准法。

**二、实验原理**

滴定管、容量瓶、移液管等容量仪器的实际容积与它们所标示的容积（标称容量）存在一定的差值，对其存在的容量差值的校准常有绝对校准法和相对校准法。国家标准规定的容量允差及仪器校准原理见本章第一节和第三节。

**三、仪器与试剂**

常用滴定分析仪器。

50mL 具塞锥形瓶：洗净晾干。

温度计（50℃或100℃，分度值为 0.1℃）。

无水乙醇或 95％乙醇。

**四、实验步骤**

1. 移液管和容量瓶的相对校准

（1）将 250.00mL 容量瓶洗净、晾干（也可用几毫升乙醇润洗内壁后倒挂在漏斗板上数小时）。

（2）用洗净的 25.00mL 移液管准确吸取蒸馏水 10 次至容量瓶中，注意水滴不能落在容量瓶瓶颈的磨口处。

（3）观察容量瓶中水的弯月面下缘的位置是否与容量瓶标线相切，若正好相切，该移液管与容量瓶容积关系比例为 1∶10，可以用原标线。

（4）若不相切，表示有误差，另作一标记（贴一平直的窄纸条，纸条上沿与弯月面相切）；待容量瓶晾干后再校准一次。连续 2～3 次实验相符后，在纸条上刷蜡或贴一块透明胶布以保护此标记，以后使用该容量瓶与移液管按所贴标记配套使用。

2. 绝对法校准滴定管

（1）用温度计测量蒸馏水的温度。

（2）在洗净的 50mL 酸式或碱式滴定管中装满蒸馏水，并调节液面至"0.00"刻度处。

（3）将 50mL 具塞锥形瓶洗净、烘干，在天平上称准至 0.001g，并记录为 $m_1$。

（4）从滴定管向具塞锥形瓶中以 6～8mL/min 速度放蒸馏水，当液面降至被校准分度线（此处为 10mL 刻度线处）以上约 0.5mL 时等待 15s，然后在 10s 内将液面调节至 10mL 分度线（不一定恰好等于 10.00mL，但相差也不应大于 0.1mL），随即用锥形瓶内壁靠下挂在尖嘴下的液滴，记录体积读数，并立即盖上瓶塞进行称量，记录为 $m_2$，则放出蒸馏水质量为 $m_2-m_1$。

（5）再从滴定管中放出 10mL 蒸馏水于同一锥形瓶中，称其质量为 $m_3$，则第二次放出蒸馏水的质量为 $m_3-m_2$。如此逐段放出蒸馏水，记录体积并称量质量，直到 50mL 刻度处为止。

（6）根据水温，从表 3-4 中查出该温度下的 $\rho_t$，将测定数据代入公式：

$$V_{20} = \frac{m_t}{\rho_t}$$

计算各段在 20℃的实际容量以及校准值和总校准值。将各项数据按表 3-5 格式记录。

重复校准一次，两次相应的校准值之差应小于 0.02mL。求其平均值。

（7）以滴定管读数为横坐标、相应的总校准值为纵坐标，用直线连接各点绘出校准曲线。

**五、注意事项**

（1）仪器的校准应连续、迅速地完成，以避免温度波动和水的蒸发引起误差。

（2）校准用的水应是煮沸冷却至室温的蒸馏水。

**六、思考题**

1. 为什么要进行容量仪器的校准？影响容量仪器体积刻度不准确的主要因素有哪些？

2. 称量蒸馏水所用的锥形瓶为何要用"具塞"的？可否不加塞？可否用洗净不进行干燥的锥形瓶？为什么要避免将磨口和瓶塞沾湿？在放出蒸馏水时，瓶塞如何放置？

3. 称量水的质量时，应称准至小数点后第几位（以 g 为单位）？为什么？

4. 为什么移液管和容量瓶之间的相对校准比两者分别校准更为实用？

## 实验五　滴定终点练习

### 一、技能目标

1. 熟练掌握酸式滴定管和碱式滴定管的使用；

2. 学会正确地判断酚酞和甲基橙指示剂的滴定终点。

### 二、实验原理

滴定终点的判断正确与否是影响滴定分析结果准确度的重要因素，必须学会正确判断终点以及验证终点的方法。酸碱滴定所用的指示剂大多数是可逆的，这有利于练习判断滴定终点和验证终点。

碱滴定酸常用的指示剂是酚酞（简写为 PP），其 pH 变色范围是 8.0（无色）～10.0（红色），pH 8.7 附近为粉红色。酸滴定碱常用的指示剂是甲基橙（简写为 MO），其 pH 变色范围是 3.1(红色)～4.4(黄色)，pH 3.4 附近为橙色。判断颜色，对初学者有一定的难度，所以在做滴定练习之前，应先练习判断和验证终点，直至加入半滴溶液而滴定刚好至滴定终点。

### 三、仪器与试剂

常用滴定分析仪器。

浓 HCl；NaOH（固体）。

1g/L 甲基橙溶液：取 0.1g 甲基橙溶于水，加水稀释至 100mL。

2g/L 酚酞乙醇溶液：取 0.2g 酚酞溶于乙醇，加乙醇稀释至 100mL。

### 四、实验步骤

1. 0.1mol/L HCl 溶液的配制

用 10mL 量筒量取 9mL 浓盐酸，加入已盛有 300mL 蒸馏水的 1000mL 烧杯中，稀释至 1000mL，搅拌均匀。转移到酸式试剂瓶中，盖紧瓶塞并贴上标签。

2. 0.1mol/L NaOH 溶液的配制

用表面皿在托盘天平上称取 4.4g NaOH 固体于 1000mL 烧杯中，加入 300mL 蒸馏水溶解，稀释至 1000mL，搅拌均匀。转移到碱式试剂瓶中，盖紧橡胶瓶塞并贴上标签。

3. 酸式滴定管和碱式滴定管的准备

将酸式滴定管和碱式滴定管洗净，分别用待装的溶液润洗 3 次。在酸式滴定管中装入 HCl 溶液，赶除气泡后调节至 0.00mL 标线。在碱式滴定管中装入 NaOH 溶液，排除玻璃珠下部管中的气泡，并将液面调节至 0.00mL 标线。

4. 酚酞指示剂终点练习

在锥形瓶中加入约 30mL 水和 1 滴酚酞指示液，从酸式滴定管中放出 2～3 滴 HCl 溶液，观察其颜色；然后用碱式滴定管滴加 NaOH 溶液至由无色变浅红色，如果已滴到浅红色，再滴加 HCl 溶液至无色。如此反复滴加 HCl 和 NaOH 溶液，直至能做到加半滴 NaOH 溶液由无色变浅红色，而加半滴 HCl 溶液由浅红色变无色为止，达到能够通过只加入半滴溶液而确定滴定终点。

5. 甲基橙指示剂终点练习

在锥形瓶中加入约 30mL 水和 1 滴甲基橙指示液，从碱式滴定管中放出 2～3 滴 NaOH 溶液，观察其黄色；然后用酸式滴定管滴加 HCl 溶液至由黄色变为橙色，如果已滴到红色，说明 HCl 滴定过头了，再滴加 NaOH 溶液至黄色。如此反复滴加 HCl 和 NaOH 溶液，直至能做到加半滴 NaOH 溶液由橙色变黄色（验证：再加半滴 NaOH 溶液颜色不变，或加半滴 HCl 溶液则变橙），而加半滴 HCl 溶液由黄色变橙色（验证：再加半滴 HCl 溶液变红，或加半滴 NaOH 溶液则变黄）为止，达到能够通过只加入半滴溶液而确定滴定终点。

在以后的各次实验中，每遇到一种新的指示剂，均应先练习至能够正确地判断滴定终点颜色变化后再开始实验。

**五、注意事项**

（1）滴定管装溶液前要用待装溶液润洗。

（2）指示剂不得多加，否则终点难以观察。

（3）碱式滴定管在滴定过程中不得产生气泡。

（4）滴定过程中要注意观察溶液颜色变化的规律。

**六、思考题**

1. 锥形瓶使用前是否要干燥？为什么？

2. 酸式滴定管和碱式滴定管是否要用待装溶液润洗？如何润洗？

3. 如何判断酚酞和甲基橙指示剂的终点是否正确？

# 实验六   酸碱体积比测定

**一、技能目标**

1. 熟练掌握甲基橙和酚酞终点的判断；

2. 正确地测定酸碱体积比。

**二、实验原理**

一定浓度的 HCl 溶液和 NaOH 溶液相互滴定时，所消耗的体积之比 $V(HCl)/V(NaOH)$ 应是一定的。在指示剂不变的情况下，改变被滴定溶液的体积，此体积之比应基本不变。借此，可以检验滴定操作技术和判断终点的能力。

**三、仪器与试剂**

常用滴定分析仪器。

0.1mol/L HCl 溶液；0.1mol/L NaOH 溶液；1g/L 甲基橙溶液；2g/L 酚酞乙醇溶液。

**四、实验步骤**

1. 将滴定管及移液管洗净并用待装（待吸）溶液润洗 3 次

2. 用 NaOH 溶液滴定 HCl 溶液（以酚酞为指示剂）

在酸式滴定管中装入 HCl 溶液，排除气泡后将液面调节至 0.00mL 标线。在碱式滴定管中装入 NaOH 溶液，排除玻璃珠下部管中的气泡，并将液面调节至 0.00mL 标线。以 6～8mL/min 的流速放出 20.00mL HCl 溶液至锥形瓶中，加 2 滴酚酞指示液，用 NaOH 溶液滴定至溶液由无色变为粉红色，且 30s 之内不褪色即为终点，记录所消耗 NaOH 溶液的体积（读准至 0.01mL）。再放出 2.00mL HCl 溶液（此时酸式滴定管读数为 22.00mL），溶液变为无色，继续用 NaOH 溶液滴定至粉红色，记录滴定终点读数。如此连续滴定 5 次，得到 5 组数据，均为累计体积。计算每次滴定的体积比 $V(NaOH)/V(HCl)$ 及体积比的相对平均偏差，其相对平均偏差应不超过 0.2%，否则要重新连续滴定 5 次。

3. 用 HCl 溶液滴定 NaOH 溶液（以甲基橙为指示剂）

在碱式滴定管中装入 NaOH 溶液，排除玻璃珠下部管中的气泡，并将液面调节至 0.00mL 标线。在酸式滴定管中装入 HCl 溶液，排除气泡后将液面调节至 0.00mL 标线。以 6～8mL/min 的流速放出 20.00mL NaOH 溶液至锥形瓶中，加 1 滴甲基橙指示液，用 HCl 溶液滴定至溶液由黄色变为橙色，记录所消耗 HCl 溶液的体积（读准至 0.01mL）。再放出 2.00mL NaOH 溶液（此时碱式滴定管读数为 22.00mL），溶液变为黄色，继续用 HCl 溶液滴定至橙色，记录滴定终点读数。如此连续滴定 5 次，得到 5 组数据，均为累计体积。计算每次滴定的体积比 $V(HCl)/V(NaOH)$ 及体积比的相对平均偏差，其相对平均偏差应不超过 0.2%，否则要重新连续滴定 5 次。

4. 用 NaOH 溶液滴定 HCl 溶液（以酚酞为指示剂）

用移液管准确移取 25.00mL HCl 溶液置于锥形瓶中，加 2 滴酚酞指示液，然后用 NaOH 溶液滴定至溶液由无色变为粉红色，30s 之内不褪色即为终点，记录读数。平行测定 4 次，求出消耗 NaOH 溶液体积的平均值和极差，所消耗 NaOH 溶液体积的极差（$R$）应不超过 0.04mL；否则应重新测定 4 次。计算体积比 $V(NaOH)/V(HCl)$。

5. 用 HCl 溶液滴定 NaOH 溶液（以甲基橙为指示剂）

用移液管准确移取 25.00mL NaOH 溶液置于锥形瓶中，加 1 滴甲基橙指示液，然后用 HCl 溶液滴定至溶液由黄色变为橙色即为终点，记录读数。平行测定 4 次，求出消耗 HCl 溶液体积的平均值和极差，所消耗 HCl 溶液体积的极差（$R$）应不超过 0.04mL；否则应重新滴定 4 次。计算体积比 $V(HCl)/V(NaOH)$。

**五、数据记录与处理**（参照表 3-7～表 3-10）

表 3-7　用 NaOH 溶液滴定 HCl 溶液（一）　　　　　　指示剂：酚酞

| 项　目 | 1 | 2 | 3 | 4 | 5 |
|---|---|---|---|---|---|
| $V(HCl)/mL$ | 20.00 | 22.00 | 24.00 | 26.00 | 28.00 |
| $V(NaOH)/mL$ | | | | | |
| $V(NaOH)/V(HCl)$ | | | | | |
| $V(NaOH)/V(HCl)$ 平均值 | | | | | |
| 相对平均偏差/% | | | | | |

表 3-8　用 HCl 溶液滴定 NaOH 溶液（一）　　　　　　指示剂：甲基橙

| 项　目 | 1 | 2 | 3 | 4 | 5 |
|---|---|---|---|---|---|
| $V(NaOH)/mL$ | 20.00 | 22.00 | 24.00 | 26.00 | 28.00 |
| $V(HCl)/mL$ | | | | | |
| $V(HCl)/V(NaOH)$ | | | | | |
| $V(HCl)/V(NaOH)$ 平均值 | | | | | |
| 相对平均偏差/% | | | | | |

表 3-9　用 NaOH 溶液滴定 HCl 溶液（二）　　　　　　指示剂：酚酞

| 项　目 | 1 | 2 | 3 | 4 |
|---|---|---|---|---|
| $V(HCl)/mL$ | 25.00 | 25.00 | 25.00 | 25.00 |
| $V(NaOH)/mL$ | | | | |
| $V(NaOH)/V(HCl)$ | | | | |
| $V(NaOH)/V(HCl)$ 平均值 | | | | |
| 极差 $R/mL$ | | | | |

表 3-10　用 HCl 溶液滴定 NaOH 溶液（二）　　　　　　　指示剂：甲基橙

| 项　目 | 1 | 2 | 3 | 4 |
|---|---|---|---|---|
| $V$(NaOH)/mL | 25.00 | 25.00 | 25.00 | 25.00 |
| $V$(HCl)/mL | | | | |
| $V$(HCl)/$V$(NaOH) | | | | |
| $V$(HCl)/$V$(NaOH)平均值 | | | | |
| 极差 $R$/mL | | | | |

### 六、注意事项

（1）移取溶液一定要准确。

（2）指示剂不得多加，否则终点难以观察。

（3）终点判断要熟练正确。

### 七、思考题

1. 从理论上讲，同一个实验所消耗的 HCl 溶液（或 NaOH 溶液）体积应相同，但实际上却不一定相同，试分析误差来源。

2. 移液管放溶液后残留在管尖的少量溶液是否应吹出？为什么？

3. 每次从滴定管放出溶液或开始滴定时，为什么要从"0.00"刻度开始？

4. 若滴定结束时发现滴定管下端挂有液滴或有气泡，应如何处理？

5. 移液管和滴定管是否要用待装溶液润洗？如何润洗？

# 实验七　滴定分析基本操作考核

### 一、技能目标

1. 进一步熟练掌握滴定分析仪器的使用；

2. 进一步熟练掌握酚酞和甲基橙指示剂终点的判断；

3. 让学生了解自己操作的规范和熟练程度。

### 二、实验原理

同实验六。

### 三、仪器与试剂

常用滴定分析仪器。

1mol/L HCl 溶液；0.1mol/L NaOH 溶液（公用）；2g/L 酚酞乙醇溶液；1g/L 甲基橙溶液。

### 四、实验步骤

1. 滴定管、移液管、容量瓶、锥形瓶的洗涤。

2. 0.1mol/L HCl 溶液的配制

用移液管移取 25.00mL 1mol/L HCl 溶液放入 250mL 的容量瓶中，稀释至刻度，摇匀。

3. 将滴定管及移液管洗净并用待装（待吸）溶液润洗 3 次。

4. 用移液管移取 25.00mL 0.1mol/L HCl 溶液置于锥形瓶中。

5. 在锥形瓶中，加 1 滴甲基橙指示液，然后用 0.1mol/L NaOH 溶液滴定至溶液由无色变为浅红色即为终点，记录读数。

6. 平行测定 3 次。计算体积比 $V$(NaOH)/$V$(HCl) 及相对平均偏差。

也可以配制 0.1mol/L NaOH 溶液，用公用的 0.1mol/L HCl 溶液滴定 NaOH 溶液，以

甲基橙为指示剂。

五、评分（参照表 3-11）

表 3-11　滴定分析基本操作及评分

| 项目 | | 操　作　要　领 | 分值 | 扣分 | 得　　分 |
|---|---|---|---|---|---|
| 移液管的使用(23分) | 移液管的准备(4分) | 移液管的洗涤方法 | 0.5 | | |
| | | 移液管的洗涤效果 | 0.5 | | |
| | | 润洗前管尖及外壁溶液的处理 | 0.5 | | |
| | | 润洗时待吸液用量 | 0.5 | | |
| | | 用待吸液润洗方法 | 0.5 | | |
| | | 用待吸液润洗次数 | 0.5 | | |
| | | 润洗后废液的排放(从下口排出) | 0.5 | | |
| | | 洗涤液放入废液杯(没有放入原瓶) | 0.5 | | |
| | 溶液的移取(12分) | 左手握洗耳球的姿势 | 0.5 | | |
| | | 右手持移液管的姿势 | 0.5 | | |
| | | 吸液时管尖插入液面的深度(1～2cm) | 2 | | |
| | | 吸液高度(刻度线以上少许) | 0.5 | | |
| | | 调节液面之前擦干外壁 | 2 | | |
| | | 调节液面时手指动作规范 | 1 | | |
| | | 调节液面时视线水平 | 1 | | |
| | | 调节液面时废液排放(放入废液杯) | 0.5 | | |
| | | 调节好液面后管尖无气泡 | 2 | | |
| | | 调节好液面后管尖处液滴的处理 | 2 | | |
| | 放溶液(6.5分) | 放溶液时移液管垂直 | 0.5 | | |
| | | 放溶液时接受器倾斜30°～45° | 0.5 | | |
| | | 放溶液时移液管管尖靠壁 | 1 | | |
| | | 放溶液姿势 | 0.5 | | |
| | | 溶液自然流出 | 0.5 | | |
| | | 溶液流完后停靠15s | 0.5 | | |
| | | 最后管尖靠壁左右旋转处理管尖液 | 1 | | |
| | | 熟练程度 | 2 | | |
| | 结束(0.5分) | 用毕后洗净放置在移液管架上 | 0.5 | | |
| 容量瓶的使用(17分) | 准备(1.5分) | 使用前试漏 | 0.5 | | |
| | | 洗涤方法正确 | 0.5 | | |
| | | 洗涤效果 | 0.5 | | |
| | 转移溶液(4分) | 移液管转移溶液操作规范 | 1 | | |
| | | 溶剂洗涤操作规范 | 0.5 | | |
| | | 稀释到2/3～3/4体积时初步摇匀 | 1 | | |
| | | 初步摇匀动作 | 1 | | |
| | | 稀释至刻度线下时放置1～2min | 0.5 | | |

续表

| 项　目 | | 操　作　要　领 | 分值 | 扣分 | 得　分 |
|---|---|---|---|---|---|
| 容量瓶的<br>使用(17分) | 定容(10.5分) | 定容姿态 | 1 | | |
| | | 定容准确 | 2 | | |
| | | 摇匀时手持容量瓶姿态 | 1 | | |
| | | 摇匀方法 | 2 | | |
| | | 摇匀过程中有提盖操作 | 0.5 | | |
| | | 摇动次数在10次以上 | 1 | | |
| | | 操作过程是否有漏液现象 | 1 | | |
| | | 熟练程度 | 2 | | |
| | 结束(1分) | 用完洗净 | 0.5 | | |
| | | 放置时在瓶口处垫一纸片 | 0.5 | | |
| 滴定管的<br>使用(30分) | 滴定管的准备<br>(7分) | 滴定管的洗涤 | 0.5 | | |
| | | 试漏 | 0.5 | | |
| | | 试漏方法正确 | 0.5 | | |
| | | 摇匀待装液 | 0.5 | | |
| | | 润洗时待装液用量 | 0.5 | | |
| | | 用待装液润洗方法 | 0.5 | | |
| | | 用待装液润洗次数 | 1 | | |
| | | 润洗后废液的排放(从上口排出,并打开活塞) | 0.5 | | |
| | | 洗涤液放入废液杯(没有放入原瓶) | 0.5 | | |
| | | 赶气泡 | 1 | | |
| | | 赶气泡方法 | 0.5 | | |
| | | 调节液面前放置1~2min | 0.5 | | |
| | 滴定管的操作<br>(18分) | 从0.00mL开始 | 0.5 | | |
| | | 滴定前管尖悬挂液的处理 | 1 | | |
| | | 滴定管的握持姿势 | 1 | | |
| | | 滴定时管尖插入锥形瓶口的距离 | 1 | | |
| | | 滴定时摇动锥形瓶的动作 | 1 | | |
| | | 滴定速度 | 1 | | |
| | | 滴定时左右手的配合 | 1 | | |
| | | 近终点时半滴操作 | 2 | | |
| | | 没有挤松活塞漏液的现象 | 2 | | |
| | | 没有滴出锥形瓶外的现象 | 3 | | |
| | | 终点判断和终点控制 | 3 | | |
| | | 终点后滴定管尖没有悬挂液 | 0.5 | | |
| | | 终点后滴定管尖没有气泡 | 1 | | |

| 项目 | | 操 作 要 领 | 分值 | 扣分 | 得　分 |
|---|---|---|---|---|---|
| 滴定管的<br>使用(30分) | 读数(3.5分) | 停30s读数 | 0.5 | | |
| | | 读数时取下滴定管 | 0.5 | | |
| | | 读数时滴定管的握持 | 0.5 | | |
| | | 读数姿态(滴定管垂直,视线水平,读数准确) | 0.5 | | |
| | | 数据记录及时、真实、准确、清晰、整洁 | 0.5 | | |
| | | 熟练程度 | 1 | | |
| | 结束(1.5分) | 滴定完毕后管内残液的处理 | 0.5 | | |
| | | 滴定管及时清洗且方法正确 | 0.5 | | |
| | | 洗净后滴定管的放置 | 0.5 | | |
| 数据处理(26分) | | 计算正确 | 3 | | |
| | | 有效数字正确 | 3 | | |
| | | 精密度符合要求 | 10 | | |
| | | 准确度符合要求 | 10 | | |
| 其他(4分) | | 实验过程中台面整洁,仪器排放有序 | 0.5 | | |
| | | 统筹安排 | 1.5 | | |
| | | 实验时间 | 2 | | |
| 备注 | | | | | |

# 第四章

# 酸碱滴定法

酸碱滴定法是以质子传递反应为基础，用酸标准滴定溶液或碱标准滴定溶液滴定具有相反酸碱性物质的一类滴定分析方法。它所依据的是酸碱中和反应：

$$H^+ + OH^- \longrightarrow H_2O$$

酸碱滴定法有多种不同的滴定方式。强酸、强碱、$cK_a \geqslant 10^{-8}$ 的弱酸、$cK_b \geqslant 10^{-8}$ 的弱碱、$K_{a1}/K_{a2} \geqslant 10^5$ 且各级 $cK_a \geqslant 10^{-8}$ 的多元酸、$K_{b1}/K_{b2} \geqslant 10^5$ 且各级 $cK_b \geqslant 10^{-8}$ 的多元碱都可用直接法滴定；间接滴定法测定能与酸或碱定量反应的其他物质，以及经过某些化学反应后能定量生成酸或碱的物质。因此，酸碱滴定法在滴定分析中占有重要地位，应用非常广泛。

酸碱滴定法最常用的标准滴定溶液是 HCl 标准滴定溶液和 NaOH 标准滴定溶液。在需要加热或浓度较高的情况下宜用 $H_2SO_4$ 标准滴定溶液。$H_2SO_4$ 标准滴定溶液稳定性好，但它的第二步电离常数较小，因此，滴定突跃相应要小些，指示剂终点变色的敏锐性稍差；另外，$H_2SO_4$ 能与某些阳离子生成硫酸盐沉淀。$HNO_3$ 具有氧化性，本身稳定性差，能破坏某些指示剂，所以应用较少。$HClO_4$ 是一种很好的标准滴定溶液，但其价格贵，一般不太使用，只有在非水滴定中常用到 $HClO_4$ 标准滴定溶液。碱标准滴定溶液常用 NaOH 和 KOH 来配制，也可用中强碱 $Ba(OH)_2$ 来配制，但以 NaOH 标准滴定溶液应用最多。

酸碱标准滴定溶液浓度的使用范围通常是 $0.01 \sim 1mol/L$，多数情况下使用 $0.1 \sim 0.2mol/L$。配制时用间接法配成近似浓度，再用基准物质标定。标定 HCl 或 $H_2SO_4$ 标准滴定溶液可用无水 $Na_2CO_3$ 或 $Na_2B_4O_7 \cdot 10H_2O$ 作基准物质；标定 NaOH 标准滴定溶液可用邻苯二甲酸氢钾（$KHC_8H_4O_4$）或 $H_2C_2O_4 \cdot 2H_2O$ 作基准物质。

## 实验八　NaOH 标准滴定溶液的配制与标定

### 一、技能目标

1. 掌握 NaOH 标准滴定溶液的配制与标定方法；
2. 熟练掌握差减法称量、碱式滴定管操作和酚酞指示剂滴定终点的判断；
3. 掌握调整标准滴定溶液浓度的方法。

### 二、实验原理

由于 NaOH 固体易吸收空气中的 $CO_2$ 和水分，因此碱标准滴定溶液通常不是直接配制的，而是先配制成近似浓度，然后用基准物质标定。

国家标准 GB/T 601—2002 中使用基准邻苯二甲酸氢钾标定 NaOH 溶液。

标定碱标准滴定溶液时，常用邻苯二甲酸氢钾进行直接标定。邻苯二甲酸氢钾易得到纯品，在空气中不吸水，容易保存，它与 NaOH 起反应时物质的量之比为 1：1，其摩尔质量较大，因此它是标定碱标准滴定溶液较好的基准物质。标定反应如下：

$$\underset{}{\text{——COOH}}_{\text{——COOK}} + NaOH \longrightarrow \underset{}{\text{——COONa}}_{\text{——COOK}} + H_2O$$

反应的产物是邻苯二甲酸钾钠，化学计量点时溶液呈微碱性（pH≈9.1），可用酚酞作指示剂，溶液由无色变为粉红色 30s 不褪色即为终点。

### 三、试剂

固体 NaOH。

酚酞指示液（10g/L 乙醇溶液）：将 1g 酚酞溶解于 100mL 乙醇溶液中。

邻苯二甲酸氢钾（KHP，基准物质）：于 105～110℃ 烘干至恒重。

### 四、实验步骤

1. 0.1mol/L NaOH 标准滴定溶液的配制

（1）方法一　称取 110g NaOH，溶于 100mL 无 $CO_2$ 的水中，摇匀，注入聚乙烯容器中，密闭放置至溶液澄清。用塑料管虹吸表 4-1 中所规定体积的上层清液，用无 $CO_2$ 的蒸馏水稀释至 1000mL，摇匀。

**表 4-1　NaOH 饱和溶液量取体积**

| $c(NaOH)/(mol/L)$ | 1 | 0.5 | 0.1 |
|---|---|---|---|
| NaOH 饱和溶液的量取体积/mL | 54 | 27 | 5.4 |

取 5.4mL 上层清饱和 NaOH 溶液，用无 $CO_2$ 的蒸馏水稀释至 1000mL，摇匀，稍冷后注入 1000mL 具有橡胶瓶塞的试剂瓶中，贴上标签待标定。

（2）方法二　在托盘天平上用表面皿迅速称取固体 NaOH 4.2～4.4g（称取量理论值应该是多少？），以少量蒸馏水洗去表面可能含有的 $Na_2CO_3$，在烧杯中用适量水溶解，倒入具有橡胶塞的试剂瓶中，加水稀释至 1000mL，摇匀，贴上标签待标定。

2. 0.1mol/L NaOH 标准滴定溶液的标定

用差减法准确称取基准物质邻苯二甲酸氢钾（已在 105～110℃ 烘干至恒重）0.5～0.6g 四份，分别置于 250mL 锥形瓶中，加入 50mL 无 $CO_2$ 的蒸馏水溶解，待基准物质溶解完全后，加入 2 滴酚酞指示剂（10g/L），用待标定的 NaOH 溶液滴定邻苯二甲酸氢钾，滴定至溶液呈粉红色且 30s 内不褪色即为终点。记录滴定消耗 NaOH 溶液的体积 $V_1$（mL）。同时做空白试验。平行测定 4 次。

空白试验：取 50mL 无 $CO_2$ 的蒸馏水于 250mL 锥形瓶中，加入 2 滴酚酞指示剂（10g/L），按上述方法，用待标定的 NaOH 溶液滴定至溶液呈粉红色且 30s 内不褪色即为终点，记录消耗 NaOH 溶液的体积 $V_2$（mL）。

3. 浓度调整

根据标定结果计算 NaOH 标准滴定溶液的浓度，若浓度大于 0.1000mol/L，应加水稀释；若小于 0.1000mol/L，应加固体 NaOH（或浓 NaOH）进行调整，调整后再重新标定。

经调整后 NaOH 溶液的浓度应为（0.1000±0.0001）mol/L。标定好的 NaOH 溶液应贴好标签，标明其准确浓度，妥善保存。

### 五、数据记录与处理

NaOH 标准滴定溶液的浓度按下式计算：

$$c(\text{NaOH}) = \frac{m \times 1000}{(V_1 - V_2) \cdot M(\text{KHC}_8\text{H}_4\text{O}_4)}$$

式中　$c(\text{NaOH})$——NaOH 标准滴定溶液的浓度，mol/L；

　　　　$m$——基准邻苯二甲酸氢钾的质量，g；

　　　　$V_1$——滴定消耗 NaOH 标准滴定溶液的体积，mL；

　　　　$V_2$——空白试验消耗 NaOH 标准滴定溶液的体积，mL；

$M(\text{KHC}_8\text{H}_4\text{O}_4)$——基准邻苯二甲酸氢钾的摩尔质量，g/mol。

平行实验不得少于 4 次，测定结果的极差与平均值之比不应大于 0.1%。

当标定浓度较指定浓度略高时，需加水稀释的体积按下式计算：

$$V_2 = \frac{c_1 V_1 - c_2 V_1}{c_2} = \frac{V_1(c_1 - c_2)}{c_2}$$

式中　$c_1$——标定后溶液的浓度，mol/L；

　　　$V_1$——标定后溶液的体积，mL；

　　　$c_2$——调整后溶液的浓度，mol/L；

　　　$V_2$——加水的体积，mL。

当标定浓度较指定浓度略稀时，需加溶质固体的质量按下式计算：

$$m = (c_2 - c_1)V_1 \times 10^{-3} \times M(\text{NaOH})$$

式中　　$c_1$——标定后溶液的浓度，mol/L；

　　　　$V_1$——标定后溶液的体积，mL；

　　　　$c_2$——调整后溶液的浓度，mol/L；

　$M(\text{NaOH})$——NaOH 的摩尔质量，g/mol；

　　　　$m$——需加固体 NaOH 的质量，g。

### 六、注意事项

（1）碱标准滴定溶液易吸收空气中的水和 $CO_2$，使其浓度发生变化，因此配好的 NaOH 标准滴定溶液应注意保存。NaOH 标准滴定溶液侵蚀玻璃，最好用聚乙烯塑料瓶贮存。在一般情况下，可用玻璃瓶贮存碱标准滴定溶液，但要用橡胶瓶塞。

（2）配制 NaOH 溶液，以少量水洗去固体 NaOH 表面可能含有的 $Na_2CO_3$ 时，不能用玻璃棒搅拌，实际称量要比理论计算多一点，操作要迅速，以免 NaOH 溶解过多而降低溶液浓度。

（3）定量分析实验中，一般标准滴定溶液浓度的标定做 4 个平行样，测定试样时做 3 个平行样。如无特别说明，以下实验同。

（4）标定时，一般采用小份标定。在标准滴定溶液浓度较稀（如 0.01mol/L）、基准物质摩尔质量较小时，若采用小份称样误差较大，可采用大份标定，即稀释法标定（准确称取一定量基准物质溶解后定量转移到一定体积的容量瓶中定容，再从容量瓶中移取一定量体积进行标定）。

### 七、思考题

1. 怎样得到不含 $CO_2$ 的蒸馏水？

2. 称取 NaOH 固体时，为什么要迅速？

3. 标定 NaOH 标准滴定溶液用的基准物邻苯二甲酸氢钾的称取量应如何计算？为什么要确定 0.5～0.6g 的称量范围？

4．用酚酞作指示剂，滴定终点为淡红色，为什么要求 30s 不褪色？

5．在滴定完成后，为什么要将标准滴定溶液加至滴定管零点，然后进行第二次滴定？

6．调整 NaOH 溶液浓度时，如何计算加水或加固体 NaOH 的质量？

---

**📖 阅读材料**

## 食品的酸碱性

近年来由于生活水平的提高，食品越来越精细，各类富贵病如糖尿病、结石症、高血脂、肥胖症等屡见不鲜。如何吃得合理、吃得科学成了人们关心的热点，因此，绿色食品、疗效食品等应运而生。所谓绿色食品即纯天然的，在其生长、加工、贮藏过程中不加任何人工合成的试剂的食品。为了健康，应了解有关食品的酸碱性、酸性食品和碱性食品的有关知识。

**一、食品的酸碱性**

食品进入人体内消化系统，不论原来属酸性、中性或碱性，均被消化、吸收、进入血液，送往各组织器官。矿物质元素在生理上有酸性和碱性之别，属于金属的钾、钠、钙、镁、铁等为碱性元素，属于非金属的氮、氯、碳、磷、硫等为酸性元素。

食品中所含碱性元素总量所呈碱性高于酸性元素总量所呈酸性时，经体内代谢后的产物仍为碱性，则该食品属于碱性食品；反之，如果食品所含酸性元素总量所呈酸性高于碱性元素总量所呈碱性时，则属于酸性食品。

酸性食品和碱性食品可以影响机体的酸碱平衡及血液、尿液的酸碱性。食品代谢后产生的碱性成分与二氧化碳反应形成碳酸盐由尿液排泄，酸性成分在肾脏中与氨反应生成铵盐而排泄。人体血液因其自身的缓冲作用，在正常情况下保持弱碱性（pH 为 7.3～7.4）。若多吃酸性食品则会导致血液呈偏酸性，会增加钙、镁等碱性元素的消耗，还会引起各种酸中毒症，所以必须注意酸碱性食品的合理搭配。一般情况下，酸性食品容易过量，所以应控制酸性食品的比例，保持人体的酸碱平衡，以利于健康。

**二、酸性食品和碱性食品的特点**

食品在生理上属于酸性还是碱性，可以通过食品灰化（通过灼烧的手段分解食品中有机物的过程）后，用酸或碱溶液进行中和滴定。食品的酸度和碱度，是指 100g 食品的灰分溶于水中，用 0.1mol/L 的标准酸液或标准碱液中和时，所消耗酸液或碱液的体积。以"＋"表示碱度；以"－"表示酸度。

碱性食品包括大部分蔬菜、水果、海草、乳制品等。水果在味觉上呈酸性是由于含有各种有机酸所致，这些有机酸在体内经氧化生成二氧化碳和水排出体外，而还有较多的钾、钙等碱性元素在体内的最终代谢产物均呈碱性，故水果是碱性食品。

酸性食品包括大部分的肉、鱼、禽、蛋等动物食品和米、面、豆类及其制品。这是由于这些食品中含氮、磷、硫较多的缘故。

---

## 实验九　HCl 标准滴定溶液的配制与标定

**一、技能目标**

1．掌握 HCl 标准滴定溶液的配制与标定方法；

2．熟练掌握差减法称量、酸式滴定管操作和混合指示剂滴定终点的判断；

3．熟练掌握调整标准滴定溶液浓度的方法。

**二、实验原理**

市售盐酸的密度为 1.19g/cm³，HCl 的质量分数约为 37%，其物质的量浓度约为

12mol/L。配制时先用浓 HCl 配成所需要的近似浓度，然后用基准物质进行标定，以得准确浓度。因浓 HCl 具有挥发性，故配制时所取 HCl 的量应适当多些。

国家标准 GB/T 601—2002 中使用基准无水碳酸钠标定 HCl 标准滴定溶液，用溴甲酚绿-甲基红混合指示液指示化学计量点，反应如下：

$$Na_2CO_3 + 2HCl \longrightarrow 2NaCl + CO_2 \uparrow + H_2O$$

化学计量点时 pH＝3.89，滴定至溶液由绿色变为暗红色，煮沸 2min 赶除 $CO_2$ 后，冷却至室温继续滴定至溶液再呈暗红色。

### 三、试剂

浓 HCl（密度为 $1.19g/cm^3$）。

基准无水 $Na_2CO_3$：于 270～300℃灼烧至恒重。

甲基红-溴甲酚绿混合指示液：甲基红乙醇溶液（2g/L）与溴甲酚绿乙醇溶液（1g/L）按 1:3 体积比混合。

### 四、实验步骤

1. 0.1mol/L HCl 标准滴定溶液的配制

量取表 4-2 所列体积的 HCl，注入 1000mL 水中，摇匀。

**表 4-2　HCl 配制取用量**

| $c(HCl)/(mol/L)$ | 1 | 0.5 | 0.1 |
|---|---|---|---|
| 市售 HCl 的体积/mL | 90 | 45 | 9 |

用 10mL 洁净量筒量取 9mL 浓 HCl(12mol/L)，倾入预先盛有 500mL 水的试剂瓶中，加水稀释至 1000 mL，盖好瓶塞，摇匀，贴好标签待标定。

2. 0.1mol/L HCl 标准滴定溶液的标定

准确称取已在 270～300℃干燥至恒重的无水碳酸钠基准物质 0.15～0.2g，置入 250mL 锥形瓶中，加入 50mL 水溶解，滴加 10 滴甲基红-溴甲酚绿混合指示液，用配好的 HCl 标准滴定溶液滴定，滴定至溶液由绿色变为暗红色，煮沸 2min，用自来水冲洗锥形瓶外壁，冷却至室温后继续滴定至溶液再呈暗红色即为终点。同时做空白试验。平行测定 4 份。

3. 浓度调整

根据标定结果计算 HCl 标准滴定溶液的浓度。若浓度大于 0.1000mol/L，应加水稀释；若小于 0.1000mol/L，应加浓 HCl 进行调整，调整后再重新标定。

经调整后 HCl 溶液的浓度应为 (0.1000±0.0001)mol/L。标定好的 HCl 溶液应贴好标签，标明其准确浓度，妥善保存。

### 五、数据记录与处理

HCl 标准滴定溶液的浓度按下式计算：

$$c(HCl) = \frac{m \times 1000}{(V_1 - V_2) \cdot M\left(\frac{1}{2}Na_2CO_3\right)}$$

式中　$c(HCl)$——HCl 标准滴定溶液的浓度，mol/L；

$\quad\quad\quad m$——基准无水碳酸钠的质量，g；

$\quad\quad\quad V_1$——滴定消耗 HCl 标准滴定溶液的体积，mL；

$\quad\quad\quad V_2$——空白试验消耗 HCl 标准滴定溶液的体积，mL；

$M\left(\dfrac{1}{2}Na_2CO_3\right)$——以 $\dfrac{1}{2}Na_2CO_3$ 为基本单元的 $Na_2CO_3$ 的摩尔质量，g/mol。

平行实验不得少于 4 次，测定结果的极差与平均值之比不应大于 0.1%。

当标定浓度较指定浓度略稀时，需加浓溶液的体积按下式计算：

$$V_浓 = \frac{c_2 V_1 - c_1 V_1}{c_浓 - c_2} = \frac{V_1(c_2 - c_1)}{c_浓 - c_2}$$

式中　$c_1$——标定后溶液的浓度，mol/L；

　　　$V_1$——标定后溶液的体积，mL；

　　　$c_2$——调整后溶液的浓度，mol/L；

　　　$c_浓$——需加浓溶液的体积，mL。

### 六、注意事项

用无水 $Na_2CO_3$ 标定 HCl 标准滴定溶液时反应产生 $H_2CO_3$，会使滴定突跃不明显，导致指示剂颜色变化不够敏锐，因此，在接近滴定终点时，应剧烈摇动锥形瓶加速 $H_2CO_3$ 分解，或将溶液加热至沸 2min，以赶除 $CO_2$，冷却至室温后再滴定至终点。

### 七、思考题

1. HCl 标准滴定溶液能否用直接法配制？为什么？

2. 配制 HCl 标准滴定溶液时，浓 HCl 的用量是怎样计算的？

3. 以 $Na_2CO_3$ 标定 HCl 标准滴定溶液，可否选用酚酞作指示剂？标定结果会怎样？

4. 调整 HCl 标准滴定溶液浓度时，如何计算加水或加浓 HCl 的体积？

5. 指示剂用量对标定实验有什么影响？近终点时加热的目的是什么？

6. 本实验的关键步骤是什么？如何保证数据的自平行？

## 实验十　工业硫酸纯度的测定

### 一、技能目标

1. 掌握工业硫酸纯度的测定方法；

2. 掌握液体试样的称量方法；

3. 掌握甲基红-亚甲基蓝混合指示剂的使用和滴定终点判断；

4. 了解大样的取用原则；

5. 熟练掌握移液管和容量瓶的使用方法。

### 二、实验原理

工业硫酸是强酸，为无色油状液体，分子式为 $H_2SO_4$，相对分子质量为 98.07，可用 NaOH 标准滴定溶液直接滴定，反应式为：

$$H_2SO_4 + 2NaOH \longrightarrow Na_2SO_4 + 2H_2O$$

指示剂可用甲基红-亚甲基蓝混合指示剂，终点由红紫色变为灰绿色。

### 三、试剂

0.1mol/L NaOH 标准滴定溶液。

甲基红-亚甲基蓝混合指示剂：1g/L 甲基红乙醇溶液和 1g/L 亚甲基蓝乙醇溶液按 2∶1 体积比混合。

### 四、实验步骤

用胶帽滴瓶按差减法准确称取工业 $H_2SO_4$ 试样 1.5～2.0g（30～40 滴），小心放入预先装有 100mL 水的 250mL 容量瓶中，手摇冷却至室温，用水稀释至刻度，再充分摇匀。

用移液管自容量瓶中准确移取 25.00mL 试液，置于 250mL 锥形瓶中，加 2～3 滴甲基红-亚甲基蓝混合指示剂，用 NaOH 标准滴定溶液滴定至溶液由红紫色变为灰绿色为终点。平行测定 2～3 次。同时做空白试验。

另称工业 $H_2SO_4$ 试样一份，按同样方法平行测定 2～3 次。

### 五、数据记录与处理

工业硫酸的纯度按下式计算：

$$w(H_2SO_4) = \frac{c(V_1 - V_2) \times 10^{-3} \times M\left(\frac{1}{2}H_2SO_4\right)}{m_{样} \times \frac{25}{250}} \times 100\%$$

式中　$w(H_2SO_4)$——工业硫酸试样中 $H_2SO_4$ 的质量分数（数值以％表示）；

　　　　$c$——NaOH 标准滴定溶液的浓度，mol/L；

　　　　$V_1$——滴定消耗 NaOH 标准滴定溶液的体积，mL；

　　　　$V_2$——空白试验消耗 NaOH 标准滴定溶液的体积，mL；

$M\left(\frac{1}{2}H_2SO_4\right)$——以 $\frac{1}{2}H_2SO_4$ 为基本单元的 $H_2SO_4$ 的摩尔质量，g/mol；

　　　　$m_{样}$——工业硫酸试样的质量，g。

取平行测定结果的算术平均值为测定结果，平行测定结果的绝对差值不大于 0.20％。

### 六、注意事项

(1) 硫酸具有强腐蚀性，使用和称样时，严禁溅出，操作时应注意安全。

(2) 硫酸稀释时会放出大量热，需冷却后再滴定或转移至容量瓶中稀释。

### 七、思考题

1. 用胶帽滴瓶称量 $H_2SO_4$ 试样时应注意什么？

2. 称取 $H_2SO_4$ 试样时，为什么先在容量瓶中放一些水，再注入试样？

3. 用移液管移取配好的 $H_2SO_4$ 试样前，为什么要润洗几次？承接 $H_2SO_4$ 试液的锥形瓶是否也要先用该试液润洗？为什么？

4. 用 NaOH 标准滴定溶液滴定 $H_2SO_4$，还可选用哪些指示剂？终点颜色如何变化？

## 实验十一　氨水中氨含量的测定

### 一、技能目标

1. 掌握用安瓿称量挥发性液体试样的方法；

2. 掌握返滴定法测定氨水中氨含量的原理和方法。

### 二、实验原理

氨水易挥发，称取氨水试样时，宜选用安瓿或具塞轻体锥形瓶。测定时，将试样注入过量 $H_2SO_4$ 标准滴定溶液中，以甲基红-亚甲基蓝混合指示液为指示剂，用 NaOH 标准滴定溶液滴定剩余的 $H_2SO_4$，终点由暗红色变为绿色。

$$2NH_3 + H_2SO_4(过量) \longrightarrow (NH_4)_2SO_4$$

$$H_2SO_4(剩余) + 2NaOH \longrightarrow Na_2SO_4 + 2H_2O$$

### 三、仪器与试剂

安瓿、酒精灯、具塞锥形瓶。

NaOH 标准滴定溶液 $[c(\text{NaOH})=1\text{mol/L}]$；$H_2SO_4$ 标准滴定溶液 $\left[c\left(\dfrac{1}{2}H_2SO_4\right)=1\text{mol/L}\right]$；HCl 标准滴定溶液 $[c(\text{HCl})=0.5\text{mol/L}]$。

甲基红-亚甲基蓝混合指示液：1g/L 甲基红乙醇溶液和 1g/L 亚甲基蓝乙醇溶液按 2∶1 体积比混合。

**四、实验步骤**

**1. 返滴定法**

先准确称取空安瓿的质量，将已准确称量的安瓿放在酒精灯上微微加热，稍冷却，吸入 1.2～2mL 氨水试样，用滤纸将毛细管口擦干，在酒精灯上加热封口，再准确称其质量。然后将安瓿放入已盛有 40.00～50.00mL $c\left(\dfrac{1}{2}H_2SO_4\right)=1\text{mol/L}$ 的 $H_2SO_4$ 标准滴定溶液的磨口具塞锥形瓶中，盖紧瓶塞后用力振荡使安瓿破碎（必要时可用玻璃棒捣碎）。用洗瓶冲洗瓶塞及瓶内壁，摇匀，加 2 滴甲基红-亚甲基蓝混合指示液，用 1mol/L 的 NaOH 标准滴定溶液滴定至溶液由暗红色变为绿色为终点，记录消耗 NaOH 标准滴定溶液的体积。平行测定 2～3 次。

**2. 国家标准方法（GB 631—89）**

量取 15mL 水倾入具塞轻体锥形瓶中，准确称其质量；加入 1mL 氨水试样，立即盖紧瓶塞，再准确称量。然后加 40mL 水和 2 滴甲基红-亚甲基蓝混合指示液，用 $c(\text{HCl})=0.5\text{mol/L}$ 的 HCl 标准滴定溶液滴定至溶液由绿色变为红色为终点，记录消耗 HCl 标准滴定溶液的体积。平行测定 2～3 次。

**五、数据记录与处理**

氨水的纯度按下式计算：

（1）返滴定法

$$w(\text{NH}_3)=\frac{\left[c\left(\dfrac{1}{2}H_2SO_4\right)V(H_2SO_4)-c(\text{NaOH})V(\text{NaOH})\right]\times10^{-3}\times M(\text{NH}_3)}{m}\times100\%$$

式中　$w(\text{NH}_3)$——氨水的质量分数；

$c\left(\dfrac{1}{2}H_2SO_4\right)$——$H_2SO_4$ 标准滴定溶液的浓度，mol/L；

$V(H_2SO_4)$——加入 $H_2SO_4$ 标准滴定溶液的体积，mL；

$c(\text{NaOH})$——NaOH 标准滴定溶液的浓度，mol/L；

$V(\text{NaOH})$——滴定消耗 NaOH 标准滴定溶液的体积，mL；

$M(\text{NH}_3)$——$NH_3$ 的摩尔质量，g/mol；

$m$——氨水试样的质量，g。

（2）国家标准法

$$w(\text{NH}_3)=\frac{c(\text{HCl})V(\text{HCl})\times10^{-3}\times M(\text{NH}_3)}{m}\times100\%$$

式中　$w(\text{NH}_3)$——氨水的质量分数；

$c(\text{HCl})$——HCl 标准滴定溶液的浓度，mol/L；

$V(\text{HCl})$——滴定消耗 HCl 标准滴定溶液的体积，mL；

$M(\text{NH}_3)$——$NH_3$ 的摩尔质量，g/mol；

$m$——氨水试样的质量，g。

取平行测定结果的算术平均值为测定结果，平行测定结果的绝对差值不大于 0.20%。

**六、注意事项**

使用安瓿吸取氨水后进行封口时，注意毛细管口不能对着自己和他人。

**七、思考题**

1. 使用安瓿称样时应注意什么？

2. 在什么情况下需用安瓿称取试样？

3. 若用玻璃棒捣碎安瓿，取出玻璃棒时应如何处理？

4. 氨水的浓度如果低于 $10^{-4}$ mol/L，能否用酸碱滴定法准确滴定？

5. 在安瓿捣碎摇匀试液后，加甲基红-亚甲基蓝混合指示液后出现红色，说明什么问题？实验能否继续进行？

# 实验十二　硼酸纯度的测定（强化法）

**一、技能目标**

1. 掌握强化法测定硼酸的原理和方法；

2. 熟悉用硫酸作干燥剂进行硼酸试样干燥的操作技能。

**二、实验原理**

GB/T 12684.1—90 规定对工业硼酸含量的测定原理如下。

硼酸是一种极弱的酸（$K_a = 5.7 \times 10^{-10}$），不能用 NaOH 标准滴定溶液直接滴定，但硼酸能与一些多元醇如甘油（丙三醇）、甘露醇等配位反应而生成较强的配位酸（$K_a$ 为 $10^{-6}$ 左右），因此就可用 NaOH 标准滴定溶液直接滴定了。

甘油和硼酸的反应如下：

$$2 \begin{array}{l} H_2C-OH \\ | \\ HC-OH \\ | \\ H_2C-OH \end{array} + H_3BO_3 \longrightarrow H \left[ \begin{array}{c} H_2C-O \quad O-CH_2 \\ \diagdown B \diagup \\ HC-O \quad O-CH \\ | \qquad\qquad | \\ H_2C-OH \ HO-CH_2 \end{array} \right] + 3H_2O$$

滴定反应如下：

$$H \left[ \begin{array}{c} H_2-C-O \quad O-CH_2 \\ \diagdown B \diagup \\ HC-O \quad O-CH \\ | \qquad\qquad | \\ H_2-C-OH \ HO-CH_2 \end{array} \right] + NaOH \longrightarrow Na \left[ \begin{array}{c} H_2C-O \quad O-CH_2 \\ \diagdown B \diagup \\ HC-O \quad O-CH \\ | \qquad\qquad | \\ H_2C-OH \ HO-CH_2 \end{array} \right] + H_2O$$

化学计量点时 pH≈9，可用酚酞作指示剂，终点为粉红色。

**三、试剂**

NaOH 标准滴定溶液（0.1mol/L）。

酚酞指示液（10g/L 乙醇溶液）。

中性甘油：甘油与水按 1:1 体积比混合后，用胶帽滴管吸取一滴管保留。在混合液中加入 2 滴酚酞指示液，用 NaOH 标准滴定溶液滴定至粉红色，再用胶帽滴管中的中性甘油混合液滴定至恰好无色，备用。

**四、实验步骤**

准确称取硼酸试样 0.2~0.3g（预先置于硫酸干燥器中干燥），置于 250mL 锥形瓶中，加入 20mL 中性甘油混合液（可微热促使试样溶解后，迅速冷却至室温），加 2 滴酚酞指示液，用 NaOH 标准滴定溶液滴定至溶液呈粉红色，再加 5mL 中性甘油，粉红色不消失即为终点；否则继续滴定、再加中性甘油，反复操作，至粉红色不消失为止。平行测定 3 次。同时做空白试验。（国家标准方法是用 NaOH 标准滴定溶液电位滴定至 pH＝9.0。）

### 五、数据记录与处理

硼酸的纯度按下式计算：

$$w(\mathrm{H_3BO_3}) = \frac{c(V_1 - V_2) \times 10^{-3} \times M(\mathrm{H_3BO_3})}{m_{样}} \times 100\%$$

式中　$w(\mathrm{H_3BO_3})$——硼酸的质量分数；

　　　　　$c$——NaOH 标准滴定溶液的准确浓度，mol/L；

　　　　　$V_1$——滴定消耗 NaOH 标准滴定溶液的体积，mL；

　　　　　$V_2$——空白试验消耗 NaOH 标准滴定溶液的体积，mL；

　　$M(\mathrm{H_3BO_3})$——硼酸的摩尔质量，g/mol；

　　　　　$m_{样}$——硼酸试样的质量，g。

取平行测定结果的算术平均值为测定结果，平行测定结果的绝对差值不大于 0.20％。

### 六、注意事项

（1）加入 5mL 中性甘油后，如粉红色消失，需继续滴定。再加中性甘油，反复操作至溶液淡红色不再消失为止，通常加两次中性甘油即可。

（2）GB/T 12684.1—90 仲裁分析中必须使用甘露醇进行配位反应。

### 七、思考题

1. $\mathrm{H_3BO_3}$ 能否直接用 NaOH 标准滴定溶液滴定？为什么？本实验为什么叫强化法？

2. 强化 $\mathrm{H_3BO_3}$ 用的甘油为何要使用中性甘油？为何选用 NaOH 溶液中和？

3. 除甘油外，还有哪些物质能使 $\mathrm{H_3BO_3}$ 强化？

4. NaOH 标准滴定溶液滴定甘油硼酸至终点，再加少许中性甘油，若粉红色消失说明什么？下步应如何进行？

## 实验十三　果蔬中总酸度的测定

### 一、技能目标

1. 掌握酸碱滴定法测定果蔬中总酸度的原理与方法；

2. 初步学会综合滴定分析技术，全面了解滴定分析程序。

### 二、实验原理

果蔬及其制品中的酸味物质，主要是一些溶于水的有机酸（苹果酸、柠檬酸、酒石酸、琥珀酸、醋酸等）和无机酸（盐酸、磷酸），它们的存在和含量决定了果蔬的风味和品质以及果蔬的成熟度。一般未成熟的果蔬中含酸量高，成熟的果蔬中含糖量高。

果蔬的酸度可以分为总酸度（滴定酸度）、有效酸度（pH）及挥发酸度。总酸度包括果蔬中所有能被滴定的酸物质的总量，以主要代表酸的质量分数表示。总酸度测定采用 NaOH 标准滴定溶液进行滴定，以酚酞作指示剂，滴定反应如下：

$$\mathrm{R{-}COOH + OH^- \longrightarrow R{-}COO^- + H_2O}$$

不同的果蔬样品，R—COOH 代表不同的主要酸。蔬菜、苹果、桃、李，R—COOH 代表苹果酸；柑橘、柠檬、柚子，R—COOH 代表柠檬酸；葡萄，R—COOH 代表酒石酸。

### 三、仪器与试剂

小刀，组织捣碎机（或研钵），漏斗，纱布。

0.1mol/L NaOH 标准滴定溶液；酚酞指示液（10g/L 乙醇溶液）。

蔬菜或水果。

**四、实验步骤**

**1. 样品处理**

取果蔬样品的可食用部分，切块后放入组织捣碎机（或研钵）捣成匀浆，备用。

**2. 取样及样液制备**

准确称取匀浆 10～20g（视含酸量而定）于小烧杯中，用蒸馏水定量转移至 250mL 容量瓶，充分摇匀后定容，过滤。

**3. 滴定**

取 50.00mL 滤液于锥形瓶中，加入酚酞指示液 2 滴，用 NaOH 标准滴定溶液滴定至粉红色为终点。平行测定 3 次。同时做空白试验。

**五、数据记录与处理**

果酸的酸度按下式计算：

$$w(\text{R—COOH})=\frac{c(V_1-V_2)K}{m\times1000\times\dfrac{50}{250}}\times100\%$$

式中　$w(\text{R—COOH})$——果酸的质量分数；

$c$——NaOH 标准滴定溶液的浓度，mol/L；

$V_1$——滴定消耗 NaOH 标准滴定溶液的体积，mL；

$V_2$——空白试验消耗 NaOH 标准滴定溶液的体积，mL；

$m$——样品的质量，g；

$K$——主要代表酸的换算系数，g/mol。其中苹果酸 67g/mol、醋酸 60g/mol、酒石酸 75g/mol、乳酸 90g/mol、柠檬酸 70g/mol。一般蔬菜以苹果酸计；柑橘、柠檬、柚子等以柠檬酸计；葡萄以酒石酸计；苹果、桃、李等以苹果酸计。

取平行测定结果的算术平均值为测定结果，平行测定结果的绝对差值不大于 0.20%。

**六、注意事项**

通常使用目视酸碱指示剂判断滴定终点，但当试样溶液颜色较深时，或滴定不同强度酸的混合物时，滴定终点颜色就难以观察或不突变，应该改用电位法确定终点。当酸的强度不明时，可先用电位法大致求出终点时的 pH，再选择合适的指示剂。

**七、思考题**

1. 为什么不同的果蔬样品要用不同的换算系数进行计算？

2. 当被测试样溶液颜色较深时，应该如何进行测定？

3. 果蔬样品的称取质量是如何计算的？

4. 本次实验成败的关键是什么？

## 实验十四　蛋壳中 $CaCO_3$ 含量的测定

**一、技能目标**

1. 了解试样的处理方法（如粉碎、过筛等）；

2. 掌握返滴定的测定原理和方法；

3. 培养学生理论联系实际的应用能力。

## 二、实验原理

蛋壳的主要成分为 $CaCO_3$，将其研碎并加入已知浓度的过量 HCl 标准滴定溶液，即发生下述反应：

$$CaCO_3 + 2H^+ \longrightarrow Ca^{2+} + CO_2 \uparrow + H_2O$$

过量的 HCl 溶液用 NaOH 标准滴定溶液返滴定，由加入 HCl 的物质的量与返滴定所消耗的 NaOH 的物质的量之差，即可求得试样中 $CaCO_3$ 的含量。

## 三、试剂

0.1mol/L HCl 标准滴定溶液；0.1mol/L NaOH 标准滴定溶液。

甲基橙指示液（1g/L 水溶液）。

甲基红-溴甲酚绿混合指示液：甲基红乙醇溶液（2g/L）与溴甲酚绿乙醇溶液（1g/L）按 1∶3 体积比混合。

蛋壳试样。

## 四、实验步骤

将蛋壳去内膜并洗净，烘干后研碎，使其通过 80~100 目的标准筛，准确称取 3 份 0.1g 试样，分别置于 250mL 锥形瓶中，用滴定管逐滴加入 HCl 标准滴定溶液 40.00mL 并放置 30min。加入 2 滴甲基橙指示液（或 10 滴甲基红-溴甲酚绿混合指示液），以 NaOH 标准滴定溶液返滴定其中过量的 HCl 至溶液由红色刚刚变为黄色（或由暗红色变为绿色）即为终点。平行测定 3 次。

## 五、数据记录与处理

蛋壳试样中 $CaCO_3$ 的含量按下式计算：

$$w(CaCO_3) = \frac{\left[c(HCl)V(HCl) - c(NaOH)V(NaOH)\right] \times 10^{-3} \times M\left(\frac{1}{2}CaCO_3\right)}{m} \times 100\%$$

式中　$w(CaCO_3)$——蛋壳中 $CaCO_3$ 的质量分数；

$\quad c(HCl)$——HCl 标准滴定溶液的浓度，mol/L；

$\quad V(HCl)$——加入 HCl 标准滴定溶液的体积，mL；

$\quad c(NaOH)$——NaOH 标准滴定溶液的浓度，mol/L；

$\quad V(NaOH)$——滴定消耗 NaOH 标准滴定溶液的体积，mL；

$\quad M\left(\frac{1}{2}CaCO_3\right)$——以 $\frac{1}{2}CaCO_3$ 为基本单元的 $CaCO_3$ 的摩尔质量，g/mol。

取平行测定结果的算术平均值为测定结果，平行测定结果的绝对差值不大于 0.20%。

## 六、注意事项

向试样中加入 HCl 溶液时速度不能太快，否则试样快速分解，$CO_2$ 大量逸出，带出试样而影响测定结果。

## 七、思考题

1. 研碎后的蛋壳试样为什么要通过标准筛？

2. 为什么向试样中加入 HCl 溶液时要逐滴加入？加入 HCl 溶液后为什么要放置 30min 后再用 NaOH 返滴定？

3. 本实验能否使用酚酞指示剂？

## 实验十五　阿司匹林药片中乙酰水杨酸含量的测定

### 一、技能目标

1. 掌握用酸碱滴定法测定乙酰水杨酸的原理和方法；
2. 学习试样的处理方法及中性乙醇溶液的配制；
3. 培养学生理论联系实际的应用能力。

### 二、实验原理

阿司匹林（乙酰水杨酸）是常用的解热镇痛药，它属于芳酸酯类药物。在乙酰水杨酸的分子结构式中含有羧基，可作为一元酸（$pK_a = 3.5$），故可用 NaOH 标准滴定溶液直接滴定，测定其含量。反应式为：

$$\text{（图式）} \quad \begin{array}{l} -COOH \\ -OCOCH_3 \end{array} + NaOH \longrightarrow \begin{array}{l} -COONa \\ -OCOCH_3 \end{array} + H_2O$$

乙酰水杨酸中的乙酰基很容易水解生成乙酸和水杨酸（$pK_{a1} = 3.0$，$pK_{a2} = 13.45$），由此反应可知，用 NaOH 标准滴定溶液滴定时，NaOH 还会与其水解产物反应，使分析结果偏高。乙酰水杨酸的水解反应为：

$$\text{（图式）} \quad \begin{array}{l} -COOH \\ -OCOCH_3 \end{array} + H_2O \longrightarrow \begin{array}{l} -COOH \\ -OH \end{array} + CH_3COOH$$

为防止乙酰基水解，可根据阿司匹林微溶于水、易溶于乙醇的性质，在中性乙醇溶液中（10℃时），用 NaOH 标准滴定溶液滴定，可以得到满意的结果。

### 三、试剂

0.1mol/L NaOH 标准滴定溶液。

酚酞指示液（10g/L 乙醇溶液）。

中性乙醇：量取 60mL 的乙醇溶液于烧杯中，加 1～2 滴酚酞指示液，用 0.1mol/L NaOH 标准滴定溶液滴至微红色，盖上表面皿，将此中性乙醇溶液冷却至 10℃ 以下备用。

冰；阿司匹林试样。

### 四、实验步骤

**1. 试样的准备**

将阿司匹林药片在研钵中研细后准确称取 1g，置于洁净干燥的 250mL 锥形瓶中。

**2. 乙酰水杨酸含量的测定**

量取 20mL 冷的中性乙醇溶液于上述称好试样的锥形瓶中，使试样充分溶解，在低于 10℃ 的温度下，用 0.1mol/L NaOH 标准滴定溶液滴定溶液至微红色，30s 不褪色即为终点。平行测定 3 次。同时做空白试验。

### 五、数据记录与处理

阿司匹林药片中乙酰水杨酸的含量按下式计算：

$$w(\text{乙酰水杨酸}) = \frac{c(V_1 - V_2) \times 10^{-3} \times M}{m} \times 100\%$$

式中　$w$（乙酰水杨酸）——阿司匹林试样中乙酰水杨酸的质量分数；

　　　　$c$——NaOH 标准滴定溶液的浓度，mol/L；

　　　　$V_1$——滴定消耗 NaOH 标准滴定溶液的体积，mL；

　　　　$V_2$——空白试验消耗 NaOH 标准滴定溶液的体积，mL；

$M$——乙酰水杨酸的摩尔质量，180.16g/mol；

$m$——阿司匹林试样的质量，g。

取平行测定结果的算术平均值为测定结果，平行测定结果的绝对差值不大于 0.20%。

### 六、注意事项

该实验中控制温度是关键。可将装有中性乙醇溶液的烧杯放入盛有冰块的大烧杯中，以控制实验温度。

### 七、思考题

1. 阿司匹林药片研细、准确称取后为什么要放在干燥的锥形瓶中？如锥形瓶中有水会有什么影响？

2. 量取 20mL 冷的中性乙醇溶液，应选用何种容器？

3. 实验步骤中每份试样称取 1g，是怎样求得的？

4. 若阿司匹林水解后，用 NaOH 标准滴定溶液滴定时结果会偏高，为什么？

## 实验十六　混合碱的分析（双指示剂法）

### 一、技能目标

1. 掌握双指示剂法测定混合碱中 NaOH、$Na_2CO_3$ 含量的原理及方法；

2. 掌握双指示法判断混合碱的组成。

### 二、实验原理

混合碱是指 NaOH、$Na_2CO_3$ 与 $NaHCO_3$ 中两种组分 NaOH 与 $Na_2CO_3$ 或 $Na_2CO_3$ 与 $NaHCO_3$ 的混合物。在试液中，先加酚酞指示剂(或甲酚红-百里酚蓝混合指示剂)，用 HCl 标准滴定溶液滴定至溶液由红色恰好褪去(或由红紫色变为樱桃色)，消耗 HCl 标准滴定溶液的体积为 $V_1$。此时，溶液中的 NaOH 滴定生成 NaCl，$Na_2CO_3$ 滴定生成 $NaHCO_3$，反应式为：

$$NaOH + HCl \longrightarrow NaCl + H_2O$$
$$Na_2CO_3 + 2HCl \longrightarrow NaHCO_3 + NaCl$$

然后在试液中再加甲基橙指示剂(或甲基红-溴甲酚绿混合指示剂)，继续用 HCl 标准滴定溶液滴定，当溶液由黄色变为橙色 (或由绿色变为暗红色) 时为终点，消耗 HCl 标准滴定溶液的体积为 $V_2$。这时溶液中的 $NaHCO_3$ 全部滴定生成 $CO_2$，反应式为：

$$NaHCO_3 + HCl \longrightarrow NaCl + H_2O + CO_2 \uparrow$$

根据 $V_1$ 和 $V_2$ 可以判断混合碱的组成，并计算出各组分的含量。

### 三、试剂

0.1mol/L HCl 标准滴定溶液。

酚酞指示剂 (10g/L 乙醇溶液)；甲基橙指示剂 (1g/L 水溶液)。

甲酚红-百里酚蓝混合指示剂：1g/L 的甲酚红钠盐水溶液与 1g/L 的百里酚蓝钠盐水溶液按 1∶3 体积比混合。

甲基红-溴甲酚绿混合指示剂：甲基红乙醇溶液 (2g/L) 与溴甲酚绿乙醇溶液 (1g/L) 按 1∶3 体积比混合。

混合碱试样

### 四、实验步骤

1. 准确称取 1.5～1.7g 混合碱试样于洗净的 100mL 烧杯中，加少量水，使其溶解。待溶液冷却后，定量转移至 250mL 容量瓶中，加水稀释至刻度，摇匀。

### 2. 双指示剂法

用移液管移取上述试液 25.00mL 于锥形瓶中，加入 2～3 滴酚酞指示剂，用 HCl 标准滴定溶液滴定，边滴加边充分摇动（防止局部 $Na_2CO_3$ 直接被滴定到 $H_2CO_3$），滴定至溶液由红色恰好褪至无色，记下消耗 HCl 标准滴定溶液的体积 $V_1$。再加 1～2 滴甲基橙指示剂，并重新调节滴定管零点，继续用 HCl 标准滴定溶液滴定，至溶液由黄色恰好变为橙色即为终点，记下消耗 HCl 标准滴定溶液的体积 $V_2$。平行测定 3 次。

### 3. 混合指示剂法

用移液管移取上述试液 25.00mL 于锥形瓶中，加 5 滴甲酚红-百里酚蓝混合指示剂，用 HCl 标准滴定溶液滴定，溶液由红紫色变为樱桃色（若过量一滴 HCl 标准滴定溶液，则溶液呈黄色）为终点，记下消耗 HCl 标准滴定溶液的体积 $V_1$。再加 10 滴甲基红-溴甲酚绿混合指示剂，并重新调节滴定管零点，继续用 HCl 标准滴定溶液滴定，溶液由绿色变为暗红色为终点，记下消耗 HCl 标准滴定溶液的体积 $V_2$。平行测定 3 次。

### 五、数据记录与处理

混合碱试样中 NaOH、$Na_2CO_3$ 的含量按下式计算：

$$w(\text{NaOH}) = \frac{c(V_1 - V_2) \times 10^{-3} \times M(\text{NaOH})}{m \times \dfrac{25}{250}} \times 100\%$$

$$w(\text{Na}_2\text{CO}_3) = \frac{c \times 2V_2 \times 10^{-3} \times M\left(\dfrac{1}{2}\text{Na}_2\text{CO}_3\right)}{m \times \dfrac{25}{250}} \times 100\%$$

式中　$w(\text{NaOH})$——试样中 NaOH 的质量分数；

　　　$w(\text{Na}_2\text{CO}_3)$——试样中 $Na_2CO_3$ 的质量分数；

　　　　　　$c$——HCl 标准滴定溶液的浓度，mol/L；

　　　　　　$V_1$——用酚酞作指示剂，消耗 HCl 标准滴定溶液的体积，mL；

　　　　　　$V_2$——用甲基橙作指示剂，消耗 HCl 标准滴定溶液的体积，mL；

　　　　　　$m$——混合碱试样的质量，g；

　　　$M(\text{NaOH})$——NaOH 的摩尔质量，g/mol；

$M\left(\dfrac{1}{2}\text{Na}_2\text{CO}_3\right)$——以 $\dfrac{1}{2}\text{Na}_2\text{CO}_3$ 为基本单元的 $Na_2CO_3$ 的摩尔质量，g/mol。

测定结果要求相对平均偏差小于 0.2%。

### 六、注意事项

(1) 混合碱具有腐蚀性，使用时应注意安全，防止烧伤。

(2) 滴定接近第一终点时，要充分摇动锥形瓶，滴定的速度不能太快，防止滴定液 HCl 局部过浓而使 $Na_2CO_3$ 直接滴定生成 $CO_2$。

### 七、思考题

1. 若测定混合碱的总碱度，应选用哪种指示剂？总碱度用 $w(\text{NaOH})$ 表示，应如何进行计算？

2. 采用双指示剂法测定混合碱试液，在同一份试液中滴定，判断下列情况，混合碱的组成分别是什么？

(1) $V_2 = 0$，$V_1 > 0$　　　　(2) $V_1 = 0$，$V_2 > 0$　　　　(3) $V_1 = V_2 > 0$

(4) $V_1 > V_2 > 0$　　　　　　(5) $V_2 > V_1 > 0$

3. 如何称取混合碱试样？如果试样是 $Na_2CO_3$ 和 $NaHCO_3$ 的混合物，应如何测定其含量？写出计算公式。

---

**阅读材料**

### 参比溶液的作用

用 HCl 滴定 $Na_2CO_3$ 时，因第一化学计量点附近几乎没有 pH 突跃，再加上酚酞指示剂滴定终点颜色从红色变为无色，比较难以观察，因此滴定误差较大。为提高分析准确度，常用参比溶液来对照。

参比溶液是根据滴定到化学计量点时溶液的组成、浓度、体积和指示剂用量专门配制的相类似的溶液；或是与化学计量点时 pH、体积和指示剂量相等的缓冲溶液。以参比溶液作为确定滴定终点时的参比。例如，用酚酞指示剂，以 HCl 滴定 $Na_2CO_3$ 时，第一化学计量点 pH 为 8.31，可采用 pH＝8.31 的缓冲溶液或 $NaHCO_3$ 溶液，加入与滴定终点时相同量的酚酞指示液，根据此溶液颜色确定第一终点的到达。

在滴定过程中，HCl 加入速度不宜太快，尤其在混合碱中 $NaHCO_3$ 含量较低时，滴定过快，造成局部酸度过大而生成 $H_2CO_3$，使 $V_1$ 增大，造成 $NaHCO_3$ 结果偏低。

## 实验十七　饼干中 $Na_2CO_3$、$NaHCO_3$ 含量的测定

### 一、技能目标

1. 掌握双指示剂法测定饼干中 $Na_2CO_3$、$NaHCO_3$ 含量的原理及方法；
2. 培养学生理论联系实际的应用能力。

### 二、实验原理

$Na_2CO_3$、$NaHCO_3$ 混合溶液用 HCl 标准滴定溶液滴定到第一化学计量点，pH 为 8.31，选用酚酞或甲酚红-百里酚蓝混合指示液。若用混合指示液并以相同浓度 $NaHCO_3$ 为参比液滴定，误差可达 0.5％。混合溶液用 HCl 标准滴定溶液滴定到第二化学计量点时 pH 为 3.89，选用甲基橙或甲基红-溴甲酚绿混合指示液。

反应式如下：

$$Na_2CO_3 + HCl \longrightarrow NaHCO_3 + NaCl$$

$$NaHCO_3 + HCl \longrightarrow NaCl + H_2O + CO_2 \uparrow$$

### 三、试剂

0.1mol/L HCl 标准滴定溶液。

酚酞指示剂（10g/L 乙醇溶液）；甲基橙指示剂（1g/L 水溶液）。

甲酚红-百里酚蓝混合指示剂：1g/L 的甲酚红钠盐水溶液与 1g/L 的百里酚蓝钠盐水溶液按 1：3 体积比混合。

甲基红-溴甲酚绿混合指示剂：甲基红乙醇溶液（2g/L）与溴甲酚绿乙醇溶液（1g/L）按 1：3 体积比混合。

饼干试样。

### 四、实验步骤

准确称取 5.0g 饼干试样，用不含 $CO_2$ 的去离子水溶解，定量转移到 250mL 容量瓶中，

并稀释至刻度，摇匀，静置。小心用移液管移取 50.00mL 上层清液（或滤液）于 250mL 锥形瓶中，加入 3 滴酚酞指示剂（或 5 滴甲酚红-百里酚蓝混合指示剂），用 0.1mol/L HCl 标准滴定溶液滴定至淡粉色刚刚褪色（或溶液由红紫色变为樱桃色），记录消耗 HCl 标准滴定溶液的体积 $V_1$。再加 2 滴甲基橙指示剂（或甲基红-溴甲酚绿混合指示剂），继续用 HCl 标准滴定溶液滴定至由黄色变为橙色（或溶液由绿色变为暗红色），记录 HCl 标准滴定溶液消耗的体积 $V_2$。平行测定 3 次。同时做空白试验。

## 五、数据记录与处理

饼干试样中 $Na_2CO_3$、$NaHCO_3$ 的含量按下式计算：

$$w(Na_2CO_3) = \frac{c \times 2V_1 \times 10^{-3} \times M\left(\frac{1}{2}Na_2CO_3\right)}{m \times \frac{50}{250}} \times 100\%$$

$$w(NaHCO_3) = \frac{c(V_2 - V_1) \times 10^{-3} \times M(NaHCO_3)}{m \times \frac{50}{250}} \times 100\%$$

式中　$w(Na_2CO_3)$——饼干试样中 $Na_2CO_3$ 的质量分数；

$w(NaHCO_3)$——饼干试样中 $NaHCO_3$ 的质量分数；

$c$——HCl 标准滴定溶液的浓度，mol/L；

$V_1$——用酚酞作指示剂，消耗 HCl 标准滴定溶液的体积，mL；

$V_2$——用甲基橙作指示剂，消耗 HCl 标准滴定溶液的体积，mL；

$M\left(\frac{1}{2}Na_2CO_3\right)$——以 $\frac{1}{2}Na_2CO_3$ 为基本单元的 $Na_2CO_3$ 的摩尔质量，g/mol；

$M(NaHCO_3)$——$NaHCO_3$ 的摩尔质量，g/mol；

$m$——饼干试样的质量，g。

测定结果要求相对平均偏差小于 0.2%。

## 六、注意事项

饼干试样用水溶解一定要完全。有的饼干试样油脂太多，普通漏斗不易过滤，可用抽滤瓶减压过滤后再定容。

## 七、思考题

1. 为什么要用不含 $CO_2$ 的去离子水溶解饼干试样？
2. $Na_2CO_3$、$NaHCO_3$ 含量的测定在饼干的质量检验中有何意义？

---

📖 **阅读材料**

### 膨松剂在食品中的作用

膨松剂在饼干、糕点等食品的加工中普遍应用，应用膨松剂使所加工的食品形成致密多孔组织而膨松酥口。$NaHCO_3$ 是常用的碱性膨松剂，它分解后残留 $Na_2CO_3$，而使成品呈碱性，影响口味，使用不当还会使成品表面呈黄色斑点。因此，$Na_2CO_3$、$NaHCO_3$ 含量是饼干质量检验的指标之一。

## 实验十八　醋酸钠含量的测定（非水滴定法）

### 一、技能目标
1. 掌握弱碱物质的非水滴定原理和方法；
2. 掌握非水滴定用结晶紫作指示剂判断终点；
3. 掌握高氯酸标准滴定溶液的配制和标定方法。

### 二、实验原理
许多弱酸、弱碱，当它们的 $cK_a<10^{-8}$、$cK_b<10^{-8}$ 时，不能直接滴定。有些有机酸或有机碱在水中溶解度很小，也不能直接滴定。为了解决这些问题，可以采用非水滴定，如醋酸钠在水溶液中是一种很弱的碱（$K_b=5.6\times10^{-10}$），不能用酸标准滴定溶液直接滴定测其含量。若以冰醋酸作为溶剂，则 NaAc 的碱性增强（$K_b=2.1\times10^{-7}$），可以用高氯酸的冰醋酸溶液滴定，以结晶紫（或甲基紫）为指示剂，溶液紫色消失，初现蓝色为终点。

高氯酸在冰醋酸溶剂中表现为强酸，所以常用高氯酸的冰醋酸溶液作标准滴定溶液测定碱性物质。市售高氯酸含 $HClO_4$ 70%～72%，含水分 28%～30%，密度为 $1.75g/cm^3$。水的存在影响质子的转移，也影响滴定终点的观察，因此在配制标准滴定溶液时应加入一定量的醋酸酐以除去水分。

GB/T 601—2002 中规定，$HClO_4$ 的冰醋酸溶液可用邻苯二甲酸氢钾作基准物质，在冰醋酸溶液中进行标定。反应式为：

标定时以甲基紫或结晶紫为指示剂，由紫色变为蓝色为滴定终点。

### 三、试剂
高氯酸-冰醋酸标准滴定溶液：$c(HClO_4)=0.1mol/L$。
结晶紫-冰醋酸溶液（5g/L）：将 0.50g 结晶紫溶于冰醋酸中，用冰醋酸稀释至 100mL。
冰醋酸；醋酸酐。
邻苯二甲酸氢钾（基准物质）：于 105～110℃ 烘干至恒重。
无水 NaAc 试样。

### 四、实验步骤
1. $c(HClO_4)=0.1mol/L$ 的高氯酸-冰醋酸标准滴定溶液的配制

量取 8.7mL 高氯酸，在搅拌下注入 500mL 冰醋酸中，混匀。在室温下滴加 20mL 醋酸酐，搅拌至溶液均匀。冷却后用冰醋酸稀释至 1000mL，摇匀。

2. 高氯酸-冰醋酸标准滴定溶液的标定

准确称取 0.75g 于 105～110℃ 烘干至恒重的基准物质邻苯二甲酸氢钾，置于干燥锥形瓶中，加入 50mL 冰醋酸，温热溶解。加 3 滴结晶紫指示剂，用配好的高氯酸溶液滴定至溶液由紫色变为蓝色（微带紫色）为终点。同时做空白试验。平行测定 4 次。临用前标定。

3. 醋酸钠含量的测定

准确称取 0.15～0.20g 无水 NaAc 试样，置于洁净且干燥的锥形瓶中。加入 20mL 冰醋酸，温热使之溶解，冷却至室温，加入 1～2 滴结晶紫指示剂，用高氯酸-冰醋酸标准滴定溶液滴定。当溶液紫色消失，刚好出现蓝色时为终点。同时做空白试验。平行测定 3 次。

## 五、数据记录与处理

高氯酸标准滴定溶液的浓度按下式计算：

$$c(HClO_4) = \frac{m \times 1000}{(V_1 - V_2)M}$$

式中　$c(HClO_4)$——高氯酸-冰醋酸标准滴定溶液的浓度，mol/L；

　　　　$V_1$——滴定时消耗高氯酸-冰醋酸标准滴定溶液的体积，mL；

　　　　$V_2$——空白试验消耗高氯酸-冰醋酸标准滴定溶液的体积，mL；

　　　　$M$——邻苯二甲酸氢钾的摩尔质量，g/mol；

　　　　$m$——邻苯二甲酸氢钾的质量，g。

试样中 NaAc 的含量按下式计算：

$$w(NaAc) = \frac{c(V_1 - V_2) \times 10^{-3} \times M(NaAc)}{m} \times 100\%$$

式中　$w(NaAc)$——试样中 NaAc 的质量分数；

　　　　$c$——高氯酸-冰醋酸标准滴定溶液的浓度，mol/L；

　　　　$V_1$——滴定时消耗高氯酸-冰醋酸标准滴定溶液的体积，mL；

　　　　$V_2$——空白试验消耗高氯酸-冰醋酸标准滴定溶液的体积，mL；

　　　$M(NaAc)$——NaAc 的摩尔质量，g/mol；

　　　　$M$——NaAc 试样的质量，g。

取平行测定结果的算术平均值为测定结果，平行测定结果的绝对差值不大于 0.20%。

## 六、注意事项

（1）醋酸酐是由两个醋酸分子脱去一个水分子而形成的，与 $HClO_4$ 反应时放出大量的热，因此配制时，不得使高氯酸与醋酸酐直接混合，而只能将 $HClO_4$ 缓缓滴入冰醋酸中，然后滴入醋酸酐。

（2）标定高氯酸-冰醋酸标准滴定溶液时的温度应与使用该标准滴定溶液滴定时的温度相同。

（3）非水滴定过程中不能带入水。烧杯、量筒等仪器均要干燥。

（4）终点观察要准确，紫色消失，刚好出现蓝色时为滴定终点。但其蓝色要稳定，如果出现绿色，则滴定过量。

（5）由于测定的反应产物中有 $NaClO_4$ 生成，它在非水介质中溶解度较小，故滴定过程中随着高氯酸标准滴定溶液的不断滴入，慢慢有白色浑浊物产生，但这并不影响滴定结果。

（6）高氯酸是强酸，具有强腐蚀性，使用时注意安全。

（7）冰醋酸具有强烈的刺激性和腐蚀性，因此实验尽可能在通风橱中进行。

## 七、思考题

1. 配制高氯酸-冰醋酸滴定剂为什么要加入醋酸酐？加入醋酸酐时有何现象？需如何加入？为什么要在室温下滴加？

2. 说明 NaAc 在水溶液中不能用酸碱滴定法测其含量，但可采用非水滴定法测定的原理。

3. 实验使用的溶剂冰醋酸在滴定中起什么作用？

4. 非水滴定过程中，如带入水分，会有哪些影响？

**阅读材料**

## 几种危险化学物质简介

1. 高氯酸

化学式为 $HClO_4$，是无色不稳定的发烟液体。熔点 $-112℃$，沸点 $39℃$，约 $90℃$ 时开始分解。易溶于水，能与水以任何比例相混溶，其水溶液有很好的导电性。高氯酸是强酸，又是强氧化剂，具有强腐蚀性，在加热的条件下遇有机物会引起爆炸。皮肤黏膜接触、误服或吸入后，会引起强烈刺激症状，可致人体灼伤或死亡。皮肤接触时，应立即脱去污染的衣物，用大量流动清水冲洗患处至少 $15min$，就医。吸入时，迅速离开现场至空气新鲜处，保持呼吸道通畅，如呼吸困难，立即输氧，就医。误服时，用水漱口，饮用牛奶或蛋清，就医。

2. 冰醋酸

化学式为 $CH_3COOH$，是无色、有刺激性酸味的液体。熔点 $16.6℃$，沸点 $117.87℃$，密度 $1.0492g/cm^3$，$16.6℃$ 以下能结成冰状固体，易溶于水及许多有机溶剂。其蒸气与空气形成爆炸性混合物，遇明火、高热能引起燃烧爆炸。冰醋酸属低毒类，有强烈的腐蚀性，可通过皮肤、呼吸道和消化道侵入人体。受刺激后会导致眼睑水肿、结膜充血、慢性咽炎和支气管炎等。皮肤接触，轻者出现红斑，重者引起化学灼伤。误服时，口腔和消化道可产生糜烂，重者可因休克而致死。皮肤接触或吸入时可按高氯酸的急救方法处理，如误服可饮大量温水，催吐，就医。

3. 吡啶

化学式为 $C_5H_5N$，是无色可燃液体，具有特殊臭味。熔点 $-42℃$，沸点 $115.5℃$，密度 $0.9818g/cm^3$，溶于水、乙醇、乙醚、丙酮和苯等。其蒸气与空气形成爆炸性混合物，遇明火、高热能引起燃烧爆炸。吡啶属低毒类，有强烈刺激性，能麻醉中枢神经系统。高浓度吸入后，轻者有心动加快或窒息感，继之出现抑郁、肌无力、呕吐；重者意识丧失、大小便失禁、强直性痉挛、血压下降。长期吸入出现头晕、头痛、失眠、步态不稳及消化道功能紊乱，可发生肝肾损害，还会引起皮炎。误服可致死。

4. 甲醇

化学式为 $CH_3OH$，是一种透明、无色、易燃、有毒的液体，略有酒精气味，熔点 $-97.8℃$，沸点 $64.5℃$，密度 $0.792g/cm^3$。能与水、乙醇、乙醚、苯、酮、卤代烃和许多其他有机溶剂相混溶，遇热、明火或氧化剂易着火，其蒸气与空气形成爆炸性混合物。由于接触面广，甲醇是一种很容易发生中毒事故的危险化学品。职业性甲醇中毒是由于生产过程中吸入甲醇蒸气所致，而日常生活中误服含甲醇的酒或饮料是引起急性甲醇中毒的主要原因。甲醇中毒时常见的症状是：先产生喝醉的感觉，数小时后头痛、恶心、呕吐，以及视线模糊，严重者会出现视力急剧下降，甚至双目失明，最后可因呼吸衰竭而死亡。失明的原因是，甲醇的代谢产物甲酸会累积在眼睛部位，破坏视觉神经细胞。脑神经也会受到破坏，产生永久性损害。甲酸进入血液后，会使组织酸性越来越强，损害肾脏导致肾衰竭。一旦发生甲醇中毒，应将患者立即移离现场，脱去污染的衣服，并用 $1\%$ 碳酸氢钠洗胃或硫酸镁导泻。

## 实验十九　食醋中总酸量的测定（设计实验）

**一、技能目标**

1. 巩固所学基础知识、基本实验方法和基本操作技能；

2. 通过独立设计实验方案和完成实验，培养分析问题、解决问题的能力；

3. 培养学生查阅分析资料的能力；

4. 考查滴定分析操作掌握情况及分析结果的准确度。

**二、设计实验要求**

(1) 实验方法和原理（反应方程式、测定方法、滴定方式、指示剂的选择及终点颜色变化）；

(2) 实验所需的仪器（规格、数量）；

(3) 实验所需的试剂（规格、浓度、配制方法、标定方法、用量多少）；

(4) 实验步骤（试样的称取或量取方法、试样的处理、标准滴定溶液的制备、各步加入试剂及加入量、产生的现象等）；

(5) 实验原始记录；

(6) 实验数据处理（分析结果的计算公式、实验数据列表、计算结果、平均值、相对平均偏差、标准偏差）；

(7) 实验问题讨论（实验注意事项、引入误差的因素）；

(8) 学生在实验前写好实验设计方案，由教师审阅批准后，方可进行实验。要求独立完成实验，并对实验结果加以讨论，完成实验报告。

**三、注意事项**

(1) 食醋的主要组分是乙酸（HAc），此外还含有少量其他弱酸如乳酸等。以酚酞作指示剂，用 NaOH 标准滴定溶液滴定，测出的是食醋中的总酸量，以 $\rho$（乙酸）(g/100mL) 表示。

(2) 食醋中乙酸的含量一般为 3%～5%，浓度较大时，滴定前要适当稀释。稀释会使食醋本身颜色变浅，便于观察终点颜色变化。也可以选择白醋作试样。

(3) $CO_2$ 存在时溶于水形成 $H_2CO_3$，干扰测定，因此稀释食醋试样用的蒸馏水应经过煮沸。

(4) 如果试样是工业乙酸，浓度大，则需要稀释后再滴定，稀释前先估算取样体积。

# 第五章

# 配位滴定法

配位滴定法是以生成配位化合物的反应为基础的滴定分析方法。通常指的配位滴定法主要是指以 EDTA（乙二胺四乙酸二钠盐）为标准滴定溶液的配位滴定法，简称 EDTA 滴定法。在配位滴定中，溶液的酸度是影响 EDTA 金属离子配合物稳定性的重要因素，因此溶液酸度成为主要的测定条件，在实验中一定要严格控制好。

## 实验二十　EDTA 标准滴定溶液的配制与标定

### 一、技能目标

1. 掌握 EDTA 标准滴定溶液的配制和标定方法、标定原理；
2. 掌握铬黑 T 指示剂的应用条件和终点颜色的变化。

### 二、实验原理

乙二胺四乙酸（简称 EDTA）用 $H_4Y$ 表示，难溶于水，通常采用它的二钠盐（$Na_2H_2Y \cdot 2H_2O$）来配制标准滴定溶液。乙二胺四乙酸二钠盐是白色结晶粉末，易溶于水，经提纯后可作为基准物质，直接配制标准溶液。但提纯方法较为复杂，故在工厂和实验室中该标准滴定溶液常用间接法配制。

国家标准 GB/T 601—2002 中使用基准物质 ZnO 标定 EDTA 溶液，以铬黑 T（EBT）为指示剂。

EDTA 制成溶液后，可用 ZnO 基准物质标定，在 pH＝10 的 $NH_3$-$NH_4Cl$ 缓冲溶液中，以铬黑 T（EBT）为指示剂，用 EDTA 滴定至溶液由红色变为纯蓝色为终点，反应如下：

滴定前 　　　　　　　　$Zn + In \longrightarrow ZnIn$

　　　　　　　　　　　（蓝色）（红色）

终点前 　　　　　　　　$Zn + Y \longrightarrow ZnY$

终点时 　　　　　　　　$ZnIn + Y \longrightarrow ZnY + In$

　　　　　　　　（红色）　　　　　　（蓝色）

### 三、试剂

EDTA 二钠盐（$Na_2H_2Y \cdot 2H_2O$）：分析纯。

ZnO 基准物质：（800±50）℃灼烧至恒重。

盐酸溶液（20%）：量取 504mL 浓盐酸，稀释至 1000mL。

氨溶液（10%）：量取 400mL 浓氨水，稀释至 1000mL。

$NH_3$-$NH_4Cl$ 缓冲溶液（pH＝10）：称取 54.0g $NH_4Cl$，溶于 200mL 水中，加 350mL

氨水溶液，加水稀释至 1000mL，摇匀。

铬黑 T 指示剂（5g/L）：称取 0.50g 铬黑 T 和 2.0g 盐酸羟胺，溶于乙醇中，用乙醇稀释至 100mL。此溶液应在使用前配制。

**四、实验步骤**

1. 0.02mol/L EDTA 标准滴定溶液的配制

用托盘天平称取分析纯 $Na_2H_2Y \cdot 2H_2O$ 样品 8.0g，置于 250mL 烧杯中，用 100mL 量杯加入 100mL 纯水，稍加热溶解，待溶液冷却至室温后移入 1000mL 无色试剂瓶中，用蒸馏水稀释至 1000mL，摇匀，待标定。

2. 0.02mol/L EDTA 标准滴定溶液的标定

准确称取灼烧至恒重的 ZnO 基准物质 0.4g，置于 100mL 烧杯中，用少量水润湿，加 4mL HCl 溶液（20%）溶解 ZnO 基准物，定量转入 250mL 容量瓶中定容，摇匀。

用 25mL 移液管于容量瓶中移取 25.00mL $Zn^{2+}$ 标准溶液放入锥形瓶中，加入 70mL 纯水，用滴管逐滴加入氨水溶液（10%），直至开始出现浑浊 $Zn(OH)_2$ 沉淀（pH≈8）。再加入 10mL $NH_3$-$NH_4Cl$ 缓冲溶液（pH=10）及 5 滴铬黑 T 指示剂（5g/L），用配制好的 EDTA 溶液滴定至溶液由红色变为纯蓝色为终点，同时做空白试验。平行测定 4 次。

**五、数据记录与处理**

EDTA 标准滴定溶液的浓度按下式计算：

$$c(\text{EDTA}) = \frac{m \times 1000 \times \frac{25}{250}}{(V_1 - V_2) \cdot M(\text{ZnO})}$$

式中　$c(\text{EDTA})$——EDTA 标准滴定溶液的浓度，mol/L；

$\quad\quad\quad\quad m$——基准氧化锌的质量，g；

$\quad\quad\quad\quad V_1$——滴定消耗 EDTA 溶液的体积，mL；

$\quad\quad\quad\quad V_2$——空白试验中消耗 EDTA 溶液的体积，mL；

$\quad\quad M(\text{ZnO})$——氧化锌的摩尔质量，g/mol。

平行试验不得少于 4 次，测定结果的极差与平均值之比不应大于 0.1‰。

**六、注意事项**

（1）在标定 EDTA 时，需加入 $NH_3$-$NH_4Cl$ 缓冲溶液控制溶液 pH=10，这是因为使用铬黑 T 指示剂的最适宜酸度是 pH 为 9～10。在 pH=10 时，铬黑 T 呈蓝色，而它与 $Zn^{2+}$ 的配合物呈红色。由于颜色相差较大，容易观察终点。

（2）用 ZnO 基准物质标定 EDTA 还可以在 pH 为 5～6 的六亚甲基四胺缓冲溶液中，以二甲酚橙（XO）为指示剂，用 EDTA 滴定至溶液由红紫色变为亮黄色为终点。

（3）还可以用 $CaCO_3$ 作基准物质标定 EDTA，在 pH 为 12～13 的 NaOH 缓冲溶液中，用钙指示剂（NN），EDTA 滴定至溶液由红色变为纯蓝色为终点。

（4）滴加 10% 的氨水溶液调整酸度时要用滴管逐滴加入，且边加边摇动锥形瓶，防止滴加过量，以出现浑浊为限。滴加过快时，可能会使浑浊立即消失，误以为还没有出现浑浊。

（5）加入 $NH_3$-$NH_4Cl$ 缓冲溶液后应尽快滴定，不宜放置过久。

**七、思考题**

1. 用氨水溶液调节 pH 时，先出现白色浑浊，后又溶解，解释现象，并写出反应方程式。

2. 为什么在调节溶液 pH 为 7~8 以后，再加入 $NH_3\text{-}NH_4Cl$ 缓冲溶液？

3. $NH_3\text{-}NH_4Cl$ 缓冲溶液的作用是什么？

4. EDTA 标准滴定溶液通常使用乙二胺四乙酸二钠盐，而不使用乙二胺四乙酸，为什么？

---

**阅读材料**

### 配位滴定对蒸馏水的要求及 EDTA 的贮存

配位滴定对蒸馏水的要求较高。若配制溶液用的水中含有 $Cu^{2+}$、$Al^{3+}$ 等，指示剂会受到封闭，使终点难以判断；若水中含有 $Ca^{2+}$、$Mg^{2+}$、$Pb^{2+}$、$Sn^{2+}$ 等，则会消耗部分 EDTA。随着测定对象的不同，测定结果可能偏高也可能偏低，故在配位滴定中必须对所用蒸馏水的质量进行检查。

另外，EDTA 试剂不纯、水不纯或容器沾污等都可能使 EDTA 溶液混有微量金属离子杂质。如在测定条件下遇有干扰，应先加入掩蔽剂或改用其他滴定方式。如在相同条件下进行标定和滴定，则干扰影响可以基本消除。

EDTA 标准溶液应贮存于聚乙烯之类的塑料容器中。若长久贮存于玻璃器皿中，根据玻璃质料的不同，EDTA 将不同程度地溶解玻璃中的 $Ca^{2+}$ 而生成 $CaY^{2-}$（软质玻璃中 $Ca^{2+}$ 比硬质玻璃中的 $Ca^{2+}$ 更易形成 $CaY^{2-}$），EDTA 溶液的浓度将逐渐降低。因此 EDTA 溶液应在使用一段时间后，应重新标定。

---

## 实验二十一　水中硬度的测定

### 一、技能目标

1. 掌握配位滴定法测定水中硬度的原理及方法；

2. 掌握水中硬度的计算方法；

3. 掌握钙指示剂的应用条件和终点颜色判断。

### 二、实验原理

水的总硬度，一般是指水中钙、镁离子的总量。用 $NH_3\text{-}NH_4Cl$ 缓冲溶液控制水试样 pH=10，以铬黑 T（EBT）为指示剂，用三乙醇胺掩蔽 $Fe^{3+}$ 和 $Al^{3+}$，用 $Na_2S$ 掩蔽 $Cu^{2+}$、$Pb^{2+}$ 等可能共存的离子的影响，用 EDTA 标准滴定溶液直接滴定 $Ca^{2+}$ 和 $Mg^{2+}$，至溶液由酒红色变为纯蓝色为终点。反应如下：

滴定前　　　　　　　　　$Mg+In \longrightarrow MgIn$

　　　　　　　　　　　　$Ca+In \longrightarrow CaIn$

　　　　　　　　　　（蓝色）（酒红色）

终点前　　　　　　　　　$Ca+Y \longrightarrow CaY$

　　　　　　　　　　　　$Mg+Y \longrightarrow MgY$

终点时　　　　　　　　　$CaIn+Y \longrightarrow CaY+In$

　　　　　　　　　　　　$MgIn+Y \longrightarrow MgY+In$

　　　　　　　　（酒红色）　　　　　（蓝色）

钙硬度的测定：用 NaOH 调节水样使 pH 为 12~12.5，水样中所含 $Mg^{2+}$ 完全转化为难溶的 $Mg(OH)_2$ 沉淀，而 $Ca^{2+}$ 仍以离子状态留在溶液中，用 EDTA 标准滴定溶液可滴

定 $Ca^{2+}$，采用钙指示剂，终点时溶液由酒红色变为蓝色。反应如下：

滴定前　　　　　　　　　　$Ca+In \longrightarrow CaIn$

　　　　　　　　　　　　（蓝色）（酒红色）

终点前　　　　　　　　　　$Ca+Y \longrightarrow CaY$

终点时　　　　　　　　　　$CaIn+Y \longrightarrow CaY+In$

　　　　　　　　　　（酒红色）　　　　　　（蓝色）

### 三、试剂

EDTA 标准滴定溶液 $[c(EDTA)=0.02mol/L]$；铬黑 T（EBT）指示剂（5g/L）。

钙指示剂：称取 1.0g 钙指示剂与固体 NaCl（干燥）100g 于研钵中，研细混匀，贮存于广口瓶。临用前配制。

$NH_3$-$NH_4Cl$ 缓冲溶液（pH=10）。HCl 溶液（1:1）。

NaOH 溶液 $[c(NaOH)=4mol/L]$：将 160g 固体 NaOH 溶于 500mL 水中，冷却至室温，稀释至 1000mL。

三乙醇胺溶液（1:2）；$Na_2S$ 溶液（20g/L）；刚果红试纸。

### 四、实验步骤

**1. 总硬度的测定**

准确吸取 50.00mL 水样于锥形瓶中，加入一小块刚果红试纸（pH 为 3～5，颜色由蓝变红），加入 1～2 滴 HCl 溶液（1:1）酸化，至试纸变蓝紫色为止，加热煮沸数分钟赶除 $CO_2$。冷却后，加入 3mL 三乙醇胺溶液、5mL $NH_3$-$NH_4Cl$ 缓冲溶液（pH=10）、1mL $Na_2S$ 溶液及 3 滴铬黑 T 指示剂（5g/L），用配制好的 EDTA 标准滴定溶液滴定至溶液由酒红色变为纯蓝色为终点。同时做空白试验。平行测定 3 次。

**2. 钙硬度的测定**

准确吸取 50.00mL 水样于锥形瓶中，加入一小块刚果红试纸（pH 为 3～5，颜色由蓝变红），加入 1～2 滴 HCl 溶液（1:1）酸化，至试纸变蓝紫色为止，加热煮沸 2～3min。冷却至 40～50℃后，加入 4mL NaOH 溶液 $[c(NaOH)=4mol/L]$，再加少量钙指示剂，用配制好的 EDTA 标准滴定溶液滴定至溶液由酒红色变为纯蓝色为终点。同时做空白试验。平行测定 3 次。

### 五、数据记录与处理

总硬度的测定结果以 $CaCO_3$ 的质量浓度 $\rho(CaCO_3)$（mg/L）或度（°）表示，按下式计算：

$$\rho(CaCO_3)=\frac{c(EDTA) \cdot (V_1-V_0) \cdot M(CaCO_3)}{V_s} \times 1000$$

$$总硬度(°)=\frac{c(EDTA) \cdot (V_1-V_0) \cdot M(CaO)}{V_s \times 10} \times 1000$$

钙硬度的测定结果以 $\rho(CaCO_3)$（mg/L）表示，按下式计算：

$$\rho(CaCO_3)=\frac{c(EDTA) \cdot (V_2-V_0) \cdot M(CaCO_3)}{V_s} \times 1000$$

$$镁硬度=总硬度-钙硬度$$

式中　$c(EDTA)$——EDTA 标准滴定溶液的浓度，mol/L；

　　　　$V_0$——空白试验消耗 EDTA 标准滴定溶液的体积，mL；

　　　　$V_1$——滴定 $Ca^{2+}$ 和 $Mg^{2+}$ 消耗 EDTA 标准滴定溶液的体积，mL；

$V_2$——滴定 $Ca^{2+}$ 消耗 EDTA 标准滴定溶液的体积，mL；

$M(CaCO_3)$——$CaCO_3$ 的摩尔质量，g/mol；

$M(CaO)$——CaO 的摩尔质量，g/mol；

$V_s$——移取水样的体积，mL。

取平行测定结果的算术平均值为测定结果，平行测定结果的相对平均偏差不大于 0.20%。

### 六、注意事项

（1）水中含有聚丙烯酸及大量重碳酸根离子时对测定均有干扰，经加盐酸煮沸后再滴定，则可消除它们的干扰。

（2）水中存在微量 $Fe^{3+}$ 和 $Al^{3+}$ 时干扰硬度的测定，可在加入 NaOH 溶液之前，先加入 $2\sim3mL$ 三乙醇胺溶液消除干扰。

（3）滴定速度不能过快，接近终点时要慢，以免滴定过量。

（4）加入 $Na_2S$ 溶液后，若生成的沉淀较多，则将沉淀过滤。

### 七、思考题

1. 测定钙硬度时为什么加盐酸？加盐酸应注意什么？

2. 若某试液中仅有 $Ca^{2+}$，能否用铬黑 T 作指示剂？如果可以，说明测定方法。

3. 根据本实验分析结果，评价该水样的水质。

---

📖 **阅读材料**

## 水 的 硬 度

生活用水的总硬度一般不得超过 25°。测定水的总硬度，通常是测定水中 $Ca^{2+}$、$Mg^{2+}$ 的总量。水中钙盐含量用硬度表示为钙硬度，镁盐含量用硬度表示为镁硬度。水的硬度是指水中除碱金属以外的全部金属离子的浓度。由于 $Ca^{2+}$、$Mg^{2+}$ 含量远比其他金属离子高，所以通常以水中 $Ca^{2+}$、$Mg^{2+}$ 总量表示水的硬度。它们主要以碳酸氢盐、氯化物、硫酸盐等形式存在。

天然水中，雨水属于软水，普通地面水硬度不高，但地下水的硬度较高。水的硬度的测定是水的质量控制的重要指标之一。

水硬度的表示方法国际、国内尚未统一。我国目前采用的表示方法主要有两种：一种是德国硬度，即把 $Ca^{2+}$、$Mg^{2+}$ 总量折合成 CaO 来计算，以每升水中含 10mg CaO 为 1°（度）来表示硬度单位；另一种是用每升水中所含 $CaCO_3$ 的质量（mg）来表示 $[\rho(CaCO_3)$（mg/L）]。除此之外，也可用每升水中所含 $CaCO_3$ 的物质的量（mmol）或每升水中所含 CaO 的质量（mg）等多种方式来表示。实际中用何种方式表示，应视具体情况而定。水质分类见下表。

| 总硬度 | 0°~4° | 4°~8° | 8°~16° | 16°~25° | 25°~40° | 40°~60° | 60°以上 |
|---|---|---|---|---|---|---|---|
| 水质 | 很软水 | 软水 | 中等硬水 | 硬水 | 高硬水 | 超硬水 | 特硬水 |

## 实验二十二　牛乳中钙含量的测定

### 一、技能目标

1. 掌握牛乳中钙含量测定的原理和方法；

2. 培养学生理论联系实际的应用能力。

### 二、实验原理

牛奶是含钙较高（120mg/100g 左右）的营养品。牛奶中的钙可以通过 EDTA 标准滴定溶液进行测定，其反应为：

滴定前　　　　　　　　　　Ca＋In ⟶ CaIn
　　　　　　　　　　　　　（蓝色）（酒红色）

终点前　　　　　　　　　　Ca＋Y ⟶ CaY

终点时　　　　　　　　　　CaIn＋Y ⟶ CaY＋In
　　　　　　　　　　　　　（酒红色）　　　　　　（蓝色）

### 三、仪器与试剂

密度计。

EDTA 标准滴定溶液 $[c(EDTA)=0.0100mol/L]$；铬黑 T（EBT）指示剂（5g/L）；$NH_3$-$NH_4Cl$ 缓冲溶液（pH=10）。

鲜牛奶（或袋装钙奶）。

### 四、实验步骤

1. 用密度计测出牛奶的密度 $\rho$ 并记录。

2. 准确移取 5.00mL 牛奶试样于锥形瓶中，加 50mL 蒸馏水稀释后，加入 5mL pH=10 的 $NH_3$-$NH_4Cl$ 缓冲溶液及 5 滴铬黑 T 指示剂，用配制好的 EDTA 标准滴定溶液滴定至溶液由酒红色变为纯蓝色为终点。同时做空白试验。平行测定 3 次。

### 五、数据记录与处理

牛奶中的钙含量（mg/100g）按下式计算：

$$钙含量=\frac{c(EDTA)\cdot(V_1-V_2)\cdot M(Ca)}{V_s\times\rho_s}\times100$$

式中　$c(EDTA)$ ——EDTA 标准滴定溶液的浓度，mol/L；

　　　$V_1$——滴定消耗 EDTA 标准滴定溶液的体积，mL；

　　　$V_2$——空白试验消耗 EDTA 标准滴定溶液的体积，mL；

　　　$M(Ca)$ ——Ca 的摩尔质量，g/mol；

　　　$\rho_s$——牛奶试样的密度，g/mL；

　　　$V_s$——移取牛奶试样的体积，mL。

取平行测定结果的算术平均值为测定结果，平行测定结果的相对平均偏差不大于 0.20%。

### 六、注意事项

（1）牛奶、钙奶均为乳白色，终点颜色变化不太明显，接近终点时可再补加 2～3 滴指示剂。

（2）对钙制剂中钙的含量，可采用 EDTA 滴定法直接进行测定。不同的钙制剂，要视钙含量多少而确定取样量范围。有色有机钙因颜色干扰无法辨别终点，应先进行消化处理。

### 七、思考题

1. 牛奶中的钙含量如用质量分数表示，计算公式如何？

2. 计算钙制剂钙含量为 40%、10% 左右的试样的称量范围。

> **阅读材料**
>
> ## 钙与身体健康
>
> 　　钙与身体健康息息相关。钙除成骨以支撑身体外，还参与人体的代谢活动，它是细胞的主要阳离子，还是人体最活跃的元素之一。缺钙可导致儿童佝偻病、青少年发育迟缓、孕妇高血压、老年人骨质疏松症。缺钙还可引起神经病、糖尿病、外伤流血不止等多种疾病。补钙越来越被人们所重视，因此许多钙制剂应运而生。对钙制剂中钙的含量，除采用 EDTA 滴定法直接进行测定外，还有许多其他测定方法。

# 实验二十三　碳酸钙含量的测定[①]

## Ⅰ. 中级分析工技能考试准备通知单（部分）

### (1614321-2)

### 《碳酸钙含量的测定》准备

（一）说明

1. 本方法（参照 ZBG 12009—88）是用配位滴定法测定碳酸钙的含量。

2. 所用试剂应为分析纯试剂；所用水应为蒸馏水或同等纯度的水；所用容量仪器等应校正；若温度不在 20℃，结果需进行温度补正。

3. 本方法适用于方解石经磨粉而制得的天然碳酸钙中 $CaCO_3$ 含量的测定。

（二）试剂、仪器准备（一人理论用量）

1. 托盘天平：最大负载 1000g，分度值 0.5g 或最大负载 100g，分度值 0.1g。（1 台）

2. 分析天平：最大负载 200g，分度值 0.1mg。（1 台）

3. 玻璃棒。（1 支）

4. 称量瓶：40mm×25mm。（1 个）

5. 表面皿。（1 个）

6. 小滴瓶：60mL。（1 个）

7. 量筒：5mL、50mL。（各 1 个）

8. 漏斗。（1 个）

9. 容量瓶：250mL。（1 个）

10. 移液管：25mL。（1 支）

11. 洗耳球。（1 个）

12. 锥形瓶：250mL。（3 个）

13. 胶头滴管。（1 个）

14. 药匙。（1 个）

15. 烧杯：250mL、500mL。（各 1 个）

16. 洗瓶。（1 个）

17. 酸式滴定管：50mL。（1 支）

18. 盐酸（1∶1）。（15mL）

---

[①] 节选自"国家职业技能鉴定统一试卷"中"碳酸钙含量的测定"，略去了"生活饮用水 pH 值得测定"。

19. 氯化钠：固体试剂。（分析纯 250g 备用）

20. 氢氧化钠：100g/L 溶液。（60mL）

21. 三乙醇胺（1∶3）溶液。（15mL）

22. 钙羧酸指示剂 [1-(2-羟基-4-磺基-1-萘偶氮)-2-羟基-3-萘甲酸(或钠盐)]。

23. 钙羧酸混合指示剂：将钙羧酸指示剂和氯化钠按 1∶99 的比例置于研钵内充分研细，混匀，置于带磨口塞的广口瓶中备用。（少量）

24. 乙二胺四乙酸二钠：浓度 $c(EDTA)=0.02mol/L$ 的标准溶液。（120mL）

25. 碳酸钙：工业品，105~110℃下烘至恒重。（1.8g）

**（三）考场准备**

1. 考场整洁、卫生、明亮、符合考核要求。

2. 考位安排合理，考核方便。

3. 仪器、试剂存放合理并能满足考核用量。

4. 有符合安全要求的电源插座。

5. 上下水畅通。

**（四）评分方法**

1. 考评员必须严守考评员职责和守则。

2. 一名考评员可以同时考评 3~5 名考生，一名考生同时受到 3 名考评员的考评，取其算术平均值为最终考核成绩。

3. 考评员按评分记录表上的评分标准评分。

4. 本考卷总分为 100 分，得分 60 分及以上为合格，且试题一得分不得少于 36 分，试题二得分不得少于 24 分。

**（五）考核程序**

1. 发卷，考生从考务工作人员处抽得考核工号并与准考证号、姓名、单位一起填在试卷和评分记录表上指定之处。

2. 由考务工作人员校验考生证件，并将试卷和评分记录表上的密封区密封（无论考核从哪道试题开始，上述 1、2 步骤只需进行一次）。

3. 考核开始，考生和考评员各持密封了的有相同工号的试卷和评分记录表进行考试和考评，考评员同时记录考核开始时间。

4. 考核结束，考生交卷，考评员记录考核结束时间。

5. 统分、登分。

**（六）将有关事项通知考生**

Ⅱ. 中级分析工技能考试试卷（部分）

### 碳酸钙含量的测定

**（一）说明**

1. 本题满分 60 分，完成时间 100 分钟。

2. 考核成绩为操作过程评分、测定结果评分和考核时间评分之和。

3. 全部操作过程时间和结果处理时间计入时间限额。

**（二）操作步骤**

称量约 0.6g 在 105~110℃下烘至恒重的试样（精确到 0.0002g）置于烧杯中，用少量水润湿，盖上表面皿，缓缓加入 1∶1 盐酸溶液至试样完全溶解，加 50mL 水，移入 250mL

容量瓶中（必要时可用中速滤纸过滤，滤液和洗液一并移入容量瓶），加水至刻度，摇匀。移取 25.00mL 置于 250mL 锥形瓶中，加 5mL 三乙醇胺溶液（1∶3）和 25mL 水，用 100g/L 的氢氧化钠溶液中和后加入少量钙羧酸混合指示剂，再用 100g/L 的氢氧化钠溶液滴加至酒红色出现，并过量 0.5mL，用乙二胺四乙酸二钠标准溶液（$c=0.02mol/L$）滴定至溶液由酒红色变为纯蓝色。平行测定三次，同时做空白试验。

（三）数据记录

| 实验内容 | | 次数 | | |
|---|---|---|---|---|
| | | 1 | 2 | 3 |
| 称量瓶和试样的质量(第一次读数) | | | | |
| 称量瓶和试样的质量(第二次读数) | | | | |
| 试样的质量 $m$/g | | | | |
| EDTA 标准溶液的浓度 $c$/(mol/L) | | | | |
| 试样测定实验 | 滴定消耗 EDTA 溶液的体积/mL | | | |
| | 滴定管校正值/mL | | | |
| | 溶液温度补正值/mL | | | |
| | 实际滴定消耗 EDTA 溶液的体积 $V_1$/mL | | | |
| 空白试验 | 滴定消耗 EDTA 溶液的体积/mL | | | |
| | 滴定管校正值/mL | | | |
| | 溶液温度补正值/(mL/L) | | | |
| | 实际滴定消耗 EDTA 溶液的体积 $V_2$/mL | | | |
| 试样中被测组分的含量/% | | | | |
| 平均值/% | | | | |
| 平行测定结果的极差/% | | | | |

（四）计算公式

以质量分数表示 $CaCO_3$ 的含量：

$$w(CaCO_3) = \frac{c(V_1-V_2)\times 0.1001}{m\times\dfrac{25}{250}}\times 100\%$$

$$= \frac{100.1\%\times c(V_1-V_2)}{m}$$

式中　$c$——EDTA 标准溶液的浓度，mol/L；

$V_1$——滴定消耗 EDTA 的体积，mL；

$V_2$——空白试验消耗 EDTA 的体积，mL；

$m$——试样的质量，g；

0.1001——1.00mL $c$（EDTA）＝1.000mol/L 的 EDTA 溶液相当于 $CaCO_3$ 的质量，g/mol。

### Ⅲ. 中级分析工技能考试评分记录表（部分）

#### 《碳酸钙含量的测定》评分记录表

开始时间：　　　　结束时间：　　　　日期：

| 序号 | 评分点 | 配分 | 评分标准 | 扣分 | 得分 | 考评员 |
|---|---|---|---|---|---|---|
| 一 | 称样 | | | | | |

| 序号 | 评分点 | 配分 | 评分标准 | 扣分 | 得分 | 考评员 |
|---|---|---|---|---|---|---|
| 1 | 托盘天平的使用 | 2 | 未调零,扣0.5分<br>称量操作不对,扣1分<br>读数错误,扣0.5分 | | | |
| 2 | 分析天平称量前准备 | 2 | 未检查天平水平、砝码完好情况,扣0.5分<br>未调零,扣1分<br>天平内外不洁净,扣0.5分 | | | |
| 3 | 分析天平称量操作 | 7 | 称量瓶放置不当,扣1分<br>开启升降枢不当,扣2分<br>倾出试样不合要求,扣1分<br>加减砝码操作不当,扣1分<br>开关天平门操作不当,扣1分<br>读数及记录不正确,扣1分 | | | |
| 4 | 称量后处理 | 2 | 砝码不回位,扣0.5分<br>不关天平门,扣0.5分<br>天平内外不清洁,扣0.5分<br>未检查零点,扣0.5分 | | | |
| 二 | 定容 | | | | | |
| 1 | 容量瓶的使用 | 5 | 洗涤不合要求,扣0.5分<br>没有试漏,扣0.5分<br>试样溶解操作不当,扣1分<br>溶液转移操作不当,扣1分<br>定容操作不当,扣1分<br>摇匀操作不当,扣1分 | | | |
| 三 | 移液 | | | | | |
| 1 | 移液管的使用 | 4 | 洗涤不合要求,扣0.5分<br>未润洗或润洗不合要求,扣1分<br>吸液操作不当,扣1分<br>放液操作不当,扣1分<br>用后处理及放置不当,扣0.5分 | | | |
| 四 | 滴定 | | | | | |
| 1 | 滴定前准备 | 5 | 洗涤不合要求,扣0.5分<br>没有试漏,扣0.5分<br>没有润洗,扣1分<br>装液操作不正确,扣1分<br>未排空气,扣1分<br>没有调零,扣1分 | | | |
| 2 | 滴定操作 | 10 | 加指示剂操作不当,扣1分<br>滴定姿势不正确,扣0.5分<br>滴定速度控制不当,扣1分<br>摇瓶操作不正确,扣1分<br>锥形瓶洗涤不合要求,扣1分<br>滴定后补加溶液操作不当,扣0.5分<br>半滴溶液的加入控制不当,扣2分<br>终点判断不准确,扣1分<br>读数操作不正确,扣1分<br>数据记录不正确,扣0.5分<br>平行操作的重复性不好,扣0.5分 | | | |

续表

| 序号 | 评分点 | 配分 | 评分标准 | 扣分 | 得分 | 考评员 |
|---|---|---|---|---|---|---|
| 3 | 滴定后处理 | 3 | 不洗涤仪器，扣0.5分<br>台面、卷面不整洁，扣0.5分<br>仪器破损，扣2分 | | | |
| 五 | 分析结果 | 5 | 考生平行测定结果极差与平均值之比大于1倍允差或小于1/2倍允差，扣2分<br>考生平行测定结果极差与平均值之比大于1/2倍允差，扣5分 | | | |
| | | 15 | 考生平均结果与参照值对比大于参照值，小于1倍允差，扣4分<br>考生平均结果与参照值对比大于1倍允差，小于或等于2倍允差，扣9分<br>考生平均结果与参照值对比大于2倍允差，扣15分 | | | |
| 六 | 考核时间 | | 考核时间为100分钟。超过5分钟扣2分，超过10分钟扣4分，超过15分钟扣8分……以此类推，扣完本题分数为止 | | | |
| | 合计 | 60 | | | | |

注：1. 以鉴定站所测结果为参照值，允差值为不大于0.1%。

2. 平行测定结果允差值为不大于0.2%。

考评负责人：

# 实验二十四　铋铅混合物中铋、铅含量的连续测定

## 一、技能目标

1. 掌握控制溶液酸度，用EDTA连续滴定铋、铅两种金属离子的原理和方法；

2. 掌握二甲酚橙指示剂的应用条件和终点颜色判断。

## 二、实验原理

混合离子常用控制酸度法、掩蔽法进行连续测定。

$Bi^{3+}$、$Pb^{2+}$均能与EDTA形成稳定的1：1型配合物，$lgK$分别为27.94和18.04。由于两者的$lgK$相差较大，因此可利用酸效应，控制不同的酸度，用EDTA连续滴定$Bi^{3+}$和$Pb^{2+}$。

通常在$Bi^{3+}$和$Pb^{2+}$的混合溶液中，首先调节溶液$pH＝1$，以二甲酚橙为指示剂，$Bi^{3+}$与指示剂形成紫红色配合物（$Pb^{2+}$在此条件下不会与二甲酚橙形成有色配合物），用EDTA标准滴定溶液滴定$Bi^{3+}$，当溶液由紫红色恰变为黄色时，即为滴定$Bi^{3+}$的终点。

滴定前　　　　　　　　　　Bi＋In ——→ BiIn

　　　　　　　　　　　　　（黄色）（紫红色）

终点前　　　　　　　　　　Bi＋Y ——→ BiY

终点时　　　　　　　　　　BiIn＋Y ——→ BiY＋In

　　　　　　　　　　　　　（紫红色）　　　　（黄色）

在滴定$Bi^{3+}$后的溶液中，加入六亚甲基四胺溶液，调节溶液$pH$为5～6，此时$Pb^{2+}$与二甲酚橙形成紫红色配合物，溶液再次呈现紫红色，然后用EDTA标准滴定溶液继续滴定，当溶液由紫红色恰好转变为黄色时，即为滴定$Pb^{2+}$的终点。

滴定前            $Pb + In \longrightarrow PbIn$

                          （黄色）（紫红色）

终点前            $Pb + Y \longrightarrow PbY$

终点时            $PbIn + Y \longrightarrow PbY + In$

                 （紫红色）        （黄色）

### 三、试剂

EDTA 标准滴定溶液 [$c$(EDTA)＝0.02mol/L]。

二甲酚橙指示液（2g/L）：称取二甲酚橙 0.20g，溶于水，稀释至 100mL。

六亚甲基四胺缓冲溶液（200g/L）：称取六亚甲基四胺 200g，溶于水，稀释至 1000mL。

$HNO_3$ 溶液（0.1mol/L）：量取 6mL 浓 $HNO_3$，稀释至 1000mL。

$HNO_3$ 溶液（2mol/L）：量取 240mL 浓 $HNO_3$，稀释至 1000mL。

NaOH 溶液（2mol/L）：称取 8g NaOH，溶于水，稀释至 100mL。

$Bi^{3+}$、$Pb^{2+}$ 混合液（各约 0.02mol/L）：称取 $Pb(NO_3)_2$ 6.6g、$Bi(NO_3)_3 \cdot 5H_2O$ 9.7g，放入已盛有 30mL 浓 $HNO_3$ 的烧杯中，微热溶解后，稀释至 1000mL。

精密 pH 试纸。

### 四、实验步骤

1. $Bi^{3+}$ 的测定

用移液管移取 25.00mL $Bi^{3+}$、$Pb^{2+}$ 混合液于 250mL 锥形瓶中，用 2mol/L NaOH 溶液和 2mol/L $HNO_3$ 调节试液的酸度至 pH＝1，然后加入 10mL 0.1mol/L $HNO_3$ 溶液、2 滴二甲酚橙指示液，这时溶液呈紫红色，用 EDTA 标准滴定溶液滴定，当溶液由紫红色恰好变为黄色时，即为滴定 $Bi^{3+}$ 的终点。记下消耗的 EDTA 标准滴定溶液的体积 $V_1$。

2. $Pb^{2+}$ 的测定

在滴定 $Bi^{3+}$ 后的溶液中，滴加六亚甲基四胺缓冲溶液，至呈现稳定的紫红色后，再过量加入 5mL，此时溶液的 pH 为 5～6。继续用 EDTA 标准滴定溶液滴定，当溶液由紫红色恰好变为黄色时，即为滴定 $Pb^{2+}$ 的终点。记下消耗 EDTA 标准滴定溶液的体积 $V_2$。平行测定 3 次。

### 五、数据记录与处理

混合液中 $Bi^{3+}$、$Pb^{2+}$ 的含量（g/L）按下式计算：

$$\rho(Bi^{3+}) = \frac{c(EDTA) \cdot V_1 \cdot M(Bi)}{V}$$

$$\rho(Pb^{2+}) = \frac{c(EDTA) \cdot V_2 \cdot M(Pb)}{V}$$

式中   $\rho(Bi^{3+})$ ——混合液中 $Bi^{3+}$ 的含量，g/L；

      $\rho(Pb^{2+})$ ——混合液中 $Pb^{2+}$ 的含量，g/L；

   $c(EDTA)$ ——EDTA 标准滴定溶液的浓度，mol/L；

          $V_1$ ——滴定 $Bi^{3+}$ 时消耗 EDTA 标准滴定溶液的体积，mL；

          $V_2$ ——滴定 $Pb^{2+}$ 时消耗 EDTA 标准滴定溶液的体积，mL；

           $V$ ——移取试液的体积，mL；

    $M(Bi)$ ——Bi 的摩尔质量，g/mol；

$M(Pb)$——Pb 的摩尔质量，g/mol。

取平行测定结果的算术平均值为测定结果，平行测定结果的相对平均偏差不大于 0.20%。

**六、注意事项**

(1) 调节试液的酸度至 pH=1 时，可用精密 pH 试纸检验。但是，为了避免检验时试液被带出而引起损失，可先用一份试液做调节试验，再按所加入的 NaOH 量或 $HNO_3$ 量调节溶液的 pH 后，进行滴定。

(2) 滴定速度不宜过快，终点控制要恰当。

**七、思考题**

1. 用 EDTA 连续滴定多种金属离子的条件是什么？

2. 描述连续滴定 $Bi^{3+}$、$Pb^{2+}$ 过程中，锥形瓶中颜色变化的情形以及颜色变化的原因。

3. 二甲酚橙指示剂使用的 pH 范围是多少？本实验如何控制溶液的 pH？

4. EDTA 测定 $Bi^{3+}$、$Pb^{2+}$ 混合液时，为什么要在 pH=1 时滴定 $Bi^{3+}$？酸度过高或过低对滴定结果有何影响？

5. 本实验中，能否先在 pH 为 5～6 的溶液中测定 $Pb^{2+}$ 的含量，然后调整 pH=1 时再测定 $Bi^{3+}$ 的含量？

# 实验二十五　铝盐中铝含量的测定

**一、技能目标**

1. 掌握置换滴定法测定铝盐中铝含量的原理和方法；

2. 掌握二甲酚橙指示剂的应用条件和终点颜色判断；

3. 了解复杂试样的分析方法，提高分析问题、解决问题的能力。

**二、实验原理**

$Al^{3+}$ 与 EDTA 的配位反应进行缓慢，可利用返滴定或置换滴定法测定铝的含量。$Al^{3+}$ 需加过量的 EDTA 并加热煮沸才能反应完全，$Al^{3+}$ 对二甲酚橙指示剂有封闭作用，酸度不高时 $Al^{3+}$ 又要水解，所以不能直接滴定，常采用置换滴定法测定。

在 pH 为 3～4 的条件下，于铝盐试液中加入过量的 EDTA 溶液，加热煮沸使 $Al^{3+}$ 配位完全。调节溶液 pH 为 5～6，以二甲酚橙为指示剂，用锌盐（或铅盐）标准滴定溶液滴定剩余的 EDTA。然后，加入过量的 $NH_4F$，加热煮沸，置换出与 $Al^{3+}$ 配位的 EDTA，再用锌盐（或铅盐）标准滴定溶液滴定至溶液由黄色变为紫红色即为终点。有关反应如下：

$$H_2Y^{2-} + Al^{3+} \longrightarrow AlY^- + 2H^+$$
$$H_2Y^{2-}（剩余）+ Zn^{2+} \longrightarrow ZnY^{2-} + 2H^+$$
$$AlY^- + 6F^- + 2H^+ \longrightarrow [AlF_6]^{3-} + H_2Y^{2-}$$
$$H_2Y^{2-}（置换生成）+ Zn^{2+} \longrightarrow ZnY^{2-} + 2H^+$$

**三、试剂**

EDTA 标准溶液 $[c(\text{EDTA}) = 0.02\text{mol/L}]$。

$Zn^{2+}$ 标准滴定溶液 $[c(Zn^{2+}) = 0.02\text{mol/L}]$：可用标定 EDTA 所配制的 $Zn^{2+}$ 标准溶液，计算其准确浓度。

百里酚蓝指示剂（1g/L）：称取 0.10g 百里酚蓝溶于乙醇，用乙醇稀释至 100mL。

二甲酚橙指示剂（2g/L）；盐酸（1:1）；氨水（1:1）；六亚甲基四胺溶液（20%）；

NH$_4$F（固体）。

铝盐试样（如工业硫酸铝）。

### 四、实验步骤

准确称取铝盐试样 0.5～1.0g，加少量盐酸（1∶1）及 50mL 水溶解，定量转入 250mL 容量瓶中，稀释至刻度，摇匀。

用移液管移取上述试液 25.00mL 于锥形瓶中，加 20mL 水及 30mL 的 $c$(EDTA)= 0.02mol/L 的 EDTA 标准溶液，再加 4～5 滴百里酚蓝指示剂，用氨水中和至黄色（pH 为 3～3.5），煮沸 2min。取下，加入 20% 的六亚甲基四胺溶液 20mL，使试液 pH 为 5～6，用力振荡，以流水冷却至室温，然后加入 2 滴二甲酚橙指示剂，用 $c$(Zn$^{2+}$)=0.02mol/L 的 Zn$^{2+}$ 标准滴定溶液滴定至溶液由黄色变为紫红色（不计体积，为什么？）。加 1～2g 固体 NH$_4$F，加热煮沸 2min，冷却，用 $c$(Zn$^{2+}$)=0.02mol/L 的 Zn$^{2+}$ 标准滴定溶液滴定至溶液由黄色变为紫红色，记下消耗 Zn$^{2+}$ 标准溶液的体积。平行测定 3 次。

### 五、数据记录与处理

铝盐的含量按下式计算：

$$w(\text{Al})=\frac{c(\text{Zn}^{2+}) \cdot V \times 10^{-3} \times M(\text{Al})}{m \times \dfrac{25}{250}} \times 100\%$$

式中  $w$(Al)——铝盐试样中 Al 的质量分数；

$c$(Zn$^{2+}$)——Zn$^{2+}$ 标准滴定溶液的浓度，mol/L；

$V$——滴定消耗 Zn$^{2+}$ 标准滴定溶液的体积，mL；

$M$(Al)——Al 的摩尔质量，g/mol；

$m$——铝盐试样的质量，g。

取平行测定结果的算术平均值为测定结果，平行测定结果的绝对差值不大于 0.2%。

### 六、注意事项

（1）由于 Al$^{3+}$ 与 EDTA 的配位反应比较缓慢，国家标准或行业标准通常采用返滴定法测定铝。即加入定量且过量的 EDTA 标准滴定溶液，以刚果红试纸作指示剂，用氨水调节酸度，在 pH=3.5 时煮沸几分钟，使 Al$^{3+}$ 与 EDTA 配位完全，然后用乙酸-乙酸钠为缓冲溶液，调 pH 为 5～6，以二甲酚橙或 PAN 为指示剂，用铅盐（或锌盐）标准溶液返滴定过量的 EDTA，计算时需要扣除铁的干扰，从而得到铝的含量。

（2）由于返滴定法测定铝缺乏选择性，所有能与 EDTA 形成稳定配合物的离子都产生干扰，因此往往采用置换滴定法以提高选择性。用置换滴定法测定铝，当试样中含有 Ti$^{4+}$、Zr$^{4+}$、Sn$^{4+}$ 等离子时，也会发生与 Al$^{3+}$ 相同的置换反应而干扰 Al$^{3+}$ 的测定。这时，就要采用掩蔽的方法，把上述干扰离子掩蔽掉，例如，用苦杏仁酸掩蔽 Ti$^{4+}$。

### 七、思考题

1. 测定步骤中加入氨水和六亚甲基四胺的目的是什么？可否仅用其中一种调节酸度？

2. 测定过程中，为什么要二次加热、二次滴定？

3. 第一次用 Zn$^{2+}$ 标准滴定溶液滴定 EDTA，为什么不记体积？若此时 Zn$^{2+}$ 标准滴定溶液过量，对分析结果有何影响？

4. 什么叫置换滴定法？测定 Al$^{3+}$ 为什么要用置换滴定法？能否采用直接滴定法？测定 Al$^{3+}$ 还可以用哪种滴定方式？

5. 置换滴定法中所用的 EDTA 溶液，是否需要标定？为什么？

6. 可否采用 PAN 指示剂代替二甲酚橙指示剂？滴定终点的颜色如何变化？

# 实验二十六　　液体硫酸镍中镍含量的测定[❶]

## 一、技能目标

1. 掌握 0.05mol/L EDTA 标准滴定溶液的配制和标定方法；

2. 掌握配位滴定法测定硫酸镍中镍含量的原理和方法；

3. 掌握紫脲酸铵指示剂的应用条件和终点颜色判断。

## 二、实验原理

硫酸镍含量用配位滴定法（GB/T 26524—2011）测定，在 pH＝10 的氨-氯化铵缓冲溶液中，用紫脲酸铵作指示剂，用乙二胺四乙酸二钠标准滴定溶液滴定，溶液由深黄色变为蓝紫色即为终点。反应如下：

滴定前　　　　　　　$Ni$　＋　$In$　$\longrightarrow$　$NiIn$
　　　　　　　　　（蓝色）　（紫色）　　（深黄色）

终点前　　　　　　　$Ni$　＋　$Y$　$\longrightarrow$　$NiY$
　　　　　　　　　（蓝色）　（无色）　　（蓝色）

终点时　　　　　$NiIn$　＋　$Y$　$\longrightarrow$　$NiY$　＋　$In$
　　　　　　　（深黄色）　（无色）　　（蓝色）　（紫色）

紫脲酸铵（In）和 $Ni^{2+}$ 生成深黄色配位化合物。由于 $Ni^{2+}$ 本身为浅蓝色，其终点色泽由深黄色变为蓝紫色。

上述滴定终点的"蓝紫色"中，"蓝"是由镍离子色泽产生，"紫"是由指示剂滴定至终点的色泽产生。若溶液中含镍量低，则"蓝"色很淡，终点为紫色。此项测定受镉、钴、锌干扰，汞的干扰可以用氯化钾掩蔽，碱土金属的干扰可以用氟化物掩蔽。

## 三、试剂

EDTA 二钠盐（$Na_2H_2Y \cdot 2H_2O$）：分析纯（A.R.）；

ZnO 基准物质：于 800℃±50℃灼烧至恒重。

盐酸（20%）：量取 504mL 浓盐酸，稀释至 1000mL。

氨水（10%）：量取 400mL 浓氨水，稀释至 1000mL。

$NH_3$-$NH_4Cl$ 缓冲溶液（pH＝10）：称取 54.0g $NH_4Cl$，溶于 200mL 水中，加 350mL $NH_3$，加水稀释至 1000mL，摇匀。

铬黑 T（EBT）指示剂（5g/L）：称取 0.50g 铬黑 T 和 2.0g 盐酸羟胺，溶于乙醇中，用乙醇稀释至 100mL，此溶液应在使用前配制。

紫脲酸铵混合指示剂：取 1g 此指示剂，加 200g 氯化钠混匀。

硫酸镍液体样品。

## 四、实验步骤

（一）0.05mol/L EDTA 标准滴定溶液的配制与标定

1. 0.05mol/L EDTA 标准滴定溶液的配制

用电子天平称取分析纯的 $Na_2H_2Y \cdot 2H_2O$ 样品 20g，置于 1000mL 的烧杯中，加入 1000mL 纯水，稍加热溶解，待溶液冷却至室温后移入无色试剂瓶中，待标定。

2. 0.05mol/L EDTA 标准滴定溶液的标定

---

❶　本实验为 2016 年全国职业院校技能大赛中职组工业分析检验赛项化学分析部分的题目。

准确称取 1.5g 于 850℃±50℃灼烧至恒重的工作基准试剂氧化锌，置于 100mL 烧杯中，用少量水润湿，加 20mL 20%的盐酸溶液溶解后，定量转入 250mL 容量瓶中，定容，摇匀。

用 25mL 移液管于容量瓶中移取 25.00mL 上述 $Zn^{2+}$ 标准溶液于 250mL 锥形瓶中，加入 75mL 纯水，用滴管逐滴加入 10%的氨水，调至溶液开始出现浑浊 $Zn(OH)_2$ 沉淀（pH 为 7~8），再加入 10mL $NH_3$-$NH_4Cl$ 缓冲溶液（pH＝10）及 5 滴铬黑 T 指示剂（5g/L），用待标定的 EDTA 溶液滴定至溶液由紫色变为纯蓝色为终点。

平行测定四次，同时做空白试验。

3. EDTA 标准滴定溶液浓度 $c$(EDTA) 的计算

EDTA 标准滴定溶液的浓度 $c$(EDTA) 按下式计算：

$$c(EDTA)=\frac{m\times\frac{25.00}{250.0}\times1000}{(V-V_0)\times81.39}$$

式中　$c$(EDTA)——EDTA 标准滴定溶液的浓度，mol/L；

　　　　$m$——基准氧化锌的质量，g；

　　　　$V$——滴定试验中消耗 EDTA 标准溶液的体积，mL；

　　　　$V_0$——空白试验中消耗 EDTA 标准溶液的体积，mL；

　　　81.39——基准氧化锌的摩尔质量，g/mol。

测定结果的极差与平均值之比不应大于 0.1%。

（二）液体硫酸镍中镍含量的测定

1. 操作步骤

称取一定量硫酸镍液体样品（精确至 0.0001g），溶于 70mL 水中，加 10mL $NH_3$-$NH_4Cl$ 缓冲溶液（pH＝10）及 0.2g 紫脲酸铵混合指示剂，摇匀，用上述已标定好的 0.05mol/L EDTA 标准滴定溶液滴定至溶液呈蓝紫色。平行测定 3 次。

2. 镍含量的计算

样品中镍的质量分数 $w$(Ni) 按下式计算：

$$w(Ni)=\frac{c(EDTA)V\cdot M(Ni)}{m\times1000}\times1000$$

式中　$w$(Ni)——硫酸镍试样中以 Ni 表示的镍的质量分数，g/kg；

　　$c$(EDTA)——EDTA 标准滴定溶液的浓度，mol/L；

　　　　$m$——硫酸镍试样的质量，g；

　　　　$V$——滴定实验中消耗 EDTA 标准溶液的体积，mL；

　　$M$(Ni)——镍的摩尔质量，$M$(Ni)＝58.69g/mol。

**五、注意事项**

1. 滴加 10%氨水调节酸度时，要用滴管逐滴加入，且边加边摇动锥形瓶，防止滴加过量，以出现浑浊为限。

2. 在标定 EDTA 时，加入氨-氯化铵缓冲溶液控制溶液 pH＝10，这是因为使用铬黑 T 指示剂的最适宜酸度是 pH＝9~10。

3. 加入 $NH_3$-$NH_4Cl$ 缓冲溶液后应尽快滴定，不宜放置过久。

4. 紫脲酸铵在酸性溶液中为无色，在 pH＝9 的溶液中呈紫色，pH 增高时紫色增强，pH＞11 时为蓝紫色。

5. 紫脲酸铵指示剂与镍离子在 pH＝8.5~11.5 的氨缓冲液中形成深黄色的配合物。指示剂用量多少对终点颜色有很大影响，一定要严格控制其用量。

### 六、数据记录与处理

参见本书"附录十  全国职业技能大赛数据记录要求"。

---

**阅读材料**

# 六水合硫酸镍相关知识简介

1. 物理性质

硫酸镍有无水物、六水物、七水物 3 种，以六水物为主。无水物为黄绿色结晶，相对密度为 3.68，溶于水，不溶于乙醇、乙醚；六水物是蓝色或翠绿色细粒结晶；七水物为绿色透明结晶。此处主要介绍六水合硫酸镍。

2. 质量指标

硫酸镍的质量指标见下表。

| 指标名称 | | 优等品 | 一等品 | 合格品 |
|---|---|---|---|---|
| $w(Ni)/\%$ | ≥ | 21.5 | 21.0 | 20.5 |
| $w(Co)/\%$ | ≤ | 0.2 | 0.5 | 0.5 |
| $w(Fe)/\%$ | ≤ | 0.002 | 0.005 | 0.005 |
| $w(Cu)/\%$ | ≤ | 0.002 | 0.002 | 0.003 |
| $w(Pb)/\%$ | ≤ | 0.001 | 0.002 | 0.003 |
| $w(Zn)/\%$ | ≤ | 0.003 | 0.004 | 0.008 |
| 硝酸盐的质量分数(以 $NO_3^-$ 计)/% | ≤ | 0.01 | 0.01 | 0.02 |
| 氯化物的质量分数(以 $Cl^-$ 计)/% | ≤ | 0.1 | — | — |
| $w(水不溶物)/\%$ | ≤ | 0.03 | 0.04 | 0.05 |

3. 用途

主要用于电镀工业，是电镀镍和化学镍的主要镍盐，也是金属镍离子的来源。在硬化油生产中，是油脂加氢的催化剂。在医药工业中，用于生产维生素 C 中氧化反应的催化剂。在无机工业中，用作生产其他镍盐如硫酸镍铵、氧化镍、碳酸镍等的主要原料。在印染工业中，用于生产酞菁艳蓝配位剂，用作还原染料的媒染剂。另外，还可用于生产镍镉电池等。

4. 毒性

(1) 健康危害  具有刺激性。吸入后对呼吸道有刺激性，可引起哮喘和肺嗜酸细胞增多症，可致支气管炎。对眼有刺激性。皮肤接触可引起皮炎和湿疹，常伴有剧烈瘙痒，称之为"镍痒症"。大量口服会引起恶心、呕吐和眩晕。

(2) 环境危害  对环境有危害，对大气可造成污染。

(3) 燃爆危险  本品不燃。

5. 急救措施

(1) 皮肤接触  脱去污染的衣着，用肥皂水和清水彻底冲洗皮肤。

(2) 眼睛接触  提起眼睑，用流动清水或生理盐水冲洗。就医。

(3) 吸入  脱离现场至空气新鲜处。如呼吸困难，给输氧。就医。

(4) 食入  饮足量温水，催吐。洗胃，导泻。就医。

6. 消防措施

受高热分解产生有毒的硫化物烟气。

7. 灭火方法

消防人员必须穿全身防火防毒服，在上风向灭火。尽可能将容器从火场移至空旷处。

8. 泄漏应急

隔离泄漏污染区，限制出入。建议应急处理人员戴防尘面具（全面罩），穿防毒服。用大量水冲洗，洗水稀释后放入废水系统。若大量泄漏，收集回收或运至废物处理场所处置。

9. 操作储存

（1）操作注意事项　密闭操作，加强通风。操作人员必须经过专门培训，严格遵守操作规程。建议操作人员佩戴自吸过滤式防尘口罩，戴化学安全防护眼镜，穿防毒物渗透工作服，戴橡胶手套。避免产生粉尘。避免与氧化剂接触。搬运时要轻装轻卸，防止包装及容器损坏。

（2）储存注意事项　储存于阴凉、通风的库房。远离火种、热源。应与氧化剂分开存放，切忌混储。储区应备有合适的材料收容泄漏物。

# 第六章

# 氧化还原滴定法

氧化还原滴定法是以氧化还原反应为基础的滴定分析方法。它不仅可以直接测定具有氧化性或还原性的物质，而且可以间接测定能与氧化剂或还原剂发生定量反应的非氧化性、非还原性物质。根据使用不同的氧化剂或还原剂作标准滴定溶液，氧化还原滴定法可分为高锰酸钾法、重铬酸钾法、碘量法、溴酸钾法、铈量法等。

## 实验二十七　高锰酸钾标准滴定溶液的配制与标定

### 一、技能目标

1. 掌握 $KMnO_4$ 的配制、标定方法；
2. 掌握 $KMnO_4$ 自身指示剂的终点指示原理；
3. 掌握 $KMnO_4$ 法的基本原理及滴定条件。

### 二、实验原理

纯的 $KMnO_4$ 溶液是相当稳定的。一般市售的 $KMnO_4$ 试剂常常含有少量的 $MnO_2$ 和其他杂质，蒸馏水中含有少量有机物，它们能使 $KMnO_4$ 还原为 $MnO(OH)_2$，而 $MnO(OH)_2$ 又能促进 $KMnO_4$ 的自身分解，见光时分解得更快，故不能用直接法配制 $KMnO_4$ 标准滴定溶液，通常先配成一近似浓度的溶液，然后进行标定。

为了配制较稳定的 $KMnO_4$ 溶液，可称取稍多于理论量的 $KMnO_4$ 溶于蒸馏水中，加热煮沸，冷却后贮存于棕色瓶中，于暗处放置数天，使溶液中可能存在的还原性物质完全氧化，然后过滤除去析出的 $MnO_2$ 沉淀。

常用来标定 $KMnO_4$ 标准滴定溶液的基准物质有：$H_2C_2O_4 \cdot 2H_2O$、$Na_2C_2O_4$、$(NH_4)_2C_2O_4$、$As_2O_3$、$FeSO_4 \cdot 7H_2O$、$(NH_4)_2SO_4 \cdot FeSO_4 \cdot 6H_2O$ 和纯铁丝等。GB/T 601—2002 中规定用 $Na_2C_2O_4$ 作基准物质。在酸性条件下，$Na_2C_2O_4$ 与 $KMnO_4$ 的反应如下：

$$5C_2O_4^{2-} + 2MnO_4^- + 16H^+ \longrightarrow 2Mn^{2+} + 8H_2O + 10CO_2 \uparrow$$

滴定终点时以过量的半滴 $KMnO_4$ 自身的紫红色指示终点。

### 三、仪器与试剂

4 号玻璃滤坩（或 $P_{190}$ 玻璃砂芯漏斗）。

固体 $KMnO_4$。

基准无水 $Na_2C_2O_4$：105～110℃烘干至恒重。

$H_2SO_4$ 溶液（8：92）。

### 四、实验步骤

1. KMnO$_4$ 标准滴定溶液 $\left[c\left(\dfrac{1}{5}KMnO_4\right)=0.1mol/L\right]$ 的配制

在托盘天平上称取 3.3g KMnO$_4$ 溶于 1050mL 水中，盖上表面皿，缓缓煮沸 15min，冷却，于暗处放置两周，用已处理的 4 号玻璃滤埚过滤，滤液贮存于棕色瓶中，待标定。

玻璃滤埚的处理，是指玻璃滤埚在同样浓度的 KMnO$_4$ 溶液中缓缓煮沸 5min。用过的玻璃滤埚应及时先用较浓的 HCl 溶液清洗，然后用水清洗。

2. KMnO$_4$ 标准滴定溶液 $\left[c\left(\dfrac{1}{5}KMnO_4\right)=0.1mol/L\right]$ 浓度的标定

称取 0.25g 于 105~110℃ 烘干至恒重的基准 Na$_2$C$_2$O$_4$ 于 250mL 锥形瓶中，溶于 100mL H$_2$SO$_4$ 溶液（8:92），用待标定的 KMnO$_4$ 溶液滴定。开始滴定时 KMnO$_4$ 颜色消失较慢，待前一滴溶液褪色后再加第二滴；近终点时加热至约 60℃，趁热继续滴定至溶液呈粉红色，30s 不褪色为滴定终点。记录消耗 KMnO$_4$ 溶液的体积 $V_1$，同时做空白试验，记录消耗的体积 $V_2$。平行测定 4 份。

### 五、数据记录与处理

KMnO$_4$ 标准滴定溶液的浓度按下式计算：

$$c\left(\frac{1}{5}KMnO_4\right)=\frac{m\times1000}{(V_1-V_2)\cdot M\left(\frac{1}{2}Na_2C_2O_4\right)}$$

式中 $c\left(\dfrac{1}{5}KMnO_4\right)$——高锰酸钾标准滴定溶液的浓度，mol/L；

$\qquad\qquad m$——基准草酸钠的质量，g；

$\qquad\qquad V_1$——滴定消耗高锰酸钾标准滴定溶液的体积，mL；

$\qquad\qquad V_2$——空白试验消耗高锰酸钾标准滴定溶液的体积，mL；

$M\left(\dfrac{1}{2}Na_2C_2O_4\right)$——以 $\dfrac{1}{2}Na_2C_2O_4$ 为基本单元的基准 Na$_2$C$_2$O$_4$ 的摩尔质量，g/mol。

平行试验不得少于 4 次，测定结果的极差与平均值之比不应大于 0.1%。

### 六、注意事项

（1）过滤 KMnO$_4$ 溶液所使用的 4 号玻璃滤埚（或 P$_{190}$ 玻璃砂芯漏斗），应先以同样浓度的 KMnO$_4$ 溶液缓缓煮沸 5min，收集瓶也要用此 KMnO$_4$ 溶液洗涤 2~3 次。

（2）加热及放置时，均应盖上表面皿，以免尘埃及有机物等落入。

（3）正确配制的 KMnO$_4$ 溶液，必须呈中性，不含 MnO$_2$ 沉淀，保存在玻璃瓶塞的棕色试剂瓶中，放置暗处。放置太久的 KMnO$_4$ 溶液使用时应重新标定其浓度。

（4）配制 KMnO$_4$ 溶液应使用煮沸冷却后的蒸馏水，以除去水中的还原性杂质。

### 七、思考题

1. 配制 KMnO$_4$ 标准滴定溶液时，为什么要煮沸一定时间？为什么要冷却放置一段时间后过滤？能否用滤纸过滤？

2. 装 KMnO$_4$ 的锥形瓶或烧杯放置较久，其壁上常有棕色沉淀物，是什么？

3. 在酸性条件下，以 Na$_2$C$_2$O$_4$ 标定 KMnO$_4$ 标准滴定溶液，有哪些因素影响反应速率？如何控制滴定速度？

4. 用 Na$_2$C$_2$O$_4$ 标定 KMnO$_4$ 标准滴定溶液浓度时，为什么必须在 H$_2$SO$_4$ 存在下进行？

可否用 HCl 或 HNO$_3$？

5. 标定 KMnO$_4$ 标准滴定溶液时，酸度过低在滴定中将出现什么现象？酸度过高或过低对标定结果有什么影响？

6. 用 Na$_2$C$_2$O$_4$ 标定 KMnO$_4$ 标准溶液，为什么要近终点时加热至约 60℃ 后再继续滴定？

7. KMnO$_4$ 溶液为什么要装在棕色酸式滴定管中？盛 KMnO$_4$ 溶液的滴定管应怎样读数？

## 实验二十八　过氧化氢含量的测定

### 一、技能目标

1. 掌握 KMnO$_4$ 法测定 H$_2$O$_2$ 含量的原理、方法；
2. 掌握液体试样的称量操作。

### 二、实验原理

过氧化氢俗称双氧水，分子式为 H$_2$O$_2$，气味很像硝酸，其稳定性随浓度减小而增强。H$_2$O$_2$ 是强氧化剂，在某些情况下又是还原剂，可被 KMnO$_4$ 氧化。H$_2$O$_2$ 可以通过电解法及蒽醌法制得。工业上生产的 H$_2$O$_2$ 分为 5 种规格，即含量为 27.5%、30.0%、35.0%、50.0% 和 70.0%。

GB 1616—2003 中规定，在酸性介质中，H$_2$O$_2$ 与 KMnO$_4$ 标准滴定溶液发生如下氧化还原反应：

$$2KMnO_4 + 3H_2SO_4 + 5H_2O_2 \longrightarrow K_2SO_4 + 2MnSO_4 + 5O_2 \uparrow + 8H_2O$$

当溶液呈现淡粉红色并保持 30s 不褪色时即为终点。

### 三、试剂

KMnO$_4$ 标准滴定溶液 $\left[c\left(\frac{1}{5}KMnO_4\right) = 0.1mol/L\right]$。

H$_2$SO$_4$ 溶液（1:15）。

H$_2$O$_2$ 试样。

### 四、实验步骤

用 10～25mL 的滴瓶以减量法称取各种规格的 H$_2$O$_2$ 试样（均称准至 0.0002g）：27.5%～30.0% 规格的产品称量 0.15～0.20g 试样，35.0% 规格的产品称量 0.12～0.16g 试样，分别放于已盛有 100mL(1:15) 硫酸溶液的 250mL 锥形瓶中；50%～70% 规格的产品称量 0.8～1.0g 的试样，放于 250mL 容量瓶中稀释至刻度，用移液管移取 25.00mL 稀释后的溶液放于已盛有 100mL(1:15) H$_2$SO$_4$ 溶液的 250mL 锥形瓶中。用 $c\left(\frac{1}{5}KMnO_4\right) = 0.1mol/L$ 的 KMnO$_4$ 标准滴定溶液分别滴定至溶液呈粉红色，并在 30s 内不消失即为终点。

### 五、数据记录与处理

27.5%～35.0% 的 H$_2$O$_2$ 试样中 H$_2$O$_2$ 的测定结果按下式计算：

$$w(H_2O_2) = \frac{c\left(\frac{1}{5}KMnO_4\right)V \times 10^{-3} \times M\left(\frac{1}{2}H_2O_2\right)}{m} \times 100\%$$

$50\% \sim 70\%$ 的 $H_2O_2$ 试样中 $H_2O_2$ 的测定结果按下式计算：

$$w(H_2O_2) = \frac{c\left(\frac{1}{5}KMnO_4\right)V \times 10^{-3} \times M\left(\frac{1}{2}H_2O_2\right)}{m \times \frac{25}{250}} \times 100\%$$

式中　$w(H_2O_2)$——$H_2O_2$ 的质量分数；

$c\left(\dfrac{1}{5}KMnO_4\right)$——$KMnO_4$ 标准滴定溶液的准确浓度，mol/L；

$\qquad V$——滴定消耗 $KMnO_4$ 标准滴定溶液的体积，mL；

$M\left(\dfrac{1}{2}H_2O_2\right)$——以 $\dfrac{1}{2}H_2O_2$ 为基本单元的 $H_2O_2$ 的摩尔质量，g/mol；

$\qquad m$——$H_2O_2$ 试样的质量，g。

取两次平行测定结果的算术平均值为测定结果，平行测定结果的绝对差值不大于 $0.10\%$。

**六、注意事项**

（1）开始滴定时滴加速度应较慢，第一滴 $KMnO_4$ 颜色消失后（即生成了 $Mn^{2+}$）再继续滴定。因为生成的 $Mn^{2+}$ 起催化剂作用，一旦有 $Mn^{2+}$ 生成就能使反应加速。这时的滴定速度可以加快。

（2）反应不能加热，否则 $H_2O_2$ 分解。

（3）有时 $H_2O_2$ 样品中含有少量有机物（如稳定剂乙酰苯胺）时，能消耗 $KMnO_4$ 溶液，使结果偏高。遇此情况，可改用铈量法或碘量法测定。

（4）锥形瓶中加入 100mL 硫酸（1∶15）的目的是使滴定反应在强酸性介质中进行。这样才能保证 $KMnO_4$ 被还原为 $Mn^{2+}$，反应按反应原理的化学方程式进行。

（5）反应终点的粉红色为过量半滴的高锰酸钾溶液的颜色，指示终点。

**七、思考题**

1. 用高锰酸钾法测定过氧化氢时，为什么不用 $HNO_3$、HCl、HAc 控制酸度？

2. 用 $KMnO_4$ 标准滴定溶液滴定 $H_2O_2$ 试液时，为什么会出现棕色浑浊物？

3. 若试样中 $H_2O_2$ 的质量分数为 3% 左右，应如何进行测定？

# 实验二十九　绿矾中 $FeSO_4 \cdot 7H_2O$ 含量的测定

**一、技能目标**

1. 掌握用 $KMnO_4$ 标准滴定溶液直接测定绿矾中 $FeSO_4 \cdot 7H_2O$ 含量的基本原理、方法和计算；

2. 熟练掌握 $KMnO_4$ 法滴定终点的判断。

**二、实验原理**

绿矾试样用稀硫酸溶液溶解，用 $KMnO_4$ 标准滴定溶液直接滴定 $Fe^{2+}$ 试液，反应式为：

$$5Fe^{2+} + MnO_4^- + 8H^+ \longrightarrow 5Fe^{3+} + Mn^{2+} + 4H_2O$$

以 $KMnO_4$ 自身为指示剂，加入 $H_3PO_4$ 可消除 $Fe^{3+}$ 颜色对终点的影响，并使反应进行完全。

GB 10531—89 规定了硫酸亚铁（$FeSO_4 \cdot 7H_2O$）含量的测定。

## 三、试剂

$KMnO_4$ 标准滴定溶液 $\left[c\left(\frac{1}{5}KMnO_4\right)=0.1mol/L\right]$。

$H_2SO_4$ 溶液（20%）；$H_3PO_4$ 溶液（85%）。

绿矾试样。

## 四、实验步骤

准确称取绿矾试样约 1g，放于 250mL 锥形瓶中，加入 50mL 煮沸并冷却的蒸馏水、10mL 20% 的 $H_2SO_4$ 溶液和 4mL 85% 的 $H_3PO_4$ 溶液，轻摇使样品溶解，立即以 $c\left(\frac{1}{5}KMnO_4\right)=0.1mol/L$ 的 $KMnO_4$ 标准滴定溶液滴定至溶液呈淡粉红色并保持 30s 不褪色即为终点。记录消耗 $KMnO_4$ 标准滴定溶液的体积。平行测定 3 次。

## 五、数据记录与处理

$FeSO_4 \cdot 7H_2O$ 的测定结果按下式计算：

$$w(FeSO_4 \cdot 7H_2O)=\frac{c\left(\frac{1}{5}KMnO_4\right)V(KMnO_4)\times 10^{-3}\times M(FeSO_4 \cdot 7H_2O)}{m}\times 100\%$$

式中　$w(FeSO_4 \cdot 7H_2O)$ ——$FeSO_4 \cdot 7H_2O$ 的质量分数；

$c\left(\frac{1}{5}KMnO_4\right)$ ——$KMnO_4$ 标准滴定溶液的浓度，mol/L；

$V(KMnO_4)$ ——滴定消耗 $KMnO_4$ 标准滴定溶液的体积，mL；

$M(FeSO_4 \cdot 7H_2O)$ ——$FeSO_4 \cdot 7H_2O$ 的摩尔质量，g/mol；

$m$ ——绿矾试样的质量，g。

取平行测定结果的算术平均值为测定结果，平行测定结果的绝对差值不大于 0.20%。

## 六、注意事项

绿矾试样用稀硫酸溶液溶解，防止 $Fe^{2+}$ 水解，立即用 $KMnO_4$ 标准滴定溶液滴定，以免 $Fe^{2+}$ 在空气中被氧化成 $Fe^{3+}$ 而使结果偏低。

## 七、思考题

1. 溶解试样，为什么要用煮沸并冷却的蒸馏水？
2. 说明实验中加入 $H_2SO_4$ 和 $H_3PO_4$ 的目的。

## 实验三十　软锰矿中 $MnO_2$ 含量的测定

## 一、技能目标

1. 掌握软锰矿的溶样方法；
2. 掌握 $KMnO_4$ 返滴定法测定软锰矿中 $MnO_2$ 含量的基本原理、方法和计算；
3. 熟练在烧杯中进行滴定的操作方法。

## 二、实验原理

软锰矿的主要成分是 $MnO_2$。$MnO_2$ 是一种氧化剂，其含量多少可以说明其氧化能力的大小。由于 $MnO_2$ 具有氧化性，不能用 $KMnO_4$ 法直接滴定，但可以用返滴定法测定。

在酸性溶液中，将 $MnO_2$ 和过量的 $Na_2C_2O_4$ 加热溶解，然后用 $KMnO_4$ 标准滴定溶液滴定剩余的 $C_2O_4^{2-}$，反应式为：

$$MnO_2+C_2O_4^{2-}+4H^+ \longrightarrow Mn^{2+}+2CO_2\uparrow+2H_2O$$

$$2MnO_4^- + 5C_2O_4^{2-}(剩余) + 16H^+ \longrightarrow 2Mn^{2+} + 10CO_2\uparrow + 8H_2O$$

以 $KMnO_4$ 自身为指示剂，粉红色 30s 不褪色即为终点。

### 三、试剂

$Na_2C_2O_4$ 固体：基准物质，于 105～110℃ 干燥至恒重。

$KMnO_4$ 标准滴定溶液 $\left[c\left(\dfrac{1}{5}KMnO_4\right)=0.1mol/L\right]$；$H_2SO_4$ 溶液 $\left[c\left(\dfrac{1}{2}H_2SO_4\right)=6mol/L\right]$。

软锰矿试样。

### 四、实验步骤

准确称取软锰矿试样约 0.5g，放入 400mL 烧杯中，再准确称取固体 $Na_2C_2O_4$ 约 0.7g，放入同一烧杯中，加入 25mL 水，再加入 50mL $c\left(\dfrac{1}{2}H_2SO_4\right)=6mol/L$ 的 $H_2SO_4$ 溶液，盖上表面皿，徐徐加热至试样全部溶解（至无 $CO_2$ 气体生成，残渣内无黑色颗粒为止）。冲洗表面皿，将溶液用蒸馏水稀释至 200mL，加热至 75～85℃，趁热用 $c\left(\dfrac{1}{5}KMnO_4\right)=0.1mol/L$ 的 $KMnO_4$ 标准滴定溶液滴定至溶液呈粉红色，在 30s 内不褪色即为终点，记录消耗 $KMnO_4$ 标准滴定溶液的体积。平行测定 3 次。

### 五、数据记录与处理

$MnO_2$ 的测定结果按下式计算：

$$w(MnO_2)=\dfrac{\left[\dfrac{m(Na_2C_2O_4)}{M\left(\dfrac{1}{2}Na_2C_2O_4\right)}-c\left(\dfrac{1}{5}KMnO_4\right)V(KMnO_4)\times10^{-3}\right]\times M\left(\dfrac{1}{2}MnO_2\right)}{m}\times100\%$$

式中　$w(MnO_2)$ ——$MnO_2$ 的质量分数；

　　$m(Na_2C_2O_4)$ ——固体 $Na_2C_2O_4$ 的质量，g；

$M\left(\dfrac{1}{2}Na_2C_2O_4\right)$ ——以 $\dfrac{1}{2}Na_2C_2O_4$ 为基本单元的 $Na_2C_2O_4$ 的摩尔质量，g/mol；

$c\left(\dfrac{1}{5}KMnO_4\right)$ ——$KMnO_4$ 标准滴定溶液的浓度，mol/L；

　　$V(KMnO_4)$ ——滴定时消耗 $KMnO_4$ 标准滴定溶液的体积，mL；

$M\left(\dfrac{1}{2}MnO_2\right)$ ——以 $\dfrac{1}{2}MnO_2$ 为基本单元的 $MnO_2$ 的摩尔质量，g/mol；

　　　　$m$ ——软锰矿试样的质量，g。

取平行测定结果的算术平均值为测定结果，平行测定结果的绝对差值不大于 0.20%。

### 六、注意事项

固体 $Na_2C_2O_4$ 的用量以多于 $MnO_2$ 所需量 0.2g 为宜。若过量太少，软锰矿试样往往溶解不完全，残留有灰黑色颗粒；若过量太多，滴定需要 $KMnO_4$ 标准滴定溶液的体积也过多。两种情况都会影响分析结果的准确度。

### 七、思考题

1. 溶解样品时能否用 HCl 代替 $H_2SO_4$？为什么？

2. 试样加 $Na_2C_2O_4$，加酸和水溶解时为什么要缓慢加热？若加热至沸腾对分析结果有何影响？为什么要加盖表面皿？

3. 试样溶解完全的标志是什么？若试样溶解不完全，对分析结果有何影响？

4. 试样溶解后，用 $KMnO_4$ 标准滴定溶液滴定前为什么要稀释？滴定时，溶液温度过低或过高对分析结果有何影响？

---

### 阅读材料

## 二氧化锰简介

软锰矿的主要成分是二氧化锰。二氧化锰不溶于水、硝酸、稀硫酸及丙酮；在过氧化氢或草酸存在时，能溶于稀硫酸或硝酸；渐溶于冷盐酸放出氯气而生成氯化锰；在热的浓硫酸中放出氧而成硫酸锰；与苛性碱和氧化剂共熔放出二氧化碳而生成高锰酸盐，有强氧化性；与有机物或硫及硫化物、磷及磷化物等摩擦或共热，能引起燃烧或爆炸。

在干电池的制造中，二氧化锰的消耗量很大。过去直接使用高质量的天然软锰矿，据 1976 年统计，年消耗量已达 $50 \times 10^4$ t。由于矿源问题，近年来采用电解法大量生产"人造二氧化锰"，此法以碳酸锰作原料，用硫酸转化为硫酸锰。

---

## 实验三十一　水质高锰酸盐指数的测定（水中化学耗氧量的测定）

### 一、技能目标
1. 掌握化学耗氧量的基本概念、表示方法。
2. 掌握 $KMnO_4$ 返滴定法测定水中化学耗氧量的基本原理、操作方法和计算。

### 二、实验原理
GB 11892—89 中规定，样品中加入已知量的高锰酸钾和硫酸，在沸水浴中加热 30min，高锰酸钾将样品中的某些有机物和无机还原性物质氧化，反应后加入过量的草酸钠还原剩余的高锰酸钾，再用高锰酸钾标准滴定溶液回滴过量的草酸钠。通过计算得到样品的高锰酸盐指数。反应式为：

$$4MnO_4^- + 5C + 12H^+ \longrightarrow 4Mn^{2+} + 5CO_2 \uparrow + 6H_2O$$
$$2MnO_4^- + 5C_2O_4^{2-} + 16H^+ \longrightarrow 2Mn^{2+} + 10CO_2 \uparrow + 8H_2O$$

以高锰酸钾自身为指示剂。

### 三、仪器与试剂
水浴或相当的加热装置（有足够的容积和功率）。

$KMnO_4$ 标准滴定溶液 $\left[ c\left(\dfrac{1}{5}KMnO_4\right) = 0.01mol/L \right]$。

$H_2SO_4$ 溶液（1:3）。

基准物质 $Na_2C_2O_4$：在 105~110℃烘干至恒重。

### 四、实验步骤

1. $c\left(\dfrac{1}{5}KMnO_4\right) = 0.01mol/L$ 的 $KMnO_4$ 标准滴定溶液的配制

吸取 0.1mol/L 的 $KMnO_4$ 标准滴定溶液 25.00mL 置于 250mL 容量瓶中，以新煮沸并冷却的蒸馏水稀释至刻度，摇匀。

2. $c\left(\dfrac{1}{2}Na_2C_2O_4\right) = 0.01mol/L$ 的 $Na_2C_2O_4$ 标准滴定溶液的配制

准确称取基准物质 $Na_2C_2O_4$ 约 1.7g，放于小烧杯中，加少量水溶解，定量转移至 250mL 容量瓶中，用蒸馏水稀释定容，摇匀。移取上述溶液 25.00mL 至 250mL 容量瓶中，用蒸馏水稀释定容，摇匀。

3. 化学耗氧量（COD）的测定

吸取 100.0mL 经充分摇动、混合均匀的样品（或分取适量，用水稀释至 100mL），置于 250mL 锥形瓶中，加入（5.0±0.5）mL 硫酸（1∶3），用滴定管准确加入 $c\left(\dfrac{1}{5}KMnO_4\right)=0.01mol/L$ 的 $KMnO_4$ 标准滴定溶液 10.00mL（$V_1$），摇匀。将锥形瓶置于沸水浴内（30±2）min（水浴沸腾，开始计时）。若此时红色褪去，说明水样中有机物含量较多，应补加适量的 $KMnO_4$ 溶液至试样呈现稳定的红色。

取出后趁热用滴定管加入 10.00mL $c\left(\dfrac{1}{2}Na_2C_2O_4\right)=0.01mol/L$ 的 $Na_2C_2O_4$ 标准滴定溶液至溶液变为无色。加热至 75～85℃（开始冒蒸汽），趁热用 $KMnO_4$ 溶液滴定至刚出现粉红色，并保持 30s 不褪色。记录消耗高锰酸钾溶液的体积 $V_2$。则所用去的 $KMnO_4$ 标准滴定溶液的总体积 $V(KMnO_4)=V_1+V_2$。平行测定 3 份。

4. 空白试验

另取 100mL 纯水代替水样，同样操作，求得空白值，计算化学耗氧量时将空白值减去。

5. $KMnO_4$ 校正系数 $K$ 的测定

在空白试验滴定后的溶液中，加入 10.00mL $c\left(\dfrac{1}{2}Na_2C_2O_4\right)=0.01mol/L$ 的 $Na_2C_2O_4$ 标准滴定溶液。如果需要，将溶液加热至 80℃，立即用 $c\left(\dfrac{1}{5}KMnO_4\right)=0.01mol/L$ 的 $KMnO_4$ 标准滴定溶液滴至粉红色，保持 30s 不褪色即为终点，记录消耗 $KMnO_4$ 标准滴定溶液的体积 $V_3$。则每毫升 $\dfrac{1}{5}KMnO_4$ 标准滴定溶液相当于 $\dfrac{1}{2}Na_2C_2O_4$ 标准滴定溶液的体积为：

$$K=10.00/V_3$$

**五、数据记录与处理**

$Na_2C_2O_4$ 标准滴定溶液的浓度按下式计算：

$$c\left(\frac{1}{2}Na_2C_2O_4\right)=\frac{m(Na_2C_2O_4)\times\dfrac{25}{250}}{M\left(\dfrac{1}{2}Na_2C_2O_4\right)\times250\times10^{-3}}$$

式中　$c\left(\dfrac{1}{2}Na_2C_2O_4\right)$——$Na_2C_2O_4$ 标准滴定溶液的浓度，mol/L；

$\qquad m(Na_2C_2O_4)$——称取的基准物质 $Na_2C_2O_4$ 的质量，g；

$\qquad M\left(\dfrac{1}{2}Na_2C_2O_4\right)$——以 $\dfrac{1}{2}Na_2C_2O_4$ 为基本单元的 $Na_2C_2O_4$ 的摩尔质量，g/mol。

高锰酸盐指数 $I_{Mn}$ 的计算如下：

$$I_{Mn}=\frac{[(V_1+V_2)K-10.00]\times c\left(\dfrac{1}{2}Na_2C_2O_4\right)\times8\times1000}{V_{样}}$$

式中　　　　$I_{Mn}$——高锰酸盐指数，以每升样品消耗 $O_2$ 的质量（mg）来表示，mg/L；

$\qquad\qquad V_1+V_2$——测定水样时去用 $KMnO_4$ 标准滴定溶液的总体积，mL；

$K$——每毫升 $\frac{1}{5}KMnO_4$ 标准滴定溶液相当于 $\frac{1}{2}Na_2C_2O_4$ 标准滴定溶液的体积，无量纲；

10.00——测定水样时，加入 $Na_2C_2O_4$ 标准滴定溶液的体积，mL；

$c\left(\frac{1}{2}Na_2C_2O_4\right)$ ——$Na_2C_2O_4$ 标准滴定溶液的浓度，mol/L；

8——以 $\frac{1}{4}O_2$ 为基本单元时 $O_2$ 的摩尔质量，g/mol；

$V_样$——测定的水样的体积，mL。

重复性要求：实验室内相对标准偏差为 4.2%。

再现性要求：实验室间总相对标准偏差为 5.2%。

## 六、注意事项

(1) GB 11892—89 标准适用于饮用水、水源水和地面水中化学耗氧量（COD）的测定，测定范围为 0.5～4.5mg/L。对污染较重的水，可少取水样，经适当稀释后测定。该法不适用于测定工业废水中有机污染物的负荷量，如需测定，可用重铬酸钾法测定化学需氧量。

(2) 沸水浴的水面要高于锥形瓶内的液面。

(3) 样品量以加热氧化后残留的 $KMnO_4$ 为其加入量的 1/2～1/3 为宜。加热时，如溶液红色褪去，说明高锰酸钾量不够，须重新取样，经稀释后测定。

(4) 滴定时温度如低于 60℃，反应速率缓慢，因此应加热至 80℃左右。

(5) 沸水浴温度为 98℃。如在高原地区，报出数据时，需注明水的沸点。

(6) 样品中无机还原性物质如 $NO_2^-$、$S^{2-}$ 和 $Fe^{2+}$ 等可被测定；若氯离子浓度高于 300mg/L，则采用在碱性介质中氧化的测定方法。

(7) 高锰酸盐指数是反映水体中有机及无机可氧化物质污染的常用指标。定义为：在一定条件下，用高锰酸钾氧化水样中的某些有机物及无机还原性物质，由消耗的高锰酸钾量计算相当的氧量。高锰酸盐指数不能作为理论化学需氧量或总有机物含量的指标，因为在规定的条件下，许多有机物只能部分地被氧化，易挥发的有机物也不包含在测定值之内。

## 七、思考题

1. 水样中加入高锰酸钾溶液煮沸时，如果褪至无色，说明了什么？应如何进行处理？

2. 为配制 $c\left(\frac{1}{2}Na_2C_2O_4\right)=0.01mol/L$ 的 $Na_2C_2O_4$ 标准滴定溶液 250mL，计算需称取基准物质 $Na_2C_2O_4$ 0.1675g。本实验为何先称取 1.7g，配制成一定体积的溶液后再进行稀释？

3. 按照本次实验步骤，在计算分析结果时，是否要已知高锰酸钾溶液的准确浓度？为什么？

4. 如果已知 $KMnO_4$ 和 $Na_2C_2O_4$ 两种溶液的准确浓度而未做 $K$ 值的测定，试总结 COD 的计算公式。

5. 本实验中需用的 $KMnO_4$ 溶液可以用实验"$KMnO_4$ 标准滴定溶液的配制与标定"中配制的 $KMnO_4$ 标准滴定溶液稀释，如何稀释？

## 化学需氧量和生化需氧量

化学耗氧量又称化学需氧量，简称 COD（chemical oxygen demand），是度量水体受还原性物质（主要是有机物）污染程度的综合性指标。它是指水体中还原性物质所消耗的氧化剂的量，换算成氧的质量浓度表示（以 $O_2$，mg/L 表示）。

该法适用于地表水、饮用水和生活污水中 COD 的测定。以 $KMnO_4$ 滴定法测得的化学耗氧量，以往称为 $COD_{Mn}$，现在称为"高锰酸钾指数"。

生化需氧量是指水中可以被分解的有机物质在有氧的条件下，由于微生物的作用，被完全氧化分解时所需要的溶解氧量。常用 BOD 表示，单位常用 mg/L。

各类有机物在微生物作用下可以逐步氧化分解成无机物，这种作用过程称为生物氧化。自然界的微生物，其中包括细菌，有分解氧化有机物的巨大能力。这些细菌将有机物作为它们的食料，通过自身的生命活动，把一部分被吸收的有机物转化成简单的无机物，并释放出能量供细菌生长、活动所需，另一部分有机物转化为细胞原生质，供细菌本身生长和繁殖的需要。

细菌从有机物的氧化反应中获得能量，称为呼吸作用。根据细菌呼吸时对氧的需要情况，可将细菌分为好氧细菌和厌氧细菌。好氧细菌是指在生活时需要氧的细菌；厌氧细菌是指在缺氧条件下才能生存的细菌。

水中有机物含量越多，生物氧化过程中消耗氧的数量就越多，生化需氧量也就越高。由于微生物的活动与温度有关，所以测定生化需氧量时必须规定一个温度，目前国内外一般以 20℃作为测定的标准温度。在该温度下，一般有机物需要 20 天左右的时间才能基本上完成碳化阶段，将有机物转化为二氧化碳、水和氨。目前，规定在 20℃温度下培养 5 天作为生化需氧量的标准条件，这时测得的生化需氧量称为"5 日生化需氧量"，用 $BOD_5$ 表示。

生化需氧量是水质评价和水质监测中最重要的控制参数之一。根据它的大小，可以估计废水的污染程度，以研究适当的处理方法。

## 实验三十二　重铬酸钾标准滴定溶液的配制与标定

### 一、技能目标

1. 掌握直接配制法配制 $K_2Cr_2O_7$ 标准滴定溶液的方法和计算；
2. 掌握间接配制法配制 $K_2Cr_2O_7$ 标准滴定溶液的方法；
3. 根据实际需要配制的浓度和用量，正确估算称量物质的量；
4. 学会碘量瓶的操作。

### 二、实验原理

$K_2Cr_2O_7$ 在空气中非常稳定，易提纯，纯度高，杂质含量少，可以忽略。$K_2Cr_2O_7$ 的实际组成与化学式完全符合，具有较大的摩尔质量，所以基准物质 $K_2Cr_2O_7$ 可以用直接配制法来配制标准滴定溶液。

当用非基准试剂 $K_2Cr_2O_7$ 时，必须用间接法配制。$K_2Cr_2O_7$ 在酸性溶液中与 $I^-$ 作用，生成相应的 $I_2$，再用 $Na_2S_2O_3$ 标准滴定溶液滴定 $I_2$，反应如下：

$$Cr_2O_7^{2-} + 6I^- + 14H^+ \longrightarrow 3I_2 + 2Cr^{3+} + 7H_2O$$

$$I_2 + 2S_2O_3^{2-} \longrightarrow 2I^- + S_4O_6^{2-}$$

以淀粉作指示剂确定终点。

GB/T 601—2002 中规定，配制 $K_2Cr_2O_7$ 标准溶液的方法一是间接法，方法二是直接法。

### 三、试剂

基准物质 $K_2Cr_2O_7$：于 120℃ 干燥至恒重。

$K_2Cr_2O_7$ 固体；KI 固体；$H_2SO_4$ 溶液（20%）。

$Na_2S_2O_3$ 标准滴定溶液 $[c(Na_2S_2O_3)=0.1mol/L]$。

淀粉指示剂（10g/L）：称取 1.0g 可溶性淀粉放入小烧杯中，加水 10mL，使成糊状，在搅拌下倒入 90mL 沸水中，微沸 2min，冷却后转移至 100mL 试剂瓶中，贴好标签。

### 四、实验步骤

1. 直接法配制 $c\left(\frac{1}{6}K_2Cr_2O_7\right)=0.1000mol/L$ 的 $K_2Cr_2O_7$ 标准滴定溶液

准确称取（4.9±0.2）g 于 120℃ 干燥至恒重的基准试剂 $K_2Cr_2O_7$，在小烧杯中用水溶解，定量转移入 1000mL 容量瓶中，加水稀释至刻度，摇匀，然后计算其准确浓度。

2. 间接法配制 $K_2Cr_2O_7$ 标准滴定溶液

（1）$c\left(\frac{1}{6}K_2Cr_2O_7\right)=0.1mol/L$ 的 $K_2Cr_2O_7$ 标准滴定溶液的配制　称取 $K_2Cr_2O_7$ 固体 5g，溶于 1000mL 水中，摇匀备用。

（2）$K_2Cr_2O_7$ 标准滴定溶液的标定　用滴定管准确量取 35.00～40.00mL 配制好的 $K_2Cr_2O_7$ 溶液，置于 500mL 碘量瓶中，加 2g 固体 KI、20mL 20% 的 $H_2SO_4$ 溶液，立即盖好瓶塞，摇匀，用水封好瓶口，于暗处放置 10min。打开瓶塞，冲洗瓶塞及瓶颈，加 150mL 水，用 $Na_2S_2O_3$ 标准滴定溶液滴定，滴定至近终点时，溶液呈浅黄色，加 2mL 10g/L 的淀粉指示剂，此时溶液呈蓝色，继续滴定，至溶液由蓝色变成亮绿色时即为终点。同时做空白试验。平行测定 3 次。

### 五、数据记录与处理

直接法配制 $K_2Cr_2O_7$ 标准滴定溶液的浓度按下式计算：

$$c\left(\frac{1}{6}K_2Cr_2O_7\right)=\frac{m(K_2Cr_2O_7)\times 1000}{M\left(\frac{1}{6}K_2Cr_2O_7\right)V(K_2Cr_2O_7)}$$

式中　$c\left(\frac{1}{6}K_2Cr_2O_7\right)$——$K_2Cr_2O_7$ 标准滴定溶液的浓度，mol/L；

$m(K_2Cr_2O_7)$——$K_2Cr_2O_7$ 基准试剂的质量，g；

$V(K_2Cr_2O_7)$——$K_2Cr_2O_7$ 标准滴定溶液的体积，mL；

$M\left(\frac{1}{6}K_2Cr_2O_7\right)$——以 $\frac{1}{6}K_2Cr_2O_7$ 为基本单元的 $K_2Cr_2O_7$ 的摩尔质量，g/mol。

间接法配制 $K_2Cr_2O_7$ 标准滴定溶液的浓度按下式计算：

$$c\left(\frac{1}{6}K_2Cr_2O_7\right)=\frac{c(Na_2S_2O_3)\cdot(V_1-V_2)}{V}$$

式中　$c\left(\frac{1}{6}K_2Cr_2O_7\right)$——$K_2Cr_2O_7$ 标准滴定溶液的浓度，mol/L；

$c(Na_2S_2O_3)$——$Na_2S_2O_3$ 标准滴定溶液的浓度，mol/L；

$V_1$——滴定消耗 $Na_2S_2O_3$ 标准滴定溶液的体积，mL；

$V_2$——空白试验消耗 $Na_2S_2O_3$ 标准滴定溶液的体积，mL；

$V$——$K_2Cr_2O_7$ 标准滴定溶液的体积，mL。

平行试验不得少于 4 次，测定结果的极差与平均值之比不应大于 0.1%。

### 六、注意事项

（1）重铬酸钾易溶于水，水溶液呈酸性，不溶于乙醇，有强氧化性，应密封保存。20℃时，在水中的溶解度为 10.7g/100mL。重铬酸钾用于鞣制皮革、绘画染料、搪瓷工业着色、火柴制造、媒染剂、有机合成等，可用作氧化剂。重铬酸钾为剧毒强氧化剂，其溶液或滴定废液不能随意排放。

（2）$K_2Cr_2O_7$ 法实验产生的废液中均含有铬，其中主要以 Cr（Ⅲ）和 Cr（Ⅵ）形式存在，它们都是有毒有害的，如果直接排放，会造成严重的环境污染。在铬的化合物中，以 Cr（Ⅵ）毒性最强，可在酸性条件下，在含铬废液中加入亚铁盐，使六价铬还原为三价铬后，再加入碱使其转化为难溶的氢氧化铬沉淀分离。反应式为：

$$Cr_2O_7^{2-}+6Fe^{2+}+14H^+\longrightarrow 2Cr^{3+}+6Fe^{3+}+7H_2O$$
$$Cr^{3+}+3OH^-\longrightarrow Cr(OH)_3\downarrow$$

### 七、思考题

1. 什么规格的试剂可以用直接法配制 $K_2Cr_2O_7$ 标准滴定溶液？如何配制 $c\left(\frac{1}{6}K_2Cr_2O_7\right)=0.1000mol/L$ 的 $K_2Cr_2O_7$ 标准滴定溶液 250mL？

2. 间接法配制 $K_2Cr_2O_7$ 标准滴定溶液时，用水封碘量瓶瓶口的目的是什么？于暗处放置 10min 的目的是什么？

3. 间接碘量法标定 $K_2Cr_2O_7$ 标准滴定溶液的原理是什么？标定时，淀粉指示剂何时加入？如果过早或过晚加入会产生什么影响？

## 实验三十三    $K_2Cr_2O_7$ 法测定硫酸亚铁铵中 $Fe^{2+}$ 的含量

### 一、技能目标

1. 掌握 $K_2Cr_2O_7$ 法测定亚铁盐中 $Fe^{2+}$ 含量的原理、方法；
2. 掌握二苯胺磺酸钠指示剂的终点判断方法。

### 二、实验原理

在硫酸-磷酸混合酸介质中，$K_2Cr_2O_7$ 与 $Fe^{2+}$ 反应如下：

$$6Fe^{2+}+Cr_2O_7^{2-}+14H^+\longrightarrow 6Fe^{3+}+2Cr^{3+}+7H_2O$$

以二苯胺磺酸钠为指示剂，溶液由无色经绿色变到蓝紫色即为终点。

若测定试样中的总铁含量，则需先将试样中的 $Fe^{3+}$ 还原成 $Fe^{2+}$，再用 $K_2Cr_2O_7$ 标准滴定溶液滴定 $Fe^{2+}$。

### 三、试剂

$K_2Cr_2O_7$ 标准滴定溶液 $\left[c\left(\frac{1}{6}K_2Cr_2O_7\right)=0.1mol/L\right]$。

二苯胺磺酸钠指示液（0.5%）：称取 0.5g 二苯胺磺酸钠，溶于 100mL 水中，滴加 2 滴浓硫酸，混匀，存放于棕色试剂瓶中。

$H_2SO_4$ 溶液（20%）；$H_3PO_4$ 溶液（85%）。

固体硫酸亚铁铵 $\left[(NH_4)_2SO_4\cdot FeSO_4\cdot 6H_2O\right]$ 试样。

### 四、实验步骤

准确称取硫酸亚铁铵试样 1~1.5g 置于锥形瓶中，加入 10mL 20% 的 $H_2SO_4$ 溶液防止水解，加入 50mL 无氧水溶解、4～5 滴二苯胺磺酸钠指示液、5mL 85％的 $H_3PO_4$ 溶液，立即用 $K_2Cr_2O_7$ 标准滴定溶液滴定至溶液呈稳定的紫色即为终点。记录消耗 $K_2Cr_2O_7$ 标准滴定溶液的体积。同时做空白试验。平行测定 3 次。

**五、数据记录与处理**

$Fe^{2+}$ 含量按下式计算：

$$w(Fe^{2+}) = \frac{c\left(\frac{1}{6}K_2Cr_2O_7\right) \cdot (V_1 - V_2) \times 10^{-3} \times M(Fe)}{m} \times 100\%$$

式中　　$c\left(\dfrac{1}{6}K_2Cr_2O_7\right)$——$K_2Cr_2O_7$ 标准滴定溶液的浓度，mol/L；

　　　　　　　$V_1$——滴定消耗 $K_2Cr_2O_7$ 标准滴定溶液的体积，mL；

　　　　　　　$V_2$——空白试验消耗 $K_2Cr_2O_7$ 标准滴定溶液的体积，mL；

　　　　　　　$M(Fe)$——Fe 的摩尔质量，g/mol；

　　　　　　　$m$——硫酸亚铁铵试样的质量，g。

取平行测定结果的算术平均值为测定结果，平行测定结果的绝对差值不大于 0.20％。

**六、注意事项**

（1）为防止试样用水溶解时发生水解，因此要先加 $H_2SO_4$ 溶液后加水，否则会使测定结果偏低。

（2）$Fe^{2+}$ 在 $H_3PO_4$ 介质中极易被氧化，加入 $H_3PO_4$ 后要立即滴定，否则滴定结果偏低。

**七、思考题**

1. 实验中加入 $H_3PO_4$ 溶液的作用是什么？

2. 以二苯胺磺酸钠指示剂为例，说明氧化还原反应指示剂的变色原理。

3. 试样为什么要用无氧水溶解？

## 实验三十四　硫代硫酸钠标准滴定溶液的配制与标定

**一、技能目标**

1. 掌握 $Na_2S_2O_3$ 溶液的配制方法；

2. 掌握间接法标定 $Na_2S_2O_3$ 溶液的原理、条件和方法；

3. 掌握淀粉指示剂的配制方法，能正确使用淀粉指示剂确定碘量法的滴定终点；

4. 掌握碘量瓶的操作方法。

**二、实验原理**

硫代硫酸钠中往往含有杂质，$Na_2S_2O_3$ 溶液易受空气和水中微生物作用而分解。因此，先配制所需近似浓度的溶液，加入少量 $Na_2CO_3$，以控制溶液的 pH 在 9～10 之间，放置一定时间待浓度稳定后，再进行标定。

GB/T 601—2002 中规定，标定 $Na_2S_2O_3$ 用基准试剂 $K_2Cr_2O_7$，先使基准试剂 $K_2Cr_2O_7$ 与过量 KI 作用，析出的 $I_2$ 再在中性或微酸性溶液中，用硫代硫酸钠溶液滴定，其反应为：

$$Cr_2O_7^{2-} + 6I^- + 14H^+ \longrightarrow 2Cr^{3+} + 3I_2 + 7H_2O$$

$$I_2 + 2S_2O_3^{2-} \longrightarrow 2I^- + S_4O_6^{2-}$$

以淀粉为指示剂，滴定至近终点时加入指示剂，继续滴定至溶液由蓝色变为亮绿色为终点。

### 三、试剂

固体 $Na_2S_2O_3 \cdot 5H_2O$。

基准物质 $K_2Cr_2O_7$：于 120℃干燥至恒重。

KI 固体；$H_2SO_4$ 溶液（20%）。

淀粉指示剂（10g/L）：称取 1.0g 可溶性淀粉放入小烧杯中，加水 10mL，使成糊状，在搅拌下倒入 90mL 沸水中，微沸 2min，冷却后转移至 100mL 试剂瓶中，贴好标签。

### 四、实验步骤

1. $c(Na_2S_2O_3)=0.1mol/L$ 的 $Na_2S_2O_3$ 标准滴定溶液的配制

在托盘天平上称取 26g $Na_2S_2O_3 \cdot 5H_2O$（或 16g 无水 $Na_2S_2O_3$），加入 0.2g 无水 $Na_2CO_3$，溶于 1000mL 水中，加热煮沸 10min，冷却后，保存于具橡胶瓶塞的棕色试剂瓶中，贴上标签，放置 15 天后过滤，标定。

2. $Na_2S_2O_3$ 标准滴定溶液的标定

准确称取 0.15～0.18g 于 120℃干燥至恒重的基准物质 $K_2Cr_2O_7$，置于碘量瓶中，加水 25mL 使其溶解，加 2g KI 固体及 20mL $H_2SO_4$ 溶液（20%），立即盖上塞子，轻轻摇匀，水封后置于暗处 10min。取出，打开瓶塞，冲洗瓶塞、瓶颈及内壁，加 150mL 水（15～20℃），用配制好的 $Na_2S_2O_3$ 溶液滴定。近终点（此时溶液呈浅黄色）时加 2mL 淀粉指示剂（10g/L），继续滴定至溶液由蓝色变为亮绿色即为终点。同时做空白试验。平行测定 4 次。

### 五、数据记录与处理

$Na_2S_2O_3$ 标准滴定溶液的浓度按下式计算：

$$c(Na_2S_2O_3)=\frac{m \times 1000}{(V_1-V_2) \cdot M\left(\frac{1}{6}K_2Cr_2O_7\right)}$$

式中　$c(Na_2S_2O_3)$——$Na_2S_2O_3$ 标准滴定溶液的浓度，mol/L；

$\qquad\quad m$——基准物质 $K_2Cr_2O_7$ 的质量，g；

$\qquad\quad V_1$——滴定消耗 $Na_2S_2O_3$ 标准滴定溶液的体积，mL；

$\qquad\quad V_2$——空白试验消耗 $Na_2S_2O_3$ 标准滴定溶液的体积，mL；

$M\left(\frac{1}{6}K_2Cr_2O_7\right)$——以 $\frac{1}{6}K_2Cr_2O_7$ 为基本单元的基准物质 $K_2Cr_2O_7$ 的摩尔质量，g/mol。

平行试验不得少于 4 次，测定结果的极差与平均值之比不应大于 0.1%。

### 六、注意事项

1. 碘量瓶的使用方法

（1）检查磨口塞是否配套，即是否密合。

（2）加入试液及有关反应物：将有关试液（剂）沿碘量瓶内壁加入，用少量蒸馏水冲洗瓶口，盖上瓶塞。

（3）在瓶口加液封口：在瓶口处加少量水或其他专用试液（如碘化钾溶液）封口，防止瓶内挥发性物质挥发损失。反应完毕后，先轻轻松动瓶塞，使瓶口的水或其他封口的溶液从瓶口慢慢流进碘量瓶内，充分吸收已挥发的气体物质，防止挥发物从瓶口溢出。并用少量的水在瓶塞和瓶口的空隙处冲洗瓶塞和瓶口。

（4）摇动混匀：在滴定时，用右手中指和无名指夹住瓶塞，用与摇动锥形瓶相同的方法进行摇动，但不可放下瓶塞。

（5）碘量瓶和瓶塞要保持原配，不能混用，一般不能高温加热。在较低温度加热时，要将瓶塞打开，防止瓶塞冲出或瓶子破碎。

2. 配制好的 $Na_2S_2O_3$ 溶液加入少量 $Na_2CO_3$，使溶液呈碱性，以抑制细菌生长，贮存于棕色试剂瓶中，放置两周后进行标定。$Na_2S_2O_3$ 标准滴定溶液不宜长期贮存，使用一段时间后要重新标定，如果发现溶液变浑浊或析出硫，应过滤后重新标定，或弃去再重新配制溶液。

3. 为了防止 $I_2$ 的挥发和空气中 $O_2$ 氧化，可以采用以下方法：使用碘量瓶；加入过量的 KI，使 $I_2$ 生成易溶于水的 $I_3^-$；反应在室温下进行；反应完全后，应立即用 $Na_2S_2O_3$ 溶液滴定，滴定时不要剧烈摇动。

4. 用 $Na_2S_2O_3$ 溶液滴定生成的 $I_2$ 时应保持溶液呈中性或弱酸性，所以常在滴定前加水稀释，既降低了酸度，又减少了 $Cr^{3+}$ 的绿色对终点的影响。

5. 在间接滴定法中，淀粉应在滴定到近终点（溶液呈浅黄色）时加入，以防止 $I_2$ 被淀粉胶粒包裹，影响终点的确定。

6. 滴定终点后，经过 $5\sim10min$，溶液又会出现蓝色，这是由于空气氧化 $I^-$ 所引起的，属正常现象。若滴定到终点后很快又转变为蓝色，则有可能是由于酸度不足或放置时间不够使 $K_2Cr_2O_7$ 与 KI 的反应未完全，此时应弃去重做。

## 七、思考题

1. 配制 $Na_2S_2O_3$ 溶液加 $Na_2CO_3$ 的目的是什么？是否可以不加？

2. 用 $K_2Cr_2O_7$ 标定 $Na_2S_2O_3$ 时，为什么要加 KI，并要在暗处放置 10min？

3. 标定 $Na_2S_2O_3$ 时，为什么在滴定前要加水稀释？

4. 标定 $Na_2S_2O_3$ 时，为什么在近终点时加淀粉指示剂？若指示剂过早加入，对标定结果有什么影响？如何判断滴定近终点？

5. 滴定终点为什么是亮绿色？若出现亮绿色后，很快又变蓝色，是什么原因？应如何处理？

## 实验三十五 碘标准滴定溶液的配制与标定

### 一、技能目标

1. 掌握碘标准滴定溶液的配制方法；

2. 掌握碘标准滴定溶液的标定原理及方法。

### 二、实验原理

碘是一种紫色的固体，易挥发，几乎不溶于水，$c(I_2)=0.00133mol/L$，但碘能溶解在 KI 溶液中以 $I_3^-$ 形式存在，所以只能用间接法配制。

GB/T 601—2002 规定，用基准试剂 $As_2O_3$ 标定（标定法）或用 $Na_2S_2O_3$ 标准滴定溶液比较（比较法）来确定碘标准溶液的浓度。

（1）标定法 由于 $As_2O_3$ 难溶于水，先将 $As_2O_3$ 溶解在 NaOH 溶液中，生成亚砷酸钠，再用 $H_2SO_4$ 中和，使溶液呈中性或微碱性（pH＝8 左右），用碘溶液滴定，反应如下：

$$As_2O_3+6OH^- \longrightarrow 2AsO_3^{3-}+3H_2O$$

$$AsO_3^{3-}+I_2+H_2O \longrightarrow AsO_4^{3-}+2I^-+2H^+$$

以淀粉为指示剂，终点由无色变为蓝色。

（2）比较法 用已知浓度的 $Na_2S_2O_3$ 标准滴定溶液来滴定碘溶液，反应为：

$$I_2+2S_2O_3^{2-} \longrightarrow 2I^-+S_4O_6^{2-}$$

以淀粉为指示剂，终点由蓝色变为无色。

由于 $As_2O_3$ 为剧毒物，实际工作中常用 $Na_2S_2O_3$ 标准滴定溶液滴定 $I_2$ 溶液，即比较法。

### 三、试剂

固体碘；固体 KI；固体 $NaHCO_3$。

基准试剂 $As_2O_3$：在硫酸干燥器中干燥至恒重。

NaOH 溶液（1mol/L）：将 4g NaOH 溶于水，稀释至 100mL。

$H_2SO_4$ 溶液 $\left[c\left(\dfrac{1}{2}H_2SO_4\right)=1mol/L\right]$：将 28mL 浓 $H_2SO_4$ 缓慢注入 700mL 水中，冷却，稀释至 1000mL。

酚酞指示剂（10g/L）；淀粉指示剂（10g/L）。

$Na_2S_2O_3$ 标准滴定溶液 $\left[c\left(Na_2S_2O_3\right)=0.1000mol/L\right]$。

### 四、实验步骤

**1. $c\left(\dfrac{1}{2}I_2\right)=0.1mol/L$ 的 $I_2$ 溶液的配制**

称取 13g 碘、35g 碘化钾，溶于 100mL 水中，用水稀释至 1000mL，摇匀，贮存于棕色试剂瓶中，存放于暗处。

**2. $I_2$ 标准滴定溶液的标定——用基准试剂 $As_2O_3$ 标定**

准确称取 0.18g 在硫酸干燥器中干燥至恒重的基准试剂 $As_2O_3$，置于 250mL 碘量瓶中，加入 6mL NaOH 溶液（1mol/L）使试剂完全溶解，加 50mL 水、2 滴酚酞指示剂（10g/L），用 $c\left(\dfrac{1}{2}H_2SO_4\right)=1mol/L$ 的硫酸溶液滴定至溶液无色，加入 3g $NaHCO_3$ 及 2mL 淀粉指示剂（10g/L），用配制好的碘溶液滴定至溶液由无色变为浅蓝色为终点。同时做空白试验。平行测定 4 次。

**3. $I_2$ 标准滴定溶液的标定——比较法**

准确量取 35.00～40.00mL 配制好的碘溶液于 250mL 碘量瓶中，加 150mL 水（15～20℃），用 $c\left(Na_2S_2O_3\right)=0.1000mol/L$ 的硫代硫酸钠标准滴定溶液滴定，近终点时（溶液呈浅黄色）、加 2mL 淀粉指示剂（10g/L），继续滴定至溶液蓝色消失为终点。平行测定 4 次。

同时做水所消耗碘的空白试验：取 250mL 水，加 0.05mL 配制好的碘溶液及 2mL 淀粉指示剂（10g/L），用 $c\left(Na_2S_2O_3\right)=0.1000mol/L$ 的硫代硫酸钠标准滴定溶液滴定，至溶液蓝色消失为终点。

### 五、数据记录与处理

标定法测定碘标准滴定溶液的浓度按下式计算：

$$c\left(\frac{1}{2}I_2\right)=\frac{m\times1000}{(V_1-V_2)\cdot M\left(\frac{1}{4}As_2O_3\right)}$$

式中　$c\left(\dfrac{1}{2}I_2\right)$——碘标准滴定溶液的浓度，mol/L；

　　　　$m$——基准试剂 $As_2O_3$ 的质量，g；

　　　　$V_1$——滴定消耗碘标准滴定溶液的体积，mL；

　　　　$V_2$——空白试验消耗碘标准滴定溶液的体积，mL；

$M\left(\dfrac{1}{4}As_2O_3\right)$——以 $\dfrac{1}{4}As_2O_3$ 为基本单元的基准 $As_2O_3$ 的摩尔质量，g/mol。

比较法测定碘标准滴定溶液的浓度按下式计算：

$$c\left(\frac{1}{2}I_2\right)=\frac{c\left(Na_2S_2O_3\right)\cdot(V_1-V_2)}{V_3-V_4}$$

式中　$c\left(\dfrac{1}{2}I_2\right)$——碘标准滴定溶液的浓度，mol/L；

$c(Na_2S_2O_3)$——$Na_2S_2O_3$ 标准滴定溶液的浓度，mol/L；

$V_1$——滴定消耗 $Na_2S_2O_3$ 标准滴定溶液的体积，mL；

$V_2$——空白试验消耗 $Na_2S_2O_3$ 标准滴定溶液的体积，mL；

$V_3$——碘标准滴定溶液的体积，mL；

$V_4$——空白试验中加入碘标准滴定溶液的体积，mL。

平行试验不得少于 4 次，测定结果的极差与平均值之比不应大于 0.1%。

### 六、注意事项

（1）由于 $As_2O_3$ 为剧毒物，使用时要特别注意安全，学生实验尽可能不要用此方法。实际工作中常用 $Na_2S_2O_3$ 标准滴定溶液滴定 $I_2$ 溶液，即比较法。

（2）碘量法的误差主要有两方面的来源：一是碘易挥发；二是在酸性溶液中 $I^-$ 容易被空气中的氧氧化。为此需采取适当的措施以减少误差：加入过量的 KI（一般比理论值大 2～3 倍），使 $I_2$ 生成 $I_3^-$；在滴定 $I_2$ 时，不要剧烈摇动；溶液的酸度不宜太高，否则会增大氧氧化 $I^-$ 的速率。$Cu^{2+}$、$NO_2^-$ 等能催化氧对 $I^-$ 的氧化，应设法除去；日光也有催化作用，应避免阳光直接照射；滴定速度宜适当地快些。

### 七、思考题

1. 配制 $I_2$ 溶液，为什么加 KI？若 $I_2$ 是 13g，KI 的用量为多少？

2. $I_2$ 溶液应装在何种滴定管中？为什么？

3. 配制 $I_2$ 溶液时，为什么要在溶液非常浓的情况下将 $I_2$ 与 KI 一起研磨，当 $I_2$ 和 KI 溶解后才能用水稀释？如果过早地稀释会发生什么情况？

4. 以 $As_2O_3$ 为基准试剂标定 $I_2$ 溶液为什么加 NaOH？其后为什么加 $H_2SO_4$ 中和？滴定前为什么加 $NaHCO_3$？

---

📖 **阅读材料**

## 含碘废液的回收利用

在碘量法实验中，常产生大量的多种含碘废液。而碘和碘化钾两种试剂是碘量法的常用试剂，同时，碘化钾又是比较贵重的化学试剂。利用含碘废液来提取碘或制备碘化钾，既可以为实验室节省试剂，"变废为宝"，又能使学生在做实验的同时养成积极动脑思考的好习惯，使学生树立科学正确的思维方法，培养学生善于发现问题并灵活运用学过的知识解决问题的能力和动手操作能力。

含碘废液中的碘常以 $I_2$、$I^-$、CuI 沉淀等形式存在。回收碘的方法通常是将含碘废液转化为 $I^-$，用沉淀法富集后再选择适当的氧化剂，使碘以 $I_2$ 形式析出，再用升华法提纯 $I_2$。

$$I_2+SO_3^{2-}+H_2O \longrightarrow 2I^-+SO_4^{2-}+2H^+$$

$$2I^-+2Cu^{2+}+SO_3^{2-}+H_2O \longrightarrow 2CuI\downarrow+SO_4^{2-}+2H^+$$

然后用浓 $HNO_3$ 氧化 CuI，析出 $I_2$，反应式为：

$$2CuI+8HNO_3 \longrightarrow 2Cu(NO_3)_2+4NO_2\uparrow+4H_2O+I_2$$

制取 KI 时，可以将已制备的 $I_2$ 与铁粉反应生成 $Fe_3I_8$，再与 $K_2CO_3$ 反应，过滤除去 $Fe_3O_4$，将滤液蒸发、浓缩、结晶后即制得 KI 晶体。反应式为：

$$3Fe+4I_2 \longrightarrow Fe_3I_8$$

$$Fe_3I_8+4K_2CO_3 \longrightarrow 8KI+4CO_2\uparrow+Fe_3O_4\downarrow$$

# 实验三十六　胆矾中 $CuSO_4 \cdot 5H_2O$ 含量的测定

## 一、技能目标

1. 了解胆矾的成分和基本性质；

2. 掌握间接碘量法测定硫酸铜含量的原理、操作方法及计算。

## 二、实验原理

将胆矾试样溶解后，在弱酸性溶液中，加入过量的 KI，反应析出的 $I_2$ 以淀粉为指示剂，用 $Na_2S_2O_3$ 标准滴定溶液滴定，反应式为：

$$2Cu^{2+} + 4I^- \longrightarrow 2CuI \downarrow + I_2$$

$$2S_2O_3^{2-} + I_2 \longrightarrow S_4O_6^{2-} + 2I^-$$

由于 CuI 沉淀表面吸附 $I_3^-$，使结果偏低。为了减少 CuI 沉淀对 $I_3^-$ 的吸附，可在临近终点时加入 KSCN，使 CuI 沉淀转化为溶解度更小的 CuSCN 沉淀，使吸附的 $I_2$ 释放出来，以防结果偏低。同时在临近终点时加入 KSCN，可防止 $SCN^-$ 直接将 $Cu^{2+}$ 还原成 $Cu^+$，使结果偏低。

$$CuI + SCN^- \longrightarrow CuSCN \downarrow + I^-$$

工业胆矾的成分是 $CuSO_4 \cdot 5H_2O$。$CuSO_4 \cdot 5H_2O$ 为蓝色结晶体，是一种无机农药。200℃时可失去全部结晶水成为白色硫酸铜粉末。胆矾易溶于水，工业品常含有亚铁、高铁、锌、镁等硫酸盐杂质，纯度为 93%～98%。

## 三、试剂

$Na_2S_2O_3$ 标准滴定溶液 $[c(Na_2S_2O_3) = 0.1mol/L]$。

$H_2SO_4$ 溶液（20%）；KI 溶液（10%）；KSCN 溶液（10%）；$NH_4HF_2$ 溶液（20%）；淀粉指示液（10g/L）。

胆矾试样。

## 四、实验步骤

准确称取胆矾试样 0.5～0.6g，置于 250mL 碘量瓶中，加 5mL $H_2SO_4$ 溶液（20%）、100mL 水使其溶解，加 10mL 20% 的 $NH_4HF_2$ 溶液、10mL 10% 的 KI 溶液（也可以称取1g 固体碘化钾，倾入碘量瓶），迅速盖上瓶塞，摇匀，用水封住瓶口。于暗处放置 3min。打开碘量瓶瓶塞，用少量蒸馏水冲洗瓶塞和瓶内壁，立即用 $c(Na_2S_2O_3) = 0.1mol/L$ 的 $Na_2S_2O_3$ 标准滴定溶液滴定至溶液呈浅黄色，加 3mL 淀粉指示液，继续滴定至浅蓝色，再加入 10mL 10% 的 KSCN 溶液（国标法不加），继续用 $Na_2S_2O_3$ 标准滴定溶液滴定至溶液蓝色刚好消失为终点。此时溶液为米色的 CuSCN 悬浮液。同时做空白试验。平行测定3 次。

## 五、数据记录与处理

胆矾试样中 $CuSO_4 \cdot 5H_2O$ 的含量按下式计算：

$$w(CuSO_4 \cdot 5H_2O) = \frac{c(Na_2S_2O_3) \cdot (V_1 - V_2) \times 10^{-3} \times M(CuSO_4 \cdot 5H_2O)}{m} \times 100\%$$

式中　$w(CuSO_4 \cdot 5H_2O)$ ——试样中 $CuSO_4 \cdot 5H_2O$ 的质量分数；

　　　　$c(Na_2S_2O_3)$ ——$Na_2S_2O_3$ 标准滴定溶液的浓度，mol/L；

　　　　$V_1$ ——滴定消耗 $Na_2S_2O_3$ 标准滴定溶液的体积，mL；

　　　　$V_2$ ——空白试验消耗 $Na_2S_2O_3$ 标准滴定溶液的体积，mL；

　　$M(CuSO_4 \cdot 5H_2O)$ ——$CuSO_4 \cdot 5H_2O$ 的摩尔质量，g/mol；

$m$——称取胆矾试样的质量，g。

取平行测定结果的算术平均值为测定结果，平行测定结果的绝对差值不大于 0.20%。

**六、注意事项**

（1）加 KI 必须过量，使生成 CuI 沉淀的反应更完全，并使 $I_2$ 形成 $I_3^-$ 而增大 $I_2$ 的溶解性，提高滴定的准确度。

（2）为防止铜盐水解，试液需加 $H_2SO_4$（不能加 HCl，避免形成 $[CuCl_3]^-$、$[CuCl_4]^{2-}$ 配合物）。控制 pH 在 3.0～4.0 之间，酸度过高，则 $I^-$ 易被空气中的氧氧化为 $I_2$（$Cu^{2+}$ 催化此反应），使结果偏高。

（3）$Fe^{3+}$ 对测定有干扰，因 $Fe^{3+}$ 能将 $I^-$ 氧化成 $I_2$，使结果偏高。可加入 $NH_4HF_2$ 与 $Fe^{3+}$ 形成稳定的 $[FeF_6]^{3-}$ 配离子，消除 $Fe^{3+}$ 的干扰。同时 $NH_4HF_2$ 又是缓冲剂，可使溶液的 pH 保持在 3.0～4.0。

（4）用碘量法测定铜时，最好用纯铜标定 $Na_2S_2O_3$ 溶液，以抵消方法的系统误差。

**七、思考题**

1. 间接碘量法一般选择中性或弱酸性条件。测定铜时，为什么要加 $H_2SO_4$？能否加 HCl？酸度过高有什么影响？

2. 测定铜时，为什么要加过量的 KI？

3. 测定铜时，加入 KSCN 的目的是什么？为什么在临近终点时加入？若滴定前就加入，会有什么影响？

4. 若近终点时不加 KSCN，可采取什么措施减少测定误差？

# 实验三十七　维生素 C 试样中抗坏血酸含量的测定

**一、技能目标**

1. 掌握直接碘量法测定维生素 C 的原理和方法；

2. 掌握直接碘量法滴定终点的判断。

**二、实验原理**

维生素 C 又称丙种维生素，有预防和治疗坏血病、促进身体健康的作用，所以又称抗坏血酸（本实验后面式子中简称 VC），分子式为 $C_6H_8O_6$。

试剂维生素 C 在分析化学中常用作掩蔽剂和还原剂。在空气中极易被氧化变黄。味酸，易溶于水或醇，水溶液呈酸性反应，有显著还原性，尤其在碱性溶液中更易被氧化，在弱酸（如乙酸）存在条件下较稳定。维生素 C 中的烯二醇基具有还原性，能被 $I_2$ 氧化为二酮基，故可用 $I_2$ 标准滴定溶液直接测定，以淀粉指示剂确定终点。反应式为：

**三、试剂**

碘标准滴定溶液：$c\left(\dfrac{1}{2}I_2\right)=0.1mol/L$。

HAc 溶液（2mol/L）：将冰醋酸 60mL 用水稀释至 500mL。

淀粉指示液（10g/L）。

维生素 C 试样。

## 四、实验步骤

准确称取维生素 C 试样约 0.2g（若试样为粒状或片状，各取 1 粒或 1 片），放于 250mL 锥形瓶中，加入新煮沸并冷却的蒸馏水 100mL、HAc 溶液 10mL，轻摇使之溶解。加淀粉指示液 2mL，立即用 $I_2$ 标准滴定溶液滴定至溶液恰呈蓝色不褪为终点。记录消耗 $I_2$ 标准滴定溶液的体积。同时做空白试验。平行测定 3 次。

## 五、数据记录与处理

维生素 C 的含量按下式计算：

$$w(VC) = \frac{c\left(\frac{1}{2}I_2\right) \cdot (V_1 - V_2) \times 10^{-3} \times M\left(\frac{1}{2}VC\right)}{m} \times 100\%$$

式中　$w(VC)$——试样中维生素 C 的质量分数；

$c\left(\frac{1}{2}I_2\right)$——$I_2$ 标准滴定溶液的浓度，mol/L；

$V_1$——滴定消耗 $I_2$ 标准滴定溶液的体积，mL；

$V_2$——空白试验消耗 $I_2$ 标准滴定溶液的体积，mL；

$M\left(\frac{1}{2}VC\right)$——以 $\frac{1}{2}VC$ 为基本单元的维生素 C 的摩尔质量，g/mol；

$m$——维生素 C 试样的质量，g。

取平行测定结果的算术平均值为测定结果，平行测定结果的绝对差值不大于 0.5%。

## 六、注意事项

（1）测定时加入 HAc 使溶液呈现弱酸性，以减少维生素 C 的副反应。

（2）维生素 C 在空气中易被氧化，所以在 HAc 酸化后应立即滴定。蒸馏水中溶解有氧，因此蒸馏水必须事先煮沸，否则会使测定结果偏低。如果试液中存在可被 $I_2$ 直接氧化的物质，则对测定有干扰。

（3）GB/T 15347—1994 中规定了化学试剂抗坏血酸的分析方法，GB 14754—1993 中规定了食品添加剂维生素 C（抗坏血酸）的分析方法，均采用直接碘量法。GB/T 12143.3—1989 中规定了果蔬汁饮料中 L-抗坏血酸的测定方法，采用乙醚萃取法。

（4）维生素 C 的测定方法较多，如分光光度法（2,6-二氯靛酚法、2,4-二硝基苯肼法等）、荧光分光光度法、碘量法等。

## 七、思考题

1. 测定维生素 C 含量时，溶解试样为什么要用新煮沸并冷却的蒸馏水？
2. 测定维生素 C 含量时，为什么要在醋酸酸性溶液中进行？

# 实验三十八　溴酸钾-溴化钾标准滴定溶液的配制与标定

## 一、技能目标

1. 学会配制 $KBrO_3$-$KBr$ 标准滴定溶液的方法；
2. 掌握 $KBrO_3$-$KBr$ 标准滴定溶液浓度的标定原理、方法。

## 二、实验原理

溴酸钾是无色三角晶体，密度为 3.27g/cm³，熔点为 370℃，溶于水，用作氧化剂和分析试剂。溴化钾是白色稍具潮解性的晶体，密度为 2.75g/cm³，熔点为 730℃，溶于水。

在酸性溶液中，溴与过量的 KI 作用，生成相应的 $I_2$，用淀粉为指示剂，硫代硫酸钠标准滴定溶液滴定，溶液由蓝色变为无色，即为终点。反应式为：

$$BrO_3^- + 5Br^- + 6H^+ \longrightarrow 3Br_2 + 3H_2O$$
$$Br_2 + 2I^- \longrightarrow 2Br^- + I_2$$
$$I_2 + 2S_2O_3^{2-} \longrightarrow 2I^- + S_4O_6^{2-}$$

### 三、试剂

固体 $KBrO_3$（分析纯）；固体 $KBr$（分析纯）；$KI$ 溶液（10%）；浓盐酸。

$Na_2S_2O_3$ 标准滴定溶液 $[c(Na_2S_2O_3) = 0.1\text{mol/L}]$。

淀粉指示液（5g/L）。

### 四、实验步骤

1. 配制 $c\left(\dfrac{1}{6}KBrO_3\right) = 0.1\text{mol/L}$ 的 $KBrO_3$-$KBr$ 标准滴定溶液

用托盘天平称取 1.5g 溴酸钾和 12.5g 溴化钾，将所称取溴酸钾和溴化钾倒入 1000mL 烧杯中，分别加入蒸馏水使溴酸钾和溴化钾完全溶解，再稀释至 500mL，搅拌均匀，把配制好的溴酸钾-溴化钾溶液移入棕色试剂瓶中，贴上标签，待标定。

2. $KBrO_3$-$KBr$ 标准滴定溶液浓度的标定

用滴定管准确加入 $c\left(\dfrac{1}{6}KBrO_3\right) = 0.1\text{mol/L}$ 的 $KBrO_3$-$KBr$ 标准滴定溶液 30.00～35.00mL 于碘量瓶中，加入 10mL 1:1 的 HCl，立即盖紧瓶塞，摇匀，用水封好瓶口，于暗处放置 5～10min（此时生成 $Br_2$）。打开瓶塞，冲洗瓶塞、瓶颈及瓶内壁，加入 10% 的 KI 溶液 10mL，立即用 $c(Na_2S_2O_3) = 0.1\text{mol/L}$ 的 $Na_2S_2O_3$ 标准滴定溶液滴定，至溶液呈浅黄色时加淀粉指示液 3mL，继续滴定至蓝色恰好消失即为终点。同时做空白试验。平行测定 4 次。

### 五、数据记录与处理

溴酸钾-溴化钾标准滴定溶液中 $KBrO_3$ 的浓度按下式计算：

$$c\left(\frac{1}{6}KBrO_3\right) = \frac{c(Na_2S_2O_3) \cdot (V_1 - V_2)}{V}$$

式中 $c\left(\dfrac{1}{6}KBrO_3\right)$ ——溴酸钾-溴化钾标准滴定溶液中 $KBrO_3$ 的浓度，mol/L；

$c(Na_2S_2O_3)$ ——硫代硫酸钠标准滴定溶液的浓度，mol/L；

$V_1$ ——滴定消耗硫代硫酸钠标准滴定溶液的体积，mL；

$V_2$ ——空白试验消耗硫代硫酸钠标准滴定溶液的体积，mL；

$V$ ——溴酸钾-溴化钾溶液的体积，mL。

平行试验不得少于 4 次，测定结果的极差与平均值之比不应大于 0.1%。

### 六、注意事项

在实际工作中为了方便和减少误差，可不必标定其准确浓度，只是在实验的同时做空白试验即可。GB/T 601—2002 中只有 $KBrO_3$ 标准滴定溶液和 KBr 标准滴定溶液的配制与标定。

### 七、思考题

1. 已知准确浓度的 $KBrO_3$-$KBr$ 标准滴定溶液，其中 $KBrO_3$ 和 KBr 哪种物质的浓度是准确的？

2. 说明实验过程中溶液颜色变化的原因。

3. 淀粉指示剂为什么要在滴定至溶液呈浅黄色时加入？

## 实验三十九　苯酚含量的测定

### 一、技能目标

1. 学会溴量法测定苯酚含量的基本原理和方法；
2. 掌握空白试验的方法和作用。

### 二、实验原理

试样中加入过量的 $KBrO_3$-$KBr$ 标准滴定溶液，在酸性介质中，$KBrO_3$ 与 $KBr$ 反应生成 $Br_2$，$Br_2$ 与苯酚作用生成三溴苯酚，过量的 $Br_2$ 与 $KI$ 作用析出 $I_2$，用 $Na_2S_2O_3$ 标准滴定溶液滴定。反应如下：

$$BrO_3^- + 5Br^- + 6H^+ \longrightarrow 3Br_2 + 3H_2O$$

$$Br_2 + 2I^- \longrightarrow I_2 + 2Br^-$$

$$I_2 + 2S_2O_3^{2-} \longrightarrow 2I^- + S_4O_6^{2-}$$

用淀粉作指示剂，当溶液蓝色消失即为终点。

### 三、试剂

$Na_2S_2O_3$ 标准滴定溶液 $[c(Na_2S_2O_3) = 0.1mol/L]$。

$KBrO_3$-$KBr$ 标准滴定溶液 $\left[c\left(\dfrac{1}{6}KBrO_3\right) = 0.1mol/L\right]$：称取 1.5g $KBrO_3$ 及 12.5g $KBr$，加适量水溶解，稀释至 500mL，摇匀备用。

KI 溶液（10%）；HCl 溶液（1:1）；NaOH 溶液（10%）。

氯仿；淀粉指示液（10g/L）。

苯酚试样。

### 四、实验步骤

准确称取苯酚试样 0.2~0.3g，放于盛有 5mL 10% NaOH 溶液的 250mL 烧杯中，加入少量蒸馏水溶解。转移至 250mL 容量瓶中，用少量水洗涤烧杯数次，定量移入容量瓶中，稀释至刻度，摇匀。

用移液管移取上述试液 25.00mL，放于 250mL 碘量瓶中，用滴定管准确加入 $c\left(\dfrac{1}{6}KBrO_3\right) = 0.1mol/L$ 的 $KBrO_3$-$KBr$ 标准滴定溶液 30.00~35.00mL，微开碘量瓶塞，加入 1:1 的 HCl 溶液 10mL，立即盖紧瓶塞，振摇 5~10min，用水封好瓶口，于暗处放置 15min，此时生成白色三溴苯酚沉淀和 $Br_2$。微开碘量瓶塞，加入 10% 的 KI 溶液 10mL，盖紧瓶塞，充分振摇后，加氯仿 2mL，摇匀。打开瓶塞，冲洗瓶塞、瓶颈及瓶内壁，立即用 $c(Na_2S_2O_3) = 0.1mol/L$ 的 $Na_2S_2O_3$ 标准滴定溶液滴定，至溶液呈浅黄色时加淀粉指示液 3mL，继续滴定至蓝色恰好消失即为终点。同时做空白试验。平行测定 3 次。

### 五、数据记录与处理

苯酚的含量按下式计算：

$$w(C_6H_5OH) = \frac{c(Na_2S_2O_3) \cdot (V_2 - V_1) \times 10^{-3} \times M\left(\dfrac{1}{6}C_6H_5OH\right)}{m \times \dfrac{25}{250}} \times 100\%$$

式中　$w(C_6H_5OH)$——试样中苯酚的质量分数；

　　　$c(Na_2S_2O_3)$——$Na_2S_2O_3$ 标准滴定溶液的浓度，mol/L；

　　　　　　　$V_1$——滴定消耗 $Na_2S_2O_3$ 标准滴定溶液的体积，mL；

　　　　　　　$V_2$——空白试验消耗 $Na_2S_2O_3$ 标准滴定溶液的体积，mL；

$M\left(\dfrac{1}{6}C_6H_5OH\right)$——以 $\dfrac{1}{6}C_6H_5OH$ 为基本单元的 $C_6H_5OH$ 的摩尔质量，g/mol；

　　　　　　　$m$——苯酚试样的质量，g。

取平行测定结果的算术平均值为测定结果，平行测定结果的绝对差值不大于 0.20%。

## 六、注意事项

（1）苯酚在水中的溶解度较小，加入 NaOH 溶液后，与苯酚生成易溶于水的苯酚钠。

（2）实验操作中应尽量避免 $Br_2$ 的挥发损失。$KBrO_3$-KBr 标准滴定溶液遇酸即迅速产生游离 $Br_2$，$Br_2$ 易挥发，因此加 HCl 溶液和 KI 溶液时，应微开瓶塞使溶液沿瓶塞流入。

（3）本实验加入的 $KBrO_3$-KBr 标准滴定溶液是过量的，在酸性介质中生成 $Br_2$，与苯酚反应后，剩余的 $Br_2$ 不能用 $Na_2S_2O_3$ 标准滴定溶液直接滴定。因为 $Na_2S_2O_3$ 易被 $Br_2$、$Cl_2$ 等较强氧化剂非定量地氧化为 $SO_4^{2-}$。所以加过量 KI 与 $Br_2$ 作用生成 $I_2$，再用 $Na_2S_2O_3$ 标准滴定溶液滴定。

## 七、思考题

1. 为什么测定苯酚时，在试液中先加 $KBrO_3$-KBr 溶液，后加 HCl？若加入顺序颠倒，有什么结果？

2. 测定过程中两次静置的目的是什么？

3. 空白试验的目的是什么？

4. 实验中加入氯仿的目的是什么？氯仿层应是什么颜色？

5. 实验中使用的 $KBrO_3$-KBr 标准滴定溶液是否需要标定出准确浓度？为什么？

# 第七章

# 沉淀滴定法

沉淀滴定法是以沉淀反应为基础的滴定分析方法。沉淀反应很多，由于许多沉淀产物无固定组成、沉淀不完全、容易形成过饱和溶液、达到平衡的速率慢、共沉淀现象严重或缺少合适的指示剂等原因，使沉淀滴定法在应用中受到一定限制。由于上述条件的限制。能用于沉淀滴定法的反应并不多。目前比较有实际意义的是生成难溶性银盐的"银量法"，用银量法可以测定 $Cl^-$、$Br^-$、$I^-$、$SCN^-$ 和 $Ag^+$ 等以及一些含卤素的有机化合物（如六六六、DDT 等）。

根据滴定方式的不同，银量法可分为直接滴定法和返滴定法；根据确定滴定终点方法的不同，银量法分为莫尔法、福尔哈德法和法扬司法。

## 实验四十 硝酸银标准滴定溶液的配制与标定

### 一、技能目标

1. 掌握 $AgNO_3$ 标准滴定溶液的配制和标定方法；
2. 掌握用 $K_2CrO_4$ 作指示剂判断滴定终点的方法。

### 二、实验原理

$AgNO_3$ 标准滴定溶液可用基准物质 $AgNO_3$ 直接配制。一般的 $AgNO_3$ 试剂常含有杂质，如金属银、氧化银、游离硝酸等，配制成溶液后，需要进行标定。配制 $AgNO_3$ 标准滴定溶液用的纯水不应含有 $Cl^-$，配好的溶液贮存于棕色试剂瓶中。

标定 $AgNO_3$ 溶液的基准物质多用 NaCl，用 $K_2CrO_4$ 作指示剂，反应如下：

$$Ag^+ + Cl^- \longrightarrow AgCl \downarrow （白色） \qquad K_{sp} = 1.8 \times 10^{-10}$$

$$2Ag^+ + CrO_4^{2-} \longrightarrow Ag_2CrO_4 \downarrow （砖红色） \qquad K_{sp} = 2.0 \times 10^{-12}$$

当反应达到化学计量点时，微过量的 $Ag^+$ 与 $CrO_4^{2-}$ 反应析出砖红色 $Ag_2CrO_4$ 沉淀，指示滴定达到终点。

### 三、试剂

固体 $AgNO_3$。

基准试剂 NaCl：于 500～600℃灼烧至恒重。

$K_2CrO_4$ 指示剂（50g/L）：称取 5.0g $K_2CrO_4$ 溶于适量水中，稀释至 100mL。

### 四、实验步骤

1. 0.1mol/L 硝酸银标准滴定溶液的配制

称取 17g 固体硝酸银，溶于 1000mL 不含 $Cl^-$ 的纯水中，然后将溶液移入棕色试剂瓶中，摇匀，置于暗处保存，待标定。

2. $AgNO_3$ 标准滴定溶液的标定

准确称取 $0.12\sim0.15g$ 经灼烧至恒重的基准试剂 NaCl 4 份，加 70mL 纯水和 2mL 50g/L 的 $K_2CrO_4$ 指示液，在充分摇动下，用配制好的 $AgNO_3$ 溶液滴定，至溶液由黄色变为微呈砖红色即为终点，记录所用硝酸银溶液的体积。同时做空白试验。平行测定 4 份。

## 五、数据记录与处理

$AgNO_3$ 标准滴定溶液的浓度 $c(AgNO_3)$ 计算如下：

$$c(AgNO_3) = \frac{m \times 1000}{(V_1 - V_2) \cdot M(NaCl)}$$

式中　$m$——基准物质 NaCl 的质量，g；

　　　$V_1$——滴定消耗 $AgNO_3$ 标准滴定溶液的体积，mL；

　　　$V_2$——空白试验消耗 $AgNO_3$ 标准滴定溶液的体积，mL；

$M(NaCl)$——NaCl 的摩尔质量，g/mol。

平行试验不得少于 4 次，测定结果的极差与平均值之比不应大于 0.1%。

## 六、注意事项

（1）$AgNO_3$ 试剂及其溶液具有腐蚀性，破坏皮肤组织，注意切勿接触皮肤及衣服。

（2）配制 $AgNO_3$ 标准滴定溶液的纯水应无 $Cl^-$，否则配成的溶液会出现白色浑浊，不能使用。

（3）滴定时应剧烈摇动使被吸附的 $Cl^-$ 释放出来，以获得准确的终点。

（4）实验完毕，盛装 $AgNO_3$ 标准滴定溶液的滴定管应先用纯水洗涤 $2\sim3$ 次后，再用自来水洗净，以免 AgCl 沉淀残留于滴定管内壁。

（5）GB/T 601—2002 中规定，$AgNO_3$ 标准滴定溶液的标定采用电位滴定按二级微分法确定终点。

## 七、思考题

1. 用 $AgNO_3$ 标准滴定溶液滴定 NaCl 时，为什么要充分摇动溶液？如果不充分摇动溶液，对测定结果有什么影响？

2. $K_2CrO_4$ 指示剂的浓度为什么要控制？浓度过大或过小，对测定有什么影响？

3. 为什么滴定时溶液的 pH 需控制在 $6.5\sim10.5$？

> ### 📖 阅读材料
>
> # 银的回收利用
>
> 　　在银量法中，要使用 $AgNO_3$ 标准溶液，因此在银量法的滴定废液中，含有大量的银，其主要存在形式如 $Ag^+$、AgCl 沉淀、$Ag_2CrO_4$ 沉淀及 AgSCN 沉淀等。在废定影液中也含有大量银，主要以 $[Ag(S_2O_3)_2]^{3-}$ 配离子形式存在。银是贵重的金属之一，属于重金属。如果将实验中产生的这些含银废液排放掉，不仅造成了经济上的巨大浪费，而且也带来了重金属对环境的污染，严重危害人们的身体健康，此外，银氨溶液在适当的条件下还可转变成氮化银而引起爆炸。因此，将含银废液中的银回收或制备常用试剂硝酸银是极有意义的。
>
> 　　工厂化验室或学校实验室中产生的含银废液，其共同特点是银含量较低，需要进行富集，然后再提取、精制。从含银废液中提取金属银有很多途径，选择途径的依据是废液中银含量、存在形式及杂质等，因此一般选择处理方法前应了解废液的来源及基本组成情况。此处选择以下两种方法，它们具有仪器设备简单、成本低、效益高、无毒、不污染环境、操作简便等优点。

## 一、银量法中产生的含银废液的处理

### 1. 实验方案

$$废液 \xrightarrow{\text{盐酸或 NaCl+HNO}_3} \begin{cases} 沉淀 \xrightarrow{\text{NH}_3\cdot\text{H}_2\text{O}} \begin{cases} 沉淀 \\ 滤液 \xrightarrow{\text{盐酸}} \begin{cases} 沉淀(\text{AgCl}) \\ 滤液 \end{cases} \end{cases} \\ 滤液 \end{cases}$$

$$AgCl \xrightarrow{\text{NH}_3\cdot\text{H}_2\text{O}} [Ag(NH_3)_2]^+ \xrightarrow{\text{甲醛}} Ag\ 粉$$

$$Ag\ 粉 \xrightarrow{\text{1:1 硝酸}} \xrightarrow{\text{蒸发}} \xrightarrow{\text{结晶}} \xrightarrow{\text{烘干}} AgNO_3$$

### 2. 具体操作

(1) 分离干扰离子，$Ag^+$ 生成 AgCl 沉淀　在含银废液中，除 $Ag^+$ 外，还常含有 $CrO_4^{2-}$、$Hg_2^{2+}$、$Pb^{2+}$ 等离子。向废液中加入盐酸酸化（也可加入 NaCl 同时加入 $HNO_3$ 酸化），此时，$Ag_2CrO_4$ 沉淀溶解（因为 $CrO_4^{2-}$ 在酸溶液中以 $Cr_2O_7^{2-}$ 形式存在）。

$$2Ag_2CrO_4 + 2H^+ \longrightarrow 4Ag^+ + Cr_2O_7^{2-} + H_2O$$

$Ag^+$、$Hg_2^{2+}$ 生成相应的氯化物沉淀，$PbCl_2$ 溶解度较大，故 $Pb^{2+}$ 部分沉淀。

$$Ag^+ + Cl^- \longrightarrow AgCl \downarrow$$
$$Hg_2^{2+} + 2Cl^- \longrightarrow Hg_2Cl_2 \downarrow$$
$$Pb^{2+} + 2Cl^- \longrightarrow PbCl_2 \downarrow$$

沉淀过滤洗涤后，将沉淀转入烧杯中，加入过量的 1:1 氨水，AgCl 沉淀溶解，$Hg_2Cl_2$ 沉淀转化为 Hg 和 $HgNH_2Cl$ 沉淀，$PbCl_2$ 沉淀不溶。

$$AgCl + 2NH_3\cdot H_2O \longrightarrow [Ag(NH_3)_2]Cl + 2H_2O$$
$$Hg_2Cl_2 + 2NH_3\cdot H_2O \longrightarrow Hg \downarrow + HgNH_2Cl \downarrow + NH_4Cl + 2H_2O$$
$$\text{（黑色）\quad（白色）}$$

过滤除去沉淀，保留滤液，再向滤液中加入盐酸，使 $Ag^+$ 再次以 AgCl 沉淀形式析出，过滤、洗涤，保留沉淀。经过两次处理后，得到了较纯净的 AgCl 沉淀。

(2) 单质银的制备　在上述制得的 AgCl 沉淀中，加入 1:1 氨水使之全部溶解，再加入甲醛溶液使之有银灰色沉淀出现。加热搅拌，缓慢加入 40% 的 NaOH 溶液使至上层溶液面呈透明，停止加热搅拌。过滤，所得沉淀用 2% 的 $H_2SO_4$ 溶液洗涤，再用蒸馏水洗至中性，抽滤，得金属银粉末。

$$2[Ag(NH_3)_2]Cl + 2NaOH \longrightarrow Ag_2O + 2NaCl + 4NH_3 + H_2O$$
$$Ag_2O + HCHO \longrightarrow 2Ag + HCOOH$$

(3) $AgNO_3$ 的制备　将上述金属银粉末转移至瓷蒸发皿中，加入 1:1 硝酸使粉末全部溶解。在电炉上加热蒸发至有晶形析出，停止加热，将瓷蒸发皿放在烘箱中，在 110℃ 下进行结晶，得 $AgNO_3$。

## 二、废定影液的处理

### 1. 实验方案

$$废液 \xrightarrow{\text{Na}_2\text{S}} Ag_2S \downarrow \xrightarrow{\text{高温燃烧}} Ag \downarrow$$

$$Ag \xrightarrow{1:1硝酸} \xrightarrow{蒸发} \xrightarrow{结晶} \xrightarrow{烘干} AgNO_3$$

2. 具体操作

（1）分离干扰离子，$Ag^+$ 生成 $Ag_2S$ 沉淀　取 $500\sim600mL$ 废定影液于 $1000mL$ 烧杯中，加热至 $30℃$ 左右，加入 $6mol/L$ NaOH 溶液调节 $pH\approx8$。在不断搅拌下，加入 $2mol/L$ $Na_2S$ 溶液，生成 $Ag_2S$ 沉淀。

$$2Na_3Ag(S_2O_3)_2 + Na_2S \longrightarrow Ag_2S\downarrow + 4Na_2S_2O_3$$

用 $Pb(Ac)_2$ 试纸检查清液，若试纸变黑，说明 $Ag_2S$ 沉淀完全。用倾泻法分离上层清液，将 $Ag_2S$ 沉淀转移至 $250mL$ 烧杯中，用热水洗涤至无 $S^{2-}$ 为止。抽滤并将 $Ag_2S$ 沉淀转移至蒸发皿中，中火烘干，冷却，称量。

（2）单质银的制备　$Ag_2S$ 沉淀经灼烧分解为 $Ag$：

$$Ag_2S + O_2 \longrightarrow 2Ag + SO_2$$

为降低灼烧温度，可加 $Na_2CO_3$ 与少量硼砂作为助熔剂。按 $Ag_2S$、$Na_2CO_3$、$Na_2B_4O_7 \cdot 10H_2O$ 的质量比为 $3:2:1$ 的比例称取 $Na_2CO_3$ 和硼砂，与 $Ag_2S$ 混合，研细后置于瓷坩埚中，在高温炉中灼烧 $1h$。小心取出坩埚，迅速将熔化的银倒出，冷却，然后在稀 HCl 中煮沸，除去黏附在表面上的盐类，干燥，称量。

（3）$AgNO_3$ 的制备　将上面制得的银溶解在 $1:1$ 的 $HNO_3$ 溶液中，在蒸发皿中缓缓蒸发浓缩，冷却后过滤，用少量酒精洗涤，干燥，得 $AgNO_3$。

$$3Ag + 4HNO_3 \longrightarrow 3AgNO_3 + NO\uparrow + 2H_2O$$

上述方法制得的 $AgNO_3$ 纯度可用福尔哈德法测定。

## 实验四十一　硫氰酸铵标准滴定溶液的配制与标定

**一、技能目标**

1. 掌握 $NH_4SCN$ 标准滴定溶液的配制与标定方法；

2. 掌握福尔哈德法判断滴定终点的方法。

**二、实验原理**

硫氰酸铵试剂中常含有硫酸盐、氯化物等杂质，纯度在 $98\%$ 以上。配制时，应先配成近似浓度的溶液后，再用基准硝酸银或硝酸银标准滴定溶液进行标定和比较。

在硝酸溶液中，以硫酸铁铵作指示剂，在化学计量点时，稍微过量的 $SCN^-$ 就与 $Fe^{3+}$ 生成 $[Fe(SCN)]^{2+}$ 红色配离子，以指示终点到达。反应如下：

$$Ag^+ + SCN^- \longrightarrow AgSCN\downarrow（白色）$$
$$Fe^{3+} + SCN^- \longrightarrow [Fe(SCN)]^{2+}（红色）$$

若用 KSCN 或 NaSCN 配制标准滴定溶液，它们同样含有杂质，配成溶液后，也需要进行标定。

**三、试剂**

$AgNO_3$ 标准滴定溶液 $[c(AgNO_3)=0.1mol/L]$。

固体 $AgNO_3$：基准试剂，于硫酸干燥器中干燥至恒重。

$HNO_3$ 溶液（$25\%$）：量取 $308mL$ 浓 $HNO_3$，稀释至 $1000mL$，其浓度约为 $4mol/L$。

硫酸铁铵指示液（$400g/L$）：称取 $40.0g$ 硫酸铁铵 $[NH_4Fe(SO_4)_2 \cdot 12H_2O]$，溶于水

（加几滴硫酸），稀释至 100mL。

固体硫氰酸铵（或硫氰酸钾）。

**四、实验步骤**

1. 0.1mol/L NH$_4$SCN 标准滴定溶液的配制

在托盘天平上称取 8.0g NH$_4$SCN（或 10.0g KSCN）固体，溶于 1000mL 水中，摇匀，浓度待标定。

2. 用基准试剂 AgNO$_3$ 标定

准确称取 0.5g 于硫酸干燥器中干燥至恒重的基准试剂 AgNO$_3$ 固体于锥形瓶中，加 100mL 纯水溶解。加 1mL 硫酸铁铵指示液及 10mL 25％的 HNO$_3$ 溶液，在摇动下用配制好的 NH$_4$SCN 标准溶液滴定。终点前充分摇动溶液至完全清亮后，继续滴定至溶液呈浅红棕色，保持 30s 不褪色为终点。同时做空白试验。平行滴定 4 次。

3. 用 AgNO$_3$ 标准滴定溶液比较

用棕色滴定管准确量取 30.00～35.00mL 0.1mol/L 的 AgNO$_3$ 标准滴定溶液于锥形瓶中，加 70mL 纯水、1mL 硫酸铁铵指示液及 10mL 25％的 HNO$_3$ 溶液，在摇动下用配制好的 NH$_4$SCN 标准溶液滴定。终点前摇动溶液至完全清亮后，继续滴定至溶液呈浅红棕色，保持 30s 不褪色为终点。平行滴定 4 次。

**五、数据记录与处理**

标定法测定 NH$_4$SCN 标准滴定溶液的浓度计算如下：

$$c_1 = \frac{m \times 1000}{(V_1 - V_2) \cdot M(\text{AgNO}_3)} \tag{1}$$

式中　　$m$——基准试剂 AgNO$_3$ 的质量，g；

　　　　$V_1$——滴定消耗 NH$_4$SCN 标准滴定溶液的体积，mL；

　　　　$V_2$——空白试验消耗 NH$_4$SCN 标准滴定溶液的体积，mL；

$M(\text{AgNO}_3)$——AgNO$_3$ 的摩尔质量，g/mol。

平行试验不得少于 4 次，测定结果的极差与平均值之比不应大于 0.1％。

比较法测定 NH$_4$SCN 标准滴定溶液的浓度计算如下：

$$c_2 = \frac{c(\text{AgNO}_3) \cdot V(\text{AgNO}_3)}{V(\text{NH}_4\text{SCN})} \tag{2}$$

式中　$c(\text{AgNO}_3)$——AgNO$_3$ 的物质的量浓度，mol/L；

　　　$V(\text{AgNO}_3)$——AgNO$_3$ 溶液的体积，mL；

$V(\text{NH}_4\text{SCN})$——滴定消耗 NH$_4$SCN 标准滴定溶液的体积，mL。

平行试验不得少于 4 次，测定结果的极差与平均值之比不应大于 0.1％。

若上述两公式的计算结果满足下式：

$$\frac{|\bar{c}_1 - \bar{c}_2|}{\bar{c}} \times 100\% \leqslant 0.2\%$$

则实验成功。最终所配硫氰酸铵标准滴定溶液的浓度取用基准硝酸银固体标定出的浓度，即按式（1）计算出的浓度，将该浓度写于标签上。

**六、注意事项**

（1）福尔哈德法适于在酸性（稀 HNO$_3$）溶液中进行，其酸度通常控制在 0.2～0.5mol/L。在碱性或中性溶液中，指示剂中的 Fe$^{3+}$ 将发生水解而析出 Fe(OH)$_3$ 沉淀，使测定无法进行。由于此法是在稀硝酸溶液中进行滴定的，许多弱酸的阴离子如 PO$_4^{3-}$、

$AsO_4^{3-}$、$CrO_4^{2-}$ 都不会与 $Ag^+$ 产生沉淀。因此，福尔哈德法的选择性较高，可用来测定 $Cl^-$、$Br^-$、$I^-$、$SCN^-$ 和 $Ag^+$ 等离子。但是，能与 $SCN^-$ 起反应的强氧化剂、铜盐、汞盐等干扰测定，应预先除去。

（2）由于 AgSCN 沉淀对 $Ag^+$ 的吸附作用较强，因此终点时应充分摇动溶液，使被沉淀吸附的 $Ag^+$ 释放出来，以防止终点出现过早。

（3）GB/T 601—2002 中规定，$NH_4SCN$ 标准滴定溶液的标定采用电位滴定按二级微分法确定终点。

**七、思考题**

1. 滴定时为什么要用 $HNO_3$ 酸化？可否用 HCl 或 $H_2SO_4$？

2. 终点前为什么要摇动锥形瓶至溶液完全清亮后，再继续滴定？

3. 为什么终点颜色为浅红棕色，而不是浅红色？

# 实验四十二 生理盐水中 NaCl 含量的测定（莫尔法）

**一、技能目标**

1. 掌握生理盐水中 NaCl 含量测定的原理和方法；

2. 培养学生理论联系实际的应用能力。

**二、实验原理**

生理盐水是常用的输液液体，其 NaCl 含量是否达到生理等渗要求，直接影响或危害患者健康乃至生命。生理盐水中的 NaCl 可通过沉淀滴定法中的莫尔法加以测定。其反应为：

$$Ag^+ + Cl^- \longrightarrow AgCl \downarrow$$
$$（白色）$$

$$2Ag^+ + CrO_4^{2-} \longrightarrow Ag_2CrO_4 \downarrow$$
$$（黄色）\qquad （砖红色）$$

**三、仪器与试剂**

密度计。

0.1mol/L $AgNO_3$ 标准滴定溶液。

$K_2CrO_4$ 指示剂（50g/L）：称取 5.0g $K_2CrO_4$ 溶于适量水中，稀释至 100mL。

生理盐水。

**四、实验步骤**

1. 用密度计测出生理盐水的密度 $\rho$，记录。

2. 将生理盐水稀释 1 倍。用移液管准确移取 25.00mL 稀释后的生理盐水于锥形瓶中，加入 1mL $K_2CrO_4$ 指示剂，在充分摇动下，用配制好的 $AgNO_3$ 标准滴定溶液滴定，至溶液由黄色变为微呈砖红色即为终点，记录所用硝酸银标准滴定溶液的体积。同时做空白试验。平行测定 3 份。

**五、数据记录与处理**

生理盐水中 NaCl 的含量计算如下：

$$w(NaCl) = \frac{c(AgNO_3) \cdot (V_1 - V_2) \times 10^{-3} \times M(NaCl)}{V_{样} \, \rho_{样}} \times 100\%$$

式中　$w(NaCl)$——生理盐水中 NaCl 的质量分数；

　　　$c(AgNO_3)$——$AgNO_3$ 标准滴定溶液的浓度，mol/L；

$V_1$——滴定消耗 $AgNO_3$ 标准滴定溶液的体积，mL；

$V_2$——空白试验消耗 $AgNO_3$ 标准滴定溶液的体积，mL；

$M(NaCl)$——NaCl 的摩尔质量，g/mol；

$V_样$——生理盐水的体积，mL；

$\rho_样$——生理盐水的密度，g/mL。

取平行测定结果的算术平均值为测定结果，平行测定结果的相对平均偏差不大于 0.2%。

### 六、注意事项

(1) $K_2CrO_4$ 溶液的浓度至关重要，一般以 $5 \times 10^{-3}$ mol/L 为宜，故加入 50g/L $K_2CrO_4$ 指示液 1～2mL 为宜。同时做空白试验进行校正。

(2) 溶液的酸度对滴定有影响。莫尔法必须在中性或弱碱性溶液（pH 为 6.5～10.5）中进行。

(3) 干扰离子，例如能与 $Ag^+$ 生成难溶性化合物或配合物的阴离子、能与 $CrO_4^{2-}$ 生成难溶性化合物的阳离子、影响终点观察的有色离子以及在中性或弱碱性溶液中易水解产生沉淀的离子，都应预先将其分离。

### 七、思考题

1. 生理盐水的测定中为什么要先测其密度？

2. 在生理盐水的计算过程中，如果没有测定密度的数据，计算结果如何表示？

---

📖 **阅读材料**

## 食盐及其质量检验

食盐是人们生活中不可缺少的调味品，又是副食品加工中重要的辅料。我国食用盐的历史可以追溯到 5000 年前。食盐不仅有调味作用，还具有一定的医用价值和营养价值。据《大明田华本草》记载："食盐通大小便，疗疝气，滋五味"。据李时珍《本草纲目》中说"百病无不用之"，如治疗虚脱症、脚气、明目坚齿、疮癣痛痒等。人们吃盐是为了吸收其中的钠，它在人体中可产生"渗透压"，能影响细胞内外水分的流通，维持体内水分的正常分布。虽然生命离不开盐，但并非盐吃得越多越好，相反，过多的食盐对人体有害。成年人每天有 10g 左右的食盐即可满足身体需要；过量食用常可导致一些疾病的产生，食盐摄入量过多是引起高血压病的重要因素。

食盐因其来源不同可分为海盐、湖盐、池盐、井盐和岩盐（又叫矿盐）。我国已成为世界三大产盐国家之一，食盐生产以海盐为主。自 1986 年起，我国将食用盐全部由大粒原盐改为精细盐，为了提高全民族的身体素质，还在所有食用盐中加入安全剂量的碘酸钾。随着人们生活水平的不断提高，食盐的品种也由过去的生产原盐、洗涤盐和粉碎洗涤盐、精盐发展到今天的多品种食用盐，如碘盐、硒盐、锌盐、低钠盐、餐桌盐、保健盐、调味盐等。

食盐的主要成分是氯化钠，还含有少量的钾、镁、钙等物质。为保证食盐的质量，食盐一直作为专卖品由国家统一销售，并制定了 GB 5461《食用盐标准》、GB 2760—1986《食品添加剂使用卫生标准》、GB/T 5009.42—1996《食盐卫生标准的分析方法》、GB 14880—1994《食品营养强化剂使用卫生标准》等，规定了食盐的感官指标和理化指标及检验方法。

(1) 感官指标：白色、味咸，无可见的外来杂物，无苦味、涩味，无异臭。

(2) 理化指标：理化指标应符合下表的规定。

| 项　目 | | 指　标 |
|---|---|---|
| 氯化钠（以干基计）/% | | ≥97 |
| 水不溶物/% | 普通盐 | ≤0.4 |
| | 精制盐 | ≤0.1 |
| 硫酸盐（以 $SO_4^{2-}$ 计）/% | | ≤2 |
| 氟（以 F 计）/(mg/kg) | | ≤2.5 |
| 镁/% | | ≤0.5 |
| 钡（以 Ba 计）/(mg/kg) | | ≤15 |
| 砷（以 As 计）/(mg/kg) | | ≤0.5 |
| 铅（以 Pb 计）/(mg/kg) | | ≤1 |
| 食品添加剂 | | 按 GB 2760 规定 |
| 碘化钾、碘酸钾（以碘计）/(mg/kg) | | 按 GB 14880 规定 |

## 水中的氯化物及其危害

　　天然水中一般都含有氯化物，主要以钠、钙、镁的盐类存在。天然水用漂白粉消毒或加入凝聚剂 $AlCl_3$ 处理时也会带入一定量的氯化物，因此饮用水中常含有一定量的氯。一般要求饮用水中的氯化物含量不超过 200mg/L。工业用水含有氯化物对锅炉、管道有腐蚀作用；化工原料用水中含有氯化物会影响产品质量。

## 实验四十三　酱油中 NaCl 含量的测定（福尔哈德法）

### 一、技能目标

1. 掌握福尔哈德法测定酱油中 NaCl 含量的基本原理、方法；
2. 培养学生理论联系实际的应用能力。

### 二、实验原理

酱油中含有 NaCl，其含量一般不能少于 15%，太少起不到调味作用，且容易变质；如果太多，则味变苦，不鲜，感官指标不佳，影响产品质量。通常，酿造酱油中 NaCl 的含量为 18%～20%。

在 0.1～1mol/L 的 $HNO_3$ 介质中，加入过量的 $AgNO_3$ 标准溶液，再加入铁铵矾指示剂，用 $NH_4SCN$ 标准滴定溶液返滴定过量的 $AgNO_3$，至溶液出现 $[Fe(SCN)]^{2+}$ 红色指示终点。反应式为：

$$Cl^- + Ag^+ \longrightarrow AgCl \downarrow （白色）$$
$$Ag^+ + SCN^- \longrightarrow AgSCN \downarrow （白色）$$
$$Fe^{3+} + SCN^- \longrightarrow [Fe(SCN)]^{2+} （红色）$$

### 三、试剂

$HNO_3$ 溶液：16mol/L（浓）和 6mol/L。

$AgNO_3$ 标准滴定溶液 $[c(AgNO_3) = 0.02mol/L]$。

硝基苯或邻苯二甲酸二丁酯。

$NH_4SCN$ 标准滴定溶液 $[c(NH_4SCN) = 0.02mol/L]$。

铁铵矾指示剂（80g/L）：称取 8g 硫酸铁铵，溶解于少许水中，滴加浓硝酸至溶液几乎无色，用水稀释至 100mL，装入小试剂瓶中，贴好标签。

### 四、实验步骤

准确称取酱油样品 5.00g 于小烧杯中，加少量水稀释，定量移入 250mL 容量瓶中，加水稀释至刻度，摇匀。准确移取上述试液 10.00mL 置于 250mL 锥形瓶中，加水 50mL，加 15mL 6mol/L 的 $HNO_3$ 及 25.00mL $c(AgNO_3)=0.02mol/L$ 的 $AgNO_3$ 标准滴定溶液，再加 5mL 硝基苯（或邻苯二甲酸二丁酯），用力振荡摇匀。待 AgCl 沉淀凝聚后，加入铁铵矾指示剂 5mL，用 $c(NH_4SCN)=0.02mol/L$ 的 $NH_4SCN$ 标定滴定溶液滴定至血红色为终点。记录消耗 $NH_4SCN$ 标准滴定溶液的体积。平行测定 3 次。

### 五、数据记录与处理

酱油中 NaCl 的含量按下式计算：

$$w(NaCl)=\frac{[c(AgNO_3)V(AgNO_3)-c(NH_4SCN)V(NH_4SCN)]\times10^{-3}\times M(NaCl)}{5.00\times\dfrac{10}{250}}\times100\%$$

式中　$w(NaCl)$——NaCl 的质量分数；

　　　$c(AgNO_3)$——$AgNO_3$ 标准滴定溶液的浓度，mol/L；

　$c(NH_4SCN)$——$NH_4SCN$ 标准滴定溶液的浓度，mol/L；

　　$V(AgNO_3)$——测定试样时加入 $AgNO_3$ 标准滴定溶液的体积，mL；

　$V(NH_4SCN)$——测定试样时滴定消耗 $NH_4SCN$ 标准滴定溶液的体积，mL；

　　　$M(NaCl)$——NaCl 的摩尔质量，g/mol。

取平行测定结果的算术平均值为测定结果，平行测定结果的绝对差值不大于 0.2%。

### 六、注意事项

(1) 操作过程中应避免阳光直接照射。

(2) 酿造酱油国家标准为 GB 18186—2000，其中 NaCl 含量的测定用莫尔法。

(3) 返滴定法测定 $Cl^-$ 时，最好用返滴定法标定 $AgNO_3$ 溶液和 $NH_4SCN$ 溶液的浓度，以减小指示剂误差。

### 七、思考题

1. 用福尔哈德法标定 $AgNO_3$ 标准溶液和 $NH_4SCN$ 标准溶液的原理是什么？

2. 用福尔哈德法测定酱油中 NaCl 含量的酸度条件是什么？能否在碱性溶液中进行测定？为什么？

3. 用福尔哈德法测定 $Cl^-$ 时，加入硝基苯或邻苯二甲酸二丁酯有机溶剂的目的是什么？若测定 $Br^-$、$I^-$ 时是否需要加入硝基苯？硝基苯可以用什么试剂取代？

## 实验四十四　罐头食品中 NaCl 含量的测定（法扬司法）

### 一、技能目标

1. 掌握法扬司法的原理和方法；

2. 掌握荧光黄指示剂判断滴定终点的方法；

3. 掌握罐头食品的测定原理和方法；

4. 培养学生理论联系实际的应用能力。

### 二、实验原理

为了防腐和贮藏，许多罐头食品在加工中都要放入一定量的食盐。而食盐含量的多少，对罐头食品的口味品质等有一定的影响。

本实验采用法扬司法测定罐头食品中食盐的含量。反应为：

滴定前 　　　　　　　$Ag^+ + Cl^- \longrightarrow AgCl\downarrow$

$$(AgCl)_n + Cl^- \longrightarrow (AgCl)_n \cdot Cl^-$$

$$(AgCl)_n + Ag^+ \longrightarrow (AgCl)_n \cdot Ag^+$$

终点时 　　$(AgCl)_n \cdot Ag^+ + FIn^- \longrightarrow (AgCl)_n \cdot Ag^+ \cdot FIn^-$

　　　　　　　　　（黄绿色）　　　　（粉红色）

### 三、仪器与试剂

组织捣碎机。

$AgNO_3$ 标准滴定溶液 $[c(AgNO_3)=0.1mol/L]$。

NaOH 溶液（0.1mol/L）。

荧光黄指示剂（0.5%）：称取 0.5g 荧光黄溶于乙醇，用乙醇稀释至 100mL。

淀粉溶液（10g/L）：pH 试纸。

蔬菜类罐头，肉、禽、水产类罐头。

### 四、实验步骤

1. 蔬菜类罐头中食盐含量的测定

（1）取样及试样处理　将蔬菜类罐头打开，全部放入组织捣碎机中打成匀浆后置于烧杯中。准确称取匀浆 20g，用蒸馏水将试样定量转移至 250mL 容量瓶中，摇匀后滤入干燥的烧杯中，用 NaOH 溶液调节 pH=8。

（2）滴定　用移液管准确移取 50.00mL 试样于锥形瓶中，加入 5mL 淀粉溶液和少许荧光黄指示剂，混匀，用 $AgNO_3$ 标准滴定溶液滴定至溶液呈粉红色为终点。平行测定 2~3 次。

2. 肉、禽、水产类罐头中食盐含量的测定

（1）取样及试样处理　将此类罐头打开，全部放入组织捣碎机中捣匀。准确称取样品 10g，置于坩埚中，在水浴锅上干燥至内容物用玻璃棒易压碎为止，用蒸馏水溶解后定量转移至 250mL 容量瓶中，摇匀后滤入干燥的烧杯中，用 NaOH 溶液调节 pH=8。

（2）滴定　用移液管准确移取 50.00mL 试样于锥形瓶中，加入 5mL 淀粉溶液和少许荧光黄指示剂，混匀，用 $AgNO_3$ 标准滴定溶液滴定至溶液呈粉红色为终点。平行测定 2~3 次。

### 五、数据记录与处理

罐头食品中 NaCl 的含量 $w(NaCl)$ 按下式计算：

$$w(NaCl) = \frac{c(AgNO_3)V(AgNO_3) \times 10^{-3} \times M(NaCl)}{m_样 \times \frac{50}{250}} \times 100\%$$

式中　$c(AgNO_3)$——$AgNO_3$ 标准滴定溶液的浓度，mol/L；

　　　$V(AgNO_3)$——$AgNO_3$ 标准滴定溶液的体积，mL；

　　　$M(NaCl)$——NaCl 的摩尔质量，g/mol；

　　　　$m_样$——样品的质量，g。

取平行测定结果的算术平均值为测定结果，平行测定结果的绝对差值不大于 0.2%。

### 六、注意事项

（1）由于荧光黄指示剂必须在 pH 为 7~8 的溶液中使用，所以试样处理后一定要用

NaOH 调节 pH＝8，否则影响终点判断。

（2）由于吸附指示剂颜色的变化发生在沉淀表面，因此应尽可能使比表面大些，即沉淀的颗粒小一些。为此，常在滴定溶液中加入糊精或淀粉作为保护胶体，阻止卤化银沉淀过分凝聚，尽量保持胶体状态。

（3）操作过程中应避免阳光直接照射。

### 七、思考题

1. 试样处理时要注意些什么？

2. 为什么同是罐头食品，蔬菜类罐头与肉、禽、水产类罐头的称取量不同？取样量是如何确定的？

## 实验四十五　碘化钠纯度的测定（法扬司法）

### 一、技能目标

1. 掌握法扬司法测定卤化物的基本原理、方法和计算；

2. 掌握吸附指示剂的作用原理；

3. 学会以曙红作指示剂判断滴定终点的方法。

### 二、实验原理

在醋酸酸性溶液中，用 $AgNO_3$ 标准滴定溶液滴定碘化钠，以曙红作指示剂，反应式为：

滴定前　　　　　　　　　$Ag^+ + I^- \longrightarrow AgI\downarrow$

$$(AgI)_n + I^- \longrightarrow (AgI)_n \cdot I^-$$

$$(AgI)_n + Ag^+ \longrightarrow (AgI)_n \cdot Ag^+$$

终点时　　　　$(AgI)_n \cdot Ag^+ + In^- \longrightarrow (AgI)_n \cdot Ag^+ \cdot In^-$

　　　　　　　　　（黄色）　　　　　（玫瑰红色）

达到化学计量点时，微过量的 $Ag^+$ 沉淀的表面，进一步吸附指示剂阴离子使沉淀由黄色变为玫瑰红色指示滴定终点。

### 三、试剂

$AgNO_3$ 标准溶液 $[c(AgNO_3)=0.1mol/L]$。

醋酸溶液（1mol/L）。

曙红指示液：2g/L 的 70%乙醇溶液或 5g/L 的钠盐水溶液。

NaI 试样。

### 四、实验步骤

准确称取 NaI 试样 0.2g，放于锥形瓶中，加 50mL 蒸馏水溶解，加 1mol/L 醋酸溶液 10mL、曙红指示液 2～3 滴，用 $AgNO_3$ 标准滴定溶液滴定至溶液由黄色变为玫瑰红色即为终点。记录消耗 $AgNO_3$ 标准滴定溶液的体积。平行测定 3 次。

### 五、数据记录与处理

$$w(NaI) = \frac{c(AgNO_3)V(AgNO_3) \times 10^{-3} \times M(NaI)}{m} \times 100\%$$

式中　$w(NaI)$——碘化钠的质量分数；

　$c(AgNO_3)$——$AgNO_3$ 标定滴定溶液的浓度，mol/L；

　$V(AgNO_3)$——滴定时消耗 $AgNO_3$ 标准滴定溶液的体积，mL；

　　$M(NaI)$——NaI 的摩尔质量，g/mol；

$m$——NaI 试样的质量，g。

取平行测定结果的算术平均值为测定结果，平行测定结果的绝对差值不大于 0.2%。

## 六、注意事项

（1）由于曙红指示剂必须在 pH 为 3～8 的溶液中使用，所以试样溶解后一定要用 HAc 调节 pH，否则影响终点判断。

（2）选择指示剂的吸附性要适当，胶体微粒对指示剂的吸附能力应略低于对被测定离子的吸附能力。

（3）操作过程中应避免阳光直接照射。

## 七、思考题

1. 举例说明吸附指示剂的变色原理。

2. 说明在法扬司法中，选择吸附指示剂的原则。

# 第八章

# 称量分析法

【学习目标】

1. 掌握试样的溶解方法；
2. 掌握使沉淀纯净的方法；
3. 理解沉淀的条件；
4. 掌握沉淀的处理方法；
5. 掌握称量分析的计算。

## 第一节  称量分析基本操作

称量分析法是定量化学分析的方法之一。称量分析法不需要基准物质，通过沉淀和直接用分析天平称量而得到物质的含量，其测定的准确度很高，但操作过程繁琐，时间较长。尽管如此，由于称量分析法具有其他方法不可代替的特点，目前仲裁分析中仍然经常使用。

称量分析法主要有三种方法：①挥发法（汽化法），如水分的测定、蒸发和灼烧残留物的测定；②电解法；③沉淀（称量）法，即将待测组分生成沉淀，经处理后称其质量计算结果。其中沉淀法应用较多，本节介绍的主要是沉淀称量法的基本操作，包括试样的溶解、沉淀、过滤、洗涤、烘干和灼烧，最后称量等。任何一步骤操作失误，都会影响最终分析结果。

### 一、试样的溶解

将称量好的试样放入洁净的烧杯中。根据试样的性质选择用水、酸或其他溶剂溶解。溶解时，若无气体产生，将玻璃棒下端紧靠杯壁，沿玻璃棒缓缓倾入溶剂，盖上表面皿，轻轻摇动烧杯使试样溶解。若试样溶解时有气体产生，则应先加少量水使试样润湿，然后盖好表面皿，从烧杯嘴和表面皿的间隙处滴加溶剂，轻轻摇动。试样溶解后，用洗瓶吹洗表面皿的凸面，流下来的水应沿杯壁流入烧杯中，并吹洗烧杯内壁。

若需加热促使试样溶解，则应盖好表面皿，注意温度不要太高，以免暴沸使试样分解或试祥溅失。若试祥溶解后必须加热蒸发，可在烧杯边沿架上一个玻璃三角，再放表面皿。

## 二、沉淀

应根据沉淀的性质采取不同的操作方法。

### 1. 晶形沉淀

加沉淀剂时，左手拿滴管滴加沉淀剂溶液，滴管口要接近液面，以免溶液溅出；滴加速度要慢。与此同时，右手持玻璃棒充分搅拌，但要注意切勿使玻璃棒碰撞烧杯内壁或烧杯底，以免沉淀黏附在烧杯上。如果在热溶液中进行沉淀，可在水浴或电热板上进行。沉淀完毕，应检查沉淀是否完全。检查的方法是：将溶液静置，待沉淀下沉后，再加入 1～2 滴沉淀剂，如果上层清液中不出现浑浊，表示已沉淀完全；若有浑浊出现，说明沉淀尚未完全，须继续滴加沉淀剂，直到沉淀完全为止。然后盖上表面皿，放置过夜或在水浴上加热 1h 左右，使沉淀陈化。

### 2. 无定形沉淀

沉淀时，应当在较浓的溶液中，在充分搅拌下，较快地加入较浓的沉淀剂。沉淀完全后，立即用热水稀释，以减少杂质的吸附。待沉淀下沉后，检查沉淀是否完全，不必陈化，即可进行过滤和洗涤。

## 三、过滤和洗涤

过滤是使沉淀从溶液中分离出来；洗涤沉淀是为了除去混杂在沉淀中的母液和吸附在沉淀表面上的杂质。要根据沉淀的性质选用滤纸，并且要按漏斗的规格折叠滤纸。

### 1. 滤纸和漏斗的选择

首先应根据沉淀的形状选择适当大小和致密程度的滤纸。如细晶形沉淀应选直径较小（7～9cm）、致密的慢速滤纸；疏松的无定形沉淀，体积庞大，难于洗涤，可选用直径较大（9～11cm）、疏松的快速滤纸。常见国产定量滤纸的类型及规格见表 8-1。

表 8-1　定量滤纸规格

| 项　目 | 规　格 | | |
| --- | --- | --- | --- |
| | 快速 | 中速 | 慢速 |
| 质量/(g/m²) | 80±4.0 | | |
| 分离性能(沉淀物) | 氢氧化铁 | 碳酸锌 | 硫酸钡 |
| 过滤速度/(s/100mL) | 60～100 | 100～160 | 160～200 |
| 湿耐破度(水柱)/mm | ≥120 | ≥140 | ≥160 |
| 灰分/% | ≤0.01 | ≤0.01 | ≤0.01 |
| 颜色标志 | 白色 | 蓝色 | 红色 |
| 适用范围 | 粗晶形及无定形沉淀,如氢氧化铁、氢氧化铝 | 中等粒度沉淀,如大部分硫化物、磷酸铵镁 | 细粒状沉淀,如硫酸钡 |
| 圆形滤纸直径/mm | 55、70、90、110、125、180、230、270 | | |

　　称量分析使用的漏斗是长颈漏斗,其规格如图 8-1 所示,漏斗锥体角度为 60°,颈的直径通常为 3~5mm,颈长 15~20cm。滤纸放入漏斗后,其边缘应比漏斗低 0.5~1cm。将沉淀转移至滤纸上后,沉淀高度应相当于滤纸高度的 1/3~1/2。

**2. 折叠安放滤纸和做水柱**

　　折叠滤纸一般采用四折法。先将滤纸对折并按紧一半,如图 8-2(a) 所示,然后再对折,但不要按紧。把滤纸圆锥体放入干燥漏斗中,滤纸的大小应低于漏斗边缘 1cm 左右,若高于漏斗边缘,可剪掉一圈。观察折好的滤纸是否能与漏斗内壁紧密贴合,若不贴合,对折部分可适当错开改变滤纸折叠角度,打开后使顶角形成稍大于 60°的圆锥体,直至与漏斗能紧密贴合时把第二次的折边折紧。取出滤纸圆锥体,将半边为三层滤纸的外层折角撕下一角,如图 8-2(b) 所示,这样可以使内层滤纸能紧密地贴在漏斗壁上。

　　撕下来的滤纸角放在表面皿上,留作擦拭烧杯及玻璃棒上残留的沉淀用。

　　将折叠好的滤纸如图 8-2(c) 所示放入漏斗,三层的一面在漏斗颈的斜口短侧。用食指按紧三层的一边,然后用洗瓶吹入少量水润湿滤纸,轻压滤纸赶去气泡,使滤纸紧贴于漏斗壁上,再加水至滤纸边缘,让水流出。此时漏斗颈内应全部充满水,且无气泡,即形成水柱。若不能形成水柱,可用手指堵住漏斗颈下口,稍掀起滤纸的一边,用洗瓶向滤纸和漏斗的空隙处加水,使漏斗颈及滤纸锥体内外充满水,用食指将滤纸拉紧,放开堵住出口的手指,此时应可形成水柱。由于水柱的重力可起抽滤作用,从而加快过滤速度。

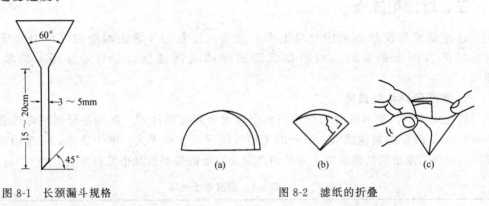

图 8-1　长颈漏斗规格　　　　　　　　图 8-2　滤纸的折叠

(a)　　　　　(b)　　　　　(c)

　　将做好水柱的漏斗放在漏斗架上,用一洁净的烧杯承接滤液,漏斗颈出口长的一侧贴于烧杯壁。漏斗位置的高低,以过滤过程中漏斗颈的出口不接触滤液为准。

**3. 倾泻法过滤和初步洗涤**

　　一手拿起烧杯置于漏斗上方,一手轻轻从烧杯中取出玻璃棒,勿使沉淀搅起,将玻璃棒下端轻触一下烧杯内壁使悬挂的液滴流回烧杯中。将玻璃棒直立,下端接近三层滤纸的一边,但不要触及滤纸。将烧杯嘴与玻璃棒贴紧,慢慢倾斜烧杯(勿使沉淀搅动)将上层清液沿玻璃棒倾入漏斗,如图 8-3 所示,漏斗中的液面不要超过滤纸高度的 2/3。暂停倾注时,将烧杯沿玻璃棒向上提起少许,同时缓缓扶正烧杯,使残留在烧杯嘴的液体流回烧杯中。待玻璃棒上的溶液流完后,将玻璃棒放回烧杯中,注意不要靠在烧杯嘴处。如此重复直至将上层清液几近倾完为止。

　　当上层清液倾注完以后,即可进行初步洗涤。洗涤时,每次用 10~20mL 洗涤液冲洗烧杯内壁,充分搅拌后静置。待沉淀沉降后,按上法倾注过滤。如此洗涤沉淀数次。洗涤的次数视沉淀的性质而定。一般晶形沉淀洗 3~4 次,无定形沉淀洗 5~6 次。每次应尽可能把洗涤液倾尽，再加下次洗涤液。随时察看滤液是否透明不含沉淀，否则应重新过滤或重做实验。

#### 4. 转移沉淀

沉淀用倾泻法洗涤几次以后，将沉淀定量地转移到滤纸上。转移沉淀时，在烧杯中加入 10～15mL 洗涤液，搅起沉淀，小心地将悬浊液顺着玻璃棒倾入漏斗中。这样重复 3～4 次，即可将大部分沉淀转移到滤纸上。注意：如果失落一滴悬浊液，整个分析作废。烧杯中留下的极少量沉淀可按图 8-4 所示方法转移。将玻璃棒横放在烧杯口上，玻璃棒下端比烧杯口长出 2～3cm，左手食指按住玻璃棒，大拇指在前，其余手指在后，拿起烧杯，放在漏斗上方。倾斜烧杯使玻璃棒仍指向三层滤纸的一边，用洗瓶或滴管冲洗烧杯内壁上附着的沉淀，使之全部转移到漏斗中。最后用折叠滤纸时撕下来的滤纸角先擦净玻璃棒上的沉淀，再放入烧杯中，用玻璃棒压住滤纸角擦拭杯壁。擦拭后的滤纸角，用玻璃棒拨入漏斗中。用洗涤液再冲洗烧杯将残存的沉淀全部转入漏斗中。仔细检查烧杯内壁、玻璃棒及表面皿是否干净，直至沉淀转移完全为止。

#### 5. 洗涤沉淀

沉淀全部转移后，继续用洗涤液洗涤沉淀和滤纸，以除去沉淀表面吸附的杂质和残留的母液。用洗瓶或滴管，由滤纸边缘稍下一些的地方螺旋向下冲洗沉淀，如图 8-5 所示，至洗涤液充满滤纸锥体的一半，此时沉淀已被冲洗集中于滤纸锥体尖端。待每次洗涤液流尽后，再进行第二次洗涤。三层滤纸的一边不易洗净，应注意多冲洗几次。洗涤数次后，检查沉淀是否洗净，直至洗净为止。

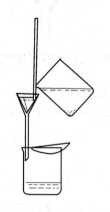  

图 8-3　倾泻法过滤　　　　图 8-4　转移沉淀　　　　图 8-5　洗涤沉淀

## 四、烘干和灼烧

#### 1. 坩埚的恒重

将坩埚用热的 1∶4 盐酸浸泡 10min 以上，洗净烘干后用氯化铁（也可用含 $Fe^{3+}$ 或 $Co^{2+}$ 的蓝墨水）在坩埚外壁及盖上编号，然后在高温炉口预热一下，于规定温度下在炉中灼烧（一般 30～40min）。从高温炉中取出坩埚时，用预热过的坩埚钳移至炉口稍冷却，将坩埚从炉中取出放在洁净瓷板（或石棉板）上，冷却到红热消退不感到烤手时，再把它放入干燥器中，送至天平室，冷却 15～20min，至与天平室温度相同，取出快速准确称量。在干燥器中冷却的初期，干燥器盖不要盖紧，留一小缝，待干燥器内无热气流逸出时再盖紧盖子，或推动干燥器盖打开几次调节气压，以防干燥器内气温升高而冲开干燥器盖；同时也防止坩埚冷却后，干燥器内压力降低致使推动打开干燥器盖比较困难。

第二次在相同温度下灼烧 15～20min，冷却称量，前后两次称量的质量之差不大于 0.2mg，即可认为坩埚已达恒重。

灼烧空坩埚的温度必须与灼烧沉淀的温度相同。

### 2. 沉淀的包裹

若是晶形沉淀，用下端细而圆的玻璃棒从滤纸的三层处小心地将滤纸从漏斗壁拨开，用洗净的手从滤纸三层处的外层把滤纸和沉淀取出，按图 8-6 所示方法包裹沉淀。沉淀包好后，将滤纸层数较多的部分向上，放入质量已恒定的空坩埚中。

若是无定形沉淀，沉淀体积较大，可用扁头玻璃棒把滤纸的边缘挑起，向中间折叠，将沉淀全部盖住，如图 8-7 所示。然后小心取出，倒转过来尖头向上或三层滤纸部分向上，放入质量已恒定的空坩埚中。

### 3. 烘干

烘干的目的是除去沉淀中的水分，以免在灼烧沉淀时因受热不均而使坩埚破裂。

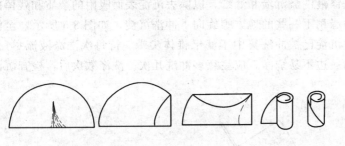

图 8-6　晶形沉淀的包裹

图 8-7　无定形沉淀的包裹

将放有沉淀的坩埚斜放在泥三角上，其底部抵在泥三角的一个边上，把坩埚盖斜倚在坩埚口的中上部，如图 8-8 所示。为使滤纸和沉淀迅速干燥，应该采用反射焰，即将煤气灯的火焰放在图 8-9(a)处，利用热空气流把滤纸和沉淀烘干。

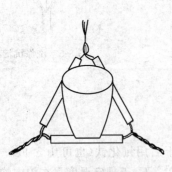

图 8-8　坩埚侧放在泥三角上

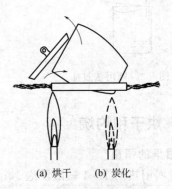

(a) 烘干　　(b) 炭化

图 8-9　烘干与炭化

### 4. 炭化和灰化

滤纸和沉淀烘干后，将煤气灯的火焰移至图 8-9(b)处，加热使滤纸炭化。炭化时，如果滤纸着火，可将坩埚盖盖上，让火焰熄灭（绝对不许用嘴吹灭！）。滤纸炭化后，增大火焰，继续加热直至全部灰化不再呈黑色为止，可用坩埚钳转动坩埚使其灰化完全。

当在电炉上进行烘干、炭化和灰化时,将带有沉淀的坩埚直立放在电炉上,坩埚盖掩盖一半,加热温度不要太高,使沉淀和滤纸慢慢干燥和炭化。滤纸炭化后,升高温度使其灰化完全。

**5. 灼烧**

沉淀和滤纸灰化后,将坩埚移至高温炉中(根据沉淀性质调节适当温度),斜盖上坩埚盖,但留有空隙。在与灼烧空坩埚时相同温度下灼烧 40～50min,与空坩埚灼烧操作相同,取出,冷却至室温称量。然后进行第二次、第三次灼烧,直至坩埚和沉淀恒重为止。一般第二次以后的灼烧 20min 即可。

某些沉淀在烘干时就可得到一定组成,此时就无须再灼烧,而热稳定性差的沉淀也不宜灼烧,这时,可用微孔玻璃坩埚烘干至恒重即可。微孔玻璃坩埚放入烘箱中烘干时,应将它放在表面皿上进行。根据沉淀性质确定干燥温度。一般第一次烘干约 2h,第二次烘干为 45min 至 1h。如此重复烘干,称量,直至恒重为止。

## 五、冷却和称量

冷却和称量的操作与空坩埚相同。第一次称量后,继续灼烧一定时间,冷却后再称量,直至质量恒定为止。放干燥器内冷却的条件与时间应尽量一致,这样才容易达到质量恒定。

称量带沉淀的微孔玻璃坩埚的方法与上面叙述方法相同。

干燥器是具有磨口盖子的厚质玻璃器皿,如图 8-10 所示,用来进行干燥或保存干燥物品。干燥器内放置一块有圆孔的瓷板,瓷板上层放置干燥物品,下层放干燥剂。常用的干燥剂有变色硅胶和无水氯化钙。当蓝色硅胶变成红色(钴盐水合物颜色)时,应将其烘干重复使用;若使用无水氯化钙,则吸潮后需更换。干燥剂装至瓷板下层的一半即可。为避免干燥器壁沾污,应筛除粉尘,借助纸筒送入底部,如图 8-10(a) 所示。

(a) 装干燥剂　　　　(b) 开启干燥器　　　　(c) 搬动干燥器

图 8-10　干燥器的操作

干燥器的磨口边沿及盖沿,应涂敷一薄层凡士林使之密合。打开干燥器时,用左手按住干燥器的下部,右手拿住盖子上的圆顶,向左前方平推打开器盖,如图 8-10(b) 所示。取下的盖子应仍拿在右手中,用左手取放干燥物品,及时盖好干燥器盖。必要时,可将干燥器盖里朝上、圆顶朝下,放在台上。盖时也应拿住圆顶部分,平推盖好。

搬动干燥器时,两手大拇指压紧干燥器盖,其他手指托住下沿,如图 8-10(c) 所示。禁止用一只手抱干燥器走动,以防盖子滑落打碎。

干燥器内的空气并非绝对干燥,灼烧后的坩埚和沉淀不宜在干燥器内放置过久,应严格控制时间,及时进行称量。

阅读材料

## 沉淀与放射性元素钋和镭的发现

玛丽·斯克洛多芙斯卡 1867 年 11 月 7 日出生沙俄统治下的华沙,当时波兰已经亡国 100 多年了。她少年时就有强烈的爱国思想,青年时代又爱上了科学,决心要以科学振兴祖国,为波兰争光。她于 1891 年来到巴黎求学,先后以优异的成绩获得数学和物理学硕士学位,1895 年与已是物理学教授的居里结婚,结成了一对后来非常著名的科学伴侣。

从 1898 年 6 月起,居里夫妇共同探索沥青铀矿中的新的放射性元素,他们把这种矿石分解后,用系统的化学分析程序把其中的各种元素按组一组一组逐步分开。每经过一步分离,就测定两部分的放射线,根据溶液和沉淀有无放射性或放射性的大小来确定新元素在哪一部分中。最后他们发现在沥青铀矿中有两种新的放射性元素。1898 年 7 月他们根据放射性证实了一种新放射性元素的存在,当时他们还只是得到了一点点富集了这种新元素的硫化铋,它的放射性远比金属铀的放射性大得多。玛丽为这个新元素命名为"Polonium"(钋),这是为了纪念她的祖国波兰。

五个月后,居里夫妇又根据放射性发现了另一种新的放射性元素,它已富集在氯化钡结晶里。这种混有新元素的晶体比金属铀的放射性竟大 900 倍。居里夫妇给该元素命名为"Radium"(镭),意思是"赋予放射性的物质"。钋富集在硫化铋沉淀中,镭富集在氯化钡晶体中,这说明它们的化学性质分别很像铋和钡,而与铀相差很远。但是,这时居里夫妇还没有得到一点点纯的镭或钋的化合物。于是他们便从奥地利处理沥青铀矿的国营矿场买到了便宜的废矿渣。从 1899 年到 1902 年年底,居里夫妇在物理学校的破烂工棚里艰苦地工作了 45 个月,一公斤一公斤地处理了两吨废矿渣。经过几百万次的溶解、沉淀和结晶等提炼工作,终于得到仅仅 100mg 的光谱纯氯化镭。它的放射性强大得令人吃惊,竟是铀盐的 200 万倍!把它放在玻璃瓶里,玻璃瓶就放出紫色的荧光,它也能使金刚石、红宝石、萤石、硫化锌、铂氰化钡等发出磷光。他们对镭的原子量进行了初步测定,大约是 225,从而确定了镭在周期表中处于 ⅡA 族钡的下面。1903 年 6 月 25 日,36 岁的玛丽·居里夫人在巴黎大学通过了博士论文答辩,论文题目是《放射性物质的研究》;同年 11 月,英国皇家学会授予居里夫妇戴维金质奖章;12 月 10 日,居里夫妇和贝克勒一道荣获这一年的诺贝尔物理学奖,分享奖金。

全世界只有为数极少的几位科学家两次获得诺贝尔奖,居里夫人是其中唯一的女科学家。1934 年 7 月 4 日,居里夫人在长期患恶性贫血白血病后与世长辞。医生的证明是:"夺去居里夫人生命的真正罪人是镭。"她把自己的一生献给了科学事业。

## 练 习 题

### 一、选择题

1. 用烘干法测定煤中水分的含量属于称量分析法的是( )。

   A. 沉淀法    B. 汽化法    C. 电解法    D. 萃取法

2. 沉淀称量分析中,依据沉淀性质,由( )计算试样的称样量。

   A. 沉淀的质量        B. 沉淀的重量

   C. 沉淀灼烧后的质量    D. 沉淀剂的用量

3. 若沉淀中杂质含量太高,则应采用( )措施使沉淀纯净。

   A. 再沉淀            B. 提高沉淀体系温度

   C. 延长陈化时间      D. 减小沉淀的比表面积

4. 只需烘干就可称量的沉淀，选用（　　）过滤。

    A. 定性滤纸       B. 定量滤纸

    C. 无灰滤纸       D. 玻璃砂芯坩埚或漏斗

5. 在称量分析中能使沉淀溶解度减小的因素是（　　）。

    A. 酸效应       B. 盐效应

    C. 同离子效应     D. 生成配合物

6. 已知 $BaSO_4$ 的溶度积 $K_{sp}=1.1\times10^{-16}$，将 $0.1mol/L$ 的 $BaCl_2$ 溶液和 $0.01mol/L$ 的 $H_2SO_4$ 溶液等体积混合，则溶液（　　）。

    A. 无沉淀析出       B. 有沉淀析出

    C. 析出沉淀后又溶解     D. 不一定

7. 在称量分析中，为了生成结晶晶粒比较大的晶形沉淀，其操作要领可以归纳为（　　）。

    A. 热、稀、搅、慢、陈     B. 冷、浓、快

    C. 浓、热、快       D. 稀、冷、慢

8. 称量分析对称量形式的要求是（　　）。

    A. 颗粒要粗大     B. 相对分子质量要小

    C. 表面积要大     D. 组成要与化学式完全符合

9. 下列选项中，有利于形成晶形沉淀的是（　　）。

    A. 沉淀应在较浓的热溶液中进行     B. 沉淀过程应保持较低的过饱和度

    C. 沉淀时应加入适量的电解质     D. 沉淀后加入热水稀释

10. 下面有关称量分析法的叙述不正确的是（　　）。

    A. 称量分析是定量分析方法之一

    B. 称量分析法不需要基准物作比较

    C. 称量分析法一般准确度较高

    D. 操作简单，适用于常量组分和微量组分的测定

11. 下列有关影响沉淀完全的因素表述错误的是（　　）。

    A. 利用同离子效应，可使被测组分沉淀更完全

    B. 配位效应的存在，将使被测离子沉淀不完全

    C. 异离子效应的存在，可使被测组分沉淀完全

    D. 温度升高，会增加沉淀的溶解损失

12. 过滤大颗粒晶体沉淀，应选用（　　）。

    A. 快速滤纸     B. 中速滤纸     C. 慢速滤纸     D. 4 号玻璃砂芯坩埚

13. 沉淀灼烧温度一般高达 $800℃$ 以上，灼烧时常用下列何种器皿？（　　）

    A. 银坩埚     B. 铁坩埚     C. 镍坩埚     D. 瓷坩埚     E. 玻璃砂芯滤器

14. 称量分析法中，前后两次称量结果之差不大于（　　）mg，即可认为坩埚已达质量恒定。

    A. 0.4     B. 0.2     C. 0.3     D. 0.1

15. 过滤时，漏斗中液面不可超过滤纸高度的（　　）。

    A. 1/3     B. 2/3     C. 3/4     D. 1/2

16. 用 $BaSO_4$ 称量法测定 $Ba^{2+}$ 时，应选用的沉淀剂是（　　）。

    A. $Na_2SO_4$     B. 稀 $H_2SO_4$     C. $Na_2S$     D. $AgNO_3$

17. 过滤 $BaSO_4$ 沉淀，应选用（　　）。

    A. 快速滤纸     B. 中速滤纸     C. 慢速滤纸     D. 4 号玻璃砂芯坩埚

18. 在下列杂质离子的存在下，以 $Ba^{2+}$ 沉淀 $SO_4^{2-}$ 时，沉淀首先吸附（　　）。

    A. $Fe^{3+}$     B. $Cl^-$     C. $Ba^{2+}$     D. $NO_3^-$

19. 洗涤沉淀时，检查滤液中有无 $Cl^-$，可用（　　）溶液检验。

    A. $AgNO_3$     B. $AgCl$     C. $KNO_3$     D. $KCl$

20. 在 $SO_4^{2-}$、$Fe^{3+}$、$Al^{3+}$ 的混合液中，以 $BaSO_4$ 称量法测定 $SO_4^{2-}$ 含量，可选用下列哪种方法消除 $Fe^{3+}$、$Al^{3+}$ 的干扰？（      ）

    A. 控制溶液的酸度法    B. 配位掩蔽法    C. 离子交换法

    D. 沉淀分离法    E. 溶剂萃取法

**二、判断题**

1. 沉淀的转化对于相同类型的沉淀通常是由溶度积较大的转化为溶度积较小的过程。（      ）

2. 从高温电炉里取出灼烧后的坩埚，应立即放入干燥器中予以冷却。（      ）

3. 在称量分析中，"恒重"的定义是前后两次称量的质量之差不超过 0.2mg。（      ）

4. 为使沉淀溶解损失减小到允许范围，可通过加入适当过量的沉淀剂来达到这一目的。（      ）

5. 洗涤沉淀是为了洗去表面吸附的杂质和混杂在沉淀中的母液。（      ）

6. 称量法分离出的沉淀进行洗涤时，洗涤次数越多，洗涤液用量就越多，则测定结果的准确度越高。（      ）

7. 用洗涤液洗涤沉淀时，要少量、多次，为保证 $BaSO_4$ 沉淀的溶解损失不超过 0.1%，洗涤沉淀每次用 15～20mL 洗涤液。（      ）

8. 沉淀的过滤和洗涤必须一次完成，否则沉淀极易吸附杂质离子，难洗干净。（      ）

9. 倾入漏斗中的溶液不应超过漏斗的 2/3。（      ）

10. 沉淀按物理性质的不同可分为晶体沉淀和非晶体沉淀。（      ）

11. 沉淀称量法测定中，要求沉淀式和称量式相同。（      ）

12. 根据溶度积原理，难溶化合物的 $K_{sp}$ 为常数，所以加入沉淀剂越多，则沉淀越完全。（      ）

13. 在沉淀反应中，沉淀的颗粒愈小，沉淀吸附的杂质愈多。（      ）

14. 称量分析结果的计算，其主要依据是沉淀质量和换算因素。（      ）

15. 以 $BaSO_4$ 称量法测定 $Ba^{2+}$，沉淀过程中产生了共沉淀现象，产生正误差。（      ）

16. 换算因数表示被测物质的摩尔质量与称量形式的摩尔质量的比值，且物质的被测元素在分子、分母中原子个数相等。（      ）

# 第二节　称量分析实验

## 实验四十六　氯化钡中结晶水含量的测定

**一、技能目标**

1. 掌握汽化法测定结晶水的方法；

2. 学会正确使用电热干燥箱；

3. 掌握烘除结晶水至质量恒定的概念及操作方法。

**二、实验原理**

结晶水是物质结构内部所含的水，加热到一定温度即可失去。

氯化钡（$BaCl_2 \cdot 2H_2O$）的结晶水在 120～125℃可汽化失去。因此，称取一定质量的氯化钡，在该温度下加热到质量不再改变时，试样所减轻的质量就是结晶水的质量。

**三、仪器与试剂**

低型称量瓶；干燥器；电热干燥箱。

氯化钡。

**四、实验步骤**

1. 取洗净的低型称量瓶两个，将瓶盖横立在瓶口上，置于干燥箱中于 125℃烘干 1h。

取出，放入干燥器中，盖上瓶盖（先不要盖严，以防冷却后不易打开），冷却至室温（约20min），称量。再烘一次，冷却，称量。重复进行直至质量恒定，即两次称量之差不超过0.2mg。

2. 将氯化钡（BaCl$_2$·2H$_2$O）试样1g放入称量瓶中，盖上瓶盖，准确称量。然后将瓶盖横立在瓶口上，于125℃烘干2h，放入干燥器中冷却至室温，称量。再烘1h，冷却，称量。重复烘干和称量，直至质量恒定（前后两次称量结果之差，不大于0.2mg），平行测定两次。

**五、数据记录与处理**

氯化钡中结晶水的含量按下式计算：

$$w(H_2O) = \frac{m_1 - m_2}{m} \times 100\%$$

式中　$w(H_2O)$——氯化钡中结晶水的含量；

　　　$m_1$——试样和称量瓶烘干前的质量，g；

　　　$m_2$——试样和称量瓶烘干后的质量，g；

　　　$m$——试样的质量，g。

**六、注意事项**

（1）空称量瓶的恒重与试样烘干的恒重是实验成败的关键。

（2）温度不要高于125℃，否则BaCl$_2$可能有部分挥发。

（3）在热的情况下，称量瓶盖子不要盖严，以免冷却后盖子不易打开。

（4）加热时间不能少于1h。

**七、思考题**

1. 空称量瓶为什么要先烘干至质量恒定？若没有烘干至恒重，对测定结果有何影响？加热温度为何要与烘除结晶水的温度相同？

2. 称量分析中"质量恒定"的意义是什么？如何进行恒重操作？

3. 是否可以加长烘干时间，来代替烘干至质量恒定？

## 实验四十七　氯化钡含量的测定

**一、技能目标**

1. 掌握称量分析沉淀法测定氯化钡含量的原理和方法；

2. 掌握晶形沉淀的沉淀条件；

3. 掌握沉淀、过滤、洗涤、烘干、灰化和灼烧等称量分析的基本操作技术；

4. 学会正确使用高温炉。

**二、实验原理**

Ba$^{2+}$以形成BaSO$_4$的溶解度为最小（$K_{sp}=1.1\times10^{-10}$），组成与化学式符合，性质稳定，能满足称量分析对沉淀式及称量式的要求。因此，以称量分析沉淀法测定Ba$^{2+}$或SO$_4^{2-}$，都是采用BaSO$_4$称量法。

$$Ba^{2+} + SO_4^{2-} \longrightarrow BaSO_4 \downarrow$$

BaSO$_4$沉淀经陈化后，再经过过滤、洗涤和灼烧至恒重。根据所得BaSO$_4$形式的质量，可计算试样中待测组分的质量分数。

**三、仪器与试剂**

称量瓶，烧杯，玻璃棒，表面皿，量筒，滴管，洗瓶，长颈漏斗，瓷坩埚，干燥器，定量滤纸（慢速），漏斗架，坩埚钳，煤气灯（或电炉），高温炉。

HCl 溶液（2mol/L）：量取 170mL 浓 HCl，稀释至 1000mL。

$H_2SO_4$ 溶液 $[c(H_2SO_4)=1mol/L]$：量取 56mL 浓 $H_2SO_4$，缓缓注入 700mL 水中，冷却，稀释至 1000mL。

$HNO_3$ 溶液（2mol/L）：量取 154mL 浓 $HNO_3$，稀释至 1000mL。

$AgNO_3$ 溶液（0.1mol/L）：称取 17g $AgNO_3$，溶于水后稀释至 1000mL。

$NH_4NO_3$ 溶液（1%）：称取 1g $NH_4NO_3$，溶于 99mL 水中。

**四、实验步骤**

1. 空坩埚的准备

取两个洁净干燥的瓷坩埚，编好号，于 800～850℃高温炉中灼烧 30～45min，稍冷后置于干燥器中冷却至室温，称量。第二次灼烧 15～20min，冷却，称量。直至质量恒定。保存于干燥器中备用。

2. 氯化钡含量的测定

（1）试样的称取和溶解   准确称取氯化钡试样 0.4～0.6g 两份，分别置于 250mL 烧杯中，各加 100mL 水溶解。

（2）沉淀和陈化   在盛有试样溶液的烧杯中，各加入 2mol/L HCl 溶液 3～5mL，盖上表面皿，加热近沸（勿使溶液沸腾，以免液体飞溅）。未溶的试样应全部溶解。

另取 $H_2SO_4$ 溶液 4mL 两份，分别置于两个 100mL 烧杯中，各加 30mL 水，加热近沸。

将盛有试样热溶液的烧杯放在桌上，用洗瓶冲洗表面皿凸面，洗液一并流入烧杯中。趁热，在不断搅拌下，用胶帽滴管将 $H_2SO_4$ 热溶液以每秒 2～3 滴的速度加到试样溶液中，直至剩余几滴 $H_2SO_4$ 溶液为止。搅拌时玻璃棒不要碰烧杯底和内壁，以免划损烧杯，且使沉淀黏附在烧杯壁上。用洗瓶冲洗玻璃棒和烧杯上部边缘，把附着在上面的沉淀微粒冲入烧杯。

待沉淀沉降后，用滴管取剩余的稀 $H_2SO_4$ 溶液 1～2 滴沿烧杯壁注入已澄清的试液中，检验沉淀是否完全。如果上层清液不出现浑浊，则表明 $Ba^{2+}$ 已沉淀完全；若有浑浊现象，则应继续滴加稀 $H_2SO_4$ 溶液，直至沉淀完全为止。

将玻璃棒移靠于烧杯口，盖上表面皿，放置过夜进行陈化，放置时间不少于 12h；或者将烧杯置于水浴上，加热 1h，并不时搅拌，以进行陈化。

（3）沉淀的过滤和洗涤   取慢速定量滤纸两张，折叠好分别放在两个长颈漏斗中并做好水柱。将漏斗放在漏斗架上，漏斗下面放一洁净的 400mL 烧杯接收滤液，漏斗颈斜边长的一侧贴靠烧杯壁。

先将沉淀上面的清液用倾泻法倾入滤纸锥体，再取 $H_2SO_4$ 溶液 4mL 稀释至 200mL 作洗涤液，每次用 15～20mL，仍用倾泻法在烧杯中洗涤沉淀 3～4 次。然后将沉淀定量地转移到滤纸上。开始转移时注意是否有沉淀穿过滤纸进入接收滤液的烧杯中。若有穿透现象，应将下面滤液重新过滤，或重做实验。

继续用 $H_2SO_4$ 洗涤液洗涤沉淀，并使沉淀集中在滤纸锥体的底部，直至洗涤到滤出液不含 $Cl^-$ 为止。检验有无 $Cl^-$ 的方法是：用表面皿收集几滴滤液，加 1 滴稀 $HNO_3$，以 $AgNO_3$ 溶液检验，若无白色浑浊产生，表示 $Cl^-$ 已洗净。再用 1% 的 $NH_4NO_3$ 溶液洗涤 1～2 次，以除去残留的 $H_2SO_4$。

（4）沉淀的灼烧和称量   将洗涤干净的沉淀连同滤纸取出，折成小包，放入已灼烧至质量恒定的坩埚中，在煤气灯或电炉上进行干燥、炭化和灰化。然后将坩埚送入高温炉，于 800～850℃灼烧 30min，取出稍冷，放入干燥器内冷却至室温（约 20min），称量。再灼烧

15min，冷却，称量。反复操作直至质量恒定（前后两次称量结果之差不大于 0.2mg）。平行测定两次。

### 五、数据记录与处理

试样中氯化钡的含量按下式计算：

$$w(BaCl_2 \cdot 2H_2O) = \frac{(m_2 - m_1)F}{m} \times 100\%$$

$$F = \frac{M(BaCl_2 \cdot 2H_2O)}{M(BaSO_4)}$$

式中　$w(BaCl_2 \cdot 2H_2O)$——氯化钡的含量；

$m_2$——坩埚和沉淀灼烧至恒重后的质量，g；

$m_1$——空坩埚的质量，g；

$m$——试样的质量，g；

$F$——换算因子；

$M(BaCl_2 \cdot 2H_2O)$——$BaCl_2 \cdot 2H_2O$ 的摩尔质量，g/mol；

$M(BaSO_4)$——$BaSO_4$ 的摩尔质量，g/mol。

### 六、注意事项

（1）氯化钡是剧毒品！不可直接接触皮肤和衣服！

（2）安全使用电炉、煤气灯、马弗炉，防止高温灼伤。

（3）在用 $H_2SO_4$ 沉淀 $Ba^{2+}$ 时，易使阴离子发生共沉淀，可在沉淀之前，加入 HCl 蒸发除去 $NO_3^-$ 等阴离子，余下的 $Cl^-$ 可用稀 $H_2SO_4$ 溶液洗涤，直至无 $Cl^-$ 为止。

（4）加入稀 $H_2SO_4$ 溶液的速度要适当慢，且在不断搅拌下进行，有利于获得粗大的晶形沉淀物。

（5）为使滤纸在烘干时不致炭化，应在洗去 $Cl^-$ 后的滤纸上，再用 $NH_4NO_3$ 稀溶液洗去滤纸上附着的酸。

（6）滤纸未灰化前，温度不要太高，以免颗粒沉淀随火焰飞散，使结果偏低。

### 七、思考题

1. 晶形沉淀的沉淀条件是什么？

2. 在试液中加沉淀剂稀 $H_2SO_4$ 前，为什么要加 2mol/L 的 HCl 溶液少许？

3. 为什么要在热溶液中沉淀 $BaSO_4$，而要在冷却后过滤？沉淀后为什么要陈化？

4. 洗涤 $BaSO_4$ 沉淀时，为什么先用极稀的 $H_2SO_4$ 溶液，最后要用 1‰ 的 $NH_4NO_3$ 溶液洗涤？若不用 1‰ 的 $NH_4NO_3$ 溶液洗，会有什么影响？

5. 洗涤 $BaSO_4$ 沉淀，为什么以检查 $Cl^-$ 作为洗涤干净的标志？

6. 沉淀灼烧温度超过 950℃，会有什么结果？

7. 若将前一个实验中烘除结晶水的氯化钡作为试样，应称取多少克？

---

**阅读材料**

## 氯化钡相关知识简介

（1）物化性质　相对分子质量 244.27，无色有光泽的单斜晶体。相对密度 3.097。溶于水，微溶于盐酸、硝酸，极微溶于醇。温度高于 113℃ 时失去两分子水。水溶液有苦味。有毒！

（2）质量标准　国家标准 GB/T 1617—89。

（3）制法　可用碳酸钡与盐酸混合制得。

（4）用途　可作分析试剂、脱水剂，制钡盐，以及用于电子、仪表、冶金、净水、鞣革、颜料、纺织、陶瓷等工业，也用于制造其他钡盐及金属热处理等。

（5）毒性　氯化钡是剧毒品，可引起大脑及软脑膜的炎症。中毒时毛细血管通透性升高，同时伴有出血及水肿；抑制骨髓并引起肝脏疾患、脾硬化。经口中毒引起胃痛、恶心、呕吐、腹泻、血压升高、脉搏坚实而无规律、呼吸困难等。食入 0.2～0.5g 可引起中毒，致死剂量为 0.8～0.9g。如发现中毒，速服硫酸镁或硫酸钠，采取洗胃、灌肠、催吐等措施。美国规定最高容许浓度为 0.5mg/m³。生产过程中要注意防尘和除尘。工作时应戴口罩、手套，穿工作服，以保护皮肤和呼吸器官。

（6）包装贮运　包装上应有明显的"有毒品"标志。属无机有毒品，危规编号 83004。应贮存在通风、干燥的库房中。注意包装完整，严防受潮。不可与食用原料共贮混运。搬运人员应穿工作服，戴口罩和手套以防中毒。失火时，可用水和沙土及各种灭火器扑救。

## 实验四十八　面粉中灰分含量的测定

### 一、技能目标

1. 掌握面粉中灰分含量测定的原理和方法；
2. 掌握直接灰化法测定灰分的原理及操作要点；
3. 掌握高温炉的使用方法，坩埚的处理、样品炭化和灰化等基本操作方法。

### 二、实验原理

一定质量的食品在高温灰化时，可去除有机质，保留食品中原有的无机盐及少量有机化合物经燃烧后也生成的无机物，样品质量会发生改变。根据样品的失重，可计算食品中总灰分的含量。

### 三、仪器与试剂

高温炉（附自动恒温控制器）；瓷坩埚；坩埚钳；分析天平；干燥器。

面粉试样。

### 四、实验步骤

1. 坩埚的准备

取两个大小适宜、洁净干燥的瓷坩埚，编好号，于 600℃下灼烧 0.5h，稍冷后置于干燥器中冷却至室温，称量。第二次灼烧 15～20min，冷却，称量。直至质量恒定。保存于干燥器中备用。

2. 样品的测定

准确称取 2～3g 面粉试样于事先恒重的瓷坩埚中，先以小火加热使面粉充分炭化至无烟，然后置于高温炉中，在 550～600℃灼烧至无炭粒，即灰化完全，灼烧约 2h，将坩埚移至炉口，冷却至红热退去后取出放入干燥器中冷却至室温，称量。灰分应呈白色或浅灰色。重复灼烧至前后两次称量相差不超过 0.2mg 为恒重。

### 五、数据记录与处理

面粉中灰分的含量按下式计算：

$$w = \frac{m_2 - m_1}{m} \times 100\%$$

式中　$w$——总灰分含量；

$m_2$——坩埚加灰分的质量，g；

$m_1$——空坩埚的质量，g；

$m$——试样的质量，g。

## 六、注意事项

（1）空坩埚恒重时应连同盖子一起恒重。

（2）注意避免样品着火燃烧。

（3）炭化灼烧时，应将坩埚盖斜倚在坩埚口。

（4）对难于灰化的样品，可添加灰化助剂或其他方法加速其灰化速度，使其灰化完全。

## 七、思考题

1. 对于难灰化的样品可采取什么措施加速灰化？

2. 灰分测定与水分测定中的恒重操作过程有何不同？

3. 本实验应如何准备空坩埚？

---

### 📖 阅读材料

# 食品中的灰分与营养

所谓灰分，顾名思义，是指物质经高温灼烧后残留下来的灰。食品由大分子的有机物质和小分子的无机物质所组成，这些组分经高温加热时，发生一系列变化，有机成分挥发逸散，无机成分留在灰中，因此，食品灰分的含义又可视为食品中无机盐的总称。由于食品经灰化后，残留物质与食品中原有的无机物不完全相同，例如，碳在高温加热过程中，可形成无机物碳酸盐，此外，由食品原料中引入的二氧化硅、在加工过程中混入的机械杂质等，都留在灰中，因此严格说来，食品经高温灼烧后的残留物应称为总灰分（或粗灰分）。

无机盐是六大营养要素之一，要正确评价某食品的营养价值，其无机盐含量是一个评价指标。例如，黄豆是营养价值较高的食物，除富含蛋白质外，它的灰分含量高达 5.0%。故测定灰分含量，在评价食品品质方面有其重要意义。根据食品中总灰分的测定，可判断食品受污染的程度。此外，总灰分的测定是某些食品加工精度的一项控制指标。例如，面粉的加工精度越高，灰分含量越低，如富强粉中灰分含量为 0.3%～0.5%，标准粉中为 0.6%～0.9%，全麦粉中为 1.2%～2.0%。

测定总灰分的方法有直接灰化法、硫酸灰化法及醋酸镁灰化法。其中，直接灰化法广泛应用于各类食品中灰分含量的测定。

对难于灰化的样品，可采用下述方法缩短灰化时间，使灰化完全。

（1）样品初步灼烧后，取出冷却，加水至残渣中，使水溶性盐类溶解，让未灰化物露出后，在水浴上加热干涸，于 120～130℃充分干燥，再反复灼烧至恒重。

（2）添加乙醇、硝酸、碳酸铵、过氧化氢等灰化助剂。这类物质在灼烧后完全消失，不增加残灰的质量，但可起到加速灰化的作用。

（3）添加氧化镁、碳酸钙等惰性不溶物质。它们与灰分混杂在一起，使碳粒不被覆盖。此法应做空白试验。

## 实验四十九   茶叶中水分含量的测定

### 一、技能目标

1. 掌握茶叶中水分含量的测定方法；

2. 掌握称量分析基本操作。

**二、实验原理**

在常压条件下，茶叶试样于（103±2）℃的电热恒温干燥箱中加热至恒重，称其质量损失即为茶叶中水分的含量。

**三、仪器与试剂**

铝质烘皿：具盖，内径 75～80mm。

鼓风电热恒温干燥箱：能自动控制温度，±2℃。

干燥器：内盛有效干燥剂。

分析天平。

茶叶试样。

**四、实验步骤**

1. 铝质烘皿的准备

将洁净的铝质烘皿连同盖置于（103±2）℃的干燥箱中，加热 1h，加盖取出，于干燥器内冷却至室温，称量（准确至 0.001g）。

2. 仲裁法——103℃恒重法

称取充分混匀的试样 5g（准确至 0.001g）于已恒重的铝质烘皿中，置于（103±2）℃的干燥箱内（皿盖斜置皿边），加热 4h。加盖取出，于干燥器内冷却至室温，称量。再置于干燥箱中加热 1h，加盖取出，于干燥器内冷却，称量。重复加热 1h 的操作，直至连续两次称量差不超过 0.005g 即为恒重，以最小称量为准。

3. 快速法——120℃烘干法

称取充分混匀的试样 5g（准确至 0.001g）于已恒重的铝质烘皿中，置于 120℃干燥箱内（皿盖斜置皿边），以 2min 内回升到 120℃时计算，加热 1h，加盖取出，于干燥器内冷却至室温，称量（准确至 0.001g）。

**五、数据记录与处理**

茶叶中水分的含量按下式计算：

$$w(H_2O) = \frac{m_1 - m_2}{m} \times 100\%$$

式中　$w(H_2O)$——茶叶中水分的含量；

$m_1$——试样和铝质烘皿烘干前的质量，g；

$m_2$——试样和铝质烘皿烘干后的质量，g；

$m$——茶叶试样的质量，g。

**六、注意事项**

安全使用电热恒温干燥箱，防止触电、高温灼伤。

**七、思考题**

1. 烘皿为什么事先应先干燥？否则对分析结果会有哪些影响？

2. 烘干后的试样为何要恒重？恒重如何操作？

📖 **阅读材料**

# 茶叶中的主要化学成分

茶是人们喜爱的饮料，因为它具有独特风味，同时茶对人体有较高的营养价值和保健功效。人体所需要的86种元素，茶叶中就有28种之多，所以说茶是人体营养的补充源。茶叶含有与人体健康密切相关的成分。茶叶中的主要化学成分列于表8-2。

表8-2 茶叶中的主要化学成分

| 分 类 | | 名 称 | 占鲜叶重/% | 占干物重/% |
|---|---|---|---|---|
| 水分 | | | 75～78 | |
| 干物质(占鲜叶重22%～25%) | 水分 | 水溶性部分 | | 2～4 |
| | | 水不溶部分 | | 1.5～3.0 |
| | 有机化合物 | 蛋白质 | 20～30 | |
| | | 氨基酸 | 1～4 | |
| | | 生物碱 | 3～5 | |
| | | 茶多酚 | 20～35 | |
| | | 糖类 | 20～25 | |
| | | 有机酸 | 3左右 | |
| | | 脂类 | 8左右 | |
| | | 色素 | 1左右 | |
| | | 芳香物质 | 0.005～0.03 | |
| | | 维生素 | | 0.6～1.0 |
| | | 酶类 | | |

水分是茶树生命活动中必不可少的物质，同时也是制茶过程中所发生的一系列化学变化的重要介质。制茶过程中，茶叶色、香、味的变化就是随着水分含量变化而变化的。茶鲜叶的含水量一般为75%～78%，老嫩不同、茶树品种不同、季节不一，茶鲜叶含水量也不同。

茶叶中含有许多有机化合物，其中生物碱包括咖啡碱、可可碱和茶碱。其中咖啡碱的含量最多，占2%～5%，可可碱和茶碱的含量比较少，所以茶叶中的生物碱含量常以咖啡碱的含量来表示。咖啡碱含量可作为鉴别真假茶叶的特征之一。咖啡碱对人体有多种药理功效，如提神、利尿、促进血液循环、助消化等。

此外，茶叶中还有许多无机矿物质元素。

茶叶不仅具有提神清心、清热解暑、消食化痰、去腻减肥、清心除烦、解毒醒酒、生津止渴、降火明目、止痢除湿等药理作用，而且在预防衰老、提高免疫功能、改善肠道细菌结构等方面的功效已被许多科学研究所证实，还对现代疾病（如辐射病、心脑血管病、癌症等）有一定的药理功效。因此茶叶是一种性能良好的机能调节剂。

# 第九章

# 分析化学综合实验

## 第一节 分析化学综合实验的目的和要求

### 一、分析化学综合实验的目的

分析化学综合实验是工业分析专业重要的实践性教学环节。其目的是综合应用分析化学的基本知识和技能,对工业产品(包括原材料)的化学组分,按照国家标准进行全分析,对同一样品用不同的分析方法进行测定后加以比较、评价,以进一步巩固分析化学的理论知识,强化化学分析的操作技能,提高分析问题和解决问题的能力。

### 二、分析化学综合实验的要求

通过实验,使学生达到如下的要求:

(1) 理论联系实际,将分析化学中学过的基本知识和基本技能应用于工业生产实际;

(2) 根据实验要求能够配制所需试剂、试液和标准溶液;

(3) 通过对所学过的知识的总结,能拟订出对同一样品采用不同分析方法测定的具体方案,并对测定结果进行比较和讨论;

(4) 能够按照国家现行的技术标准或操作规程正确地选用仪器,操作规范化,独立完成实验并得出准确的分析结果;

(5) 能够按照要求写出完整的实验报告,以提高独立工作能力和分析问题、解决问题的能力;

(6) 培养实事求是、严谨的科学态度及良好的实验室工作作风和职业道德。

### 三、分析方法的选择与比较

某物质或某一化学组分的定量测定,有时可以用多种分析方法完成。选择与比较分析方法时，一般应考虑以下一些因素：

(1) 待测组分的含量范围；

(2) 分析结果的准确度和精密度；

(3) 分析过程条件控制的难易程度；

(4) 分析时间的长短及费用的多少；

(5) 实验室现有条件，包括仪器设备和操作人员对该方法的掌握程度及工作经验。

显然，应力求选用分析过程条件易于控制、成本低、速度快、操作熟练、结果准确的分析方法。

实际工作中，分析方法的选择是由具体要求决定的。

快速分析法，也叫例行分析，适用于车间控制分析。此类方法分析时间较短，准确度较低。

仲裁分析法适用于甲乙双方对分析结果有争议时裁决，方法严密，准确度高，属于标准分析法。

标准分析法是由国务院标准化行政主管部门制定或者有备案的方法，它具有法律效力。若某检测项目已经有标准分析方法，则必须选用并执行。在企业里，原材料与产品质量的检验一般都要用标准分析方法。

本章选编了氧化钙含量和铁矿石中铁含量的测定，目的是用不同的分析方法测定同一样品后，能简单地加以讨论、评价，以加深对有关知识的理解。

## 四、用国家标准进行工业产品质量的全分析

### 1. 标准的基本知识

(1) 标准的定义　标准是对重复性事物和概念所作的统一规定，是以科学、技术和实践经验的综合成果为基础，经有关方面协商一致，由主管机构批准，以特定形式发布，作为共同遵守的准则和依据。

标准的本质是统一。有的标准是具有强制性的，有关各方面必须严格遵守。标准的统一是相对的，不同级别的标准在不同的范围内统一，不同类别的标准从不同角度、不同侧面进行统一。

(2) 标准的分级　标准可以根据其协调统一的范围及适用的范围不同而分为不同级别的标准，这就是标准的分级。国际上有两级标准，即国际标准和区域性标准。我国的标准分为四级，即国家标准、行业标准、地方标准、企业标准。

① 国家标准。对需要在全国范围内统一的技术要求所制定的标准。由国务院标准化行政主管部门制定、统一编号，国务院标准行政主管部门（原国家技术监督局）批准发布，分为强制性标准和推荐性标准。

② 行业标准。对没有国家标准而又需要在全国某个行业范围内统一的技术要求所制定的标准。在行业标准中，也分为强制性标准和推荐性标准。行业标准由该标准的归口部门组织制定，并由该部门统一审批、编号、发布。

③ 地方标准。对没有国家标准和行业标准而又需要在省、自治区、直辖市范围内统一要求所制定的标准。地方标准由省、自治区、直辖市标准化行政主管部门统一编制计划、组织制定、审批、编号和发布。

④ 企业标准。对企业范围内需要协调、统一的技术要求、管理要求和工作要求所制定的标准。企业标准由企业制定，由企业法人代表或法人代表授权的主管领导批准、发布，由

法人代表授权的部门统一管理。

国际标准、行业标准和地方标准中的强制性标准，企业必须严格执行。推荐性标准，企业一经采用也就具有了强制的性质，因此应严格执行。

（3）标准的代号与编号

① 国家标准的代号与编号

ⅰ. 国家标准的代号。强制性国家标准的代号为"GB"；推荐性国家标准的代号为"GB/T"。

ⅱ. 国家标准的编号。国家标准的编号由国家标准的代号、国家标准发布的顺序和国家标准发布的年号构成。

强制性国家标准编号：

$$GB \quad \times\times\times\times\times \quad -\times\times$$
标准代号　　顺序号　　　年号

推荐性国家标准编号：

$$GB/T \quad \times\times\times\times\times \quad -\times\times$$
标准代号　　顺序号　　　年号

② 行业标准的代号与编号

ⅰ. 强制性行业的代号与编号。各行业标准的代号由国务院标准化行政管理部门规定，有 28 个行业标准代号，其中化工行业为 HG。

编号由行业标准的代号、标准顺序号及标准年号组成。与国家标准编号的区别只在代号上。

ⅱ. 推荐性标准的代号为强制性标准的代号加 T，例如 HG/T。

③ 地方标准的代号与编号

ⅰ. 强制性地方标准的代号由汉语拼音"DB"加上省、自治区、直辖市行政区划代码前两位数再加斜线组成；再加"T"，则组成推荐性地方标准代号。例如，吉林省代号为220000，吉林省强制性地方标准代号为 DB22，推荐性标准代号为 DB22/T。

ⅱ. 地方标准的编号由地方标准代号、地方标准顺序号和年号三部分组成。

④ 企业标准的代号与编号

ⅰ. 企业标准代号为"Q"。某企业标准的代号由企业标准代号 Q 加斜线，再加企业代号组成。企业代号可用汉语拼音字母或阿拉伯数字或两者兼用组成。

ⅱ. 企业标准编号。企业标准编号由该企业的企业标准代号、顺序号和年号三部分组成，例如 Q/×××  ×××—××。

**2. 产品质量指标及其意义**

产品的质量指标的确定是将我国工业产品的实物质量按照国际先进水平、国际一般水平和国内一般水平 3 个档次，相应地划分为优等品、一等品、合格品 3 个等级。GB/T 12707—91《工业产品质量分等原则》规定如下：

（1）优等品　质量指标必须达到国际先进水平，且实物质量水平与国际同类产品相比达到近 5 年内的先进水平。

（2）一等品　质量指标必须达到国际一般水平，且实物质量水平达到国际同类产品的一般水平。

（3）合格品　按我国一般质量水平标准（国家标准、行业标准、地方标准、企业标准）组织生产，实物质量水平必须达到相应标准要求。

从上述质量指标的规定可以看出，在化工企业生产经营中，只有按标准组织生产，才能保证优质、高产、低消耗，提高工作效率及企业管理水平，增加经济效益。

**3. 产品标准和分析方法标准的组成**

产品标准由三大部分组成：概述部分、正文部分、补充部分。每部分包含内容如下：

（1）概述部分　包括封面与首页、目次、产品标准名称、引言。

（2）正文部分　包括主题内容与适用范围，引用标准，术语、符号、代号、产品分类，技术要求，检验规则，标志、包装、运输、贮存，其他。

（3）补充部分　包括附录、附加说明。

分析方法标准一般由方法原理概述，试剂或材料的要求，实验仪器、设备及其要求，试剂及其制备，实验条件，实验程序，实验结果的计算和评定，精密度与允许差等项组成。

**4. 产品质量监督与检验**

产品质量监督是国家职能之一。国家为保证产品质量，维护用户利益，必须对产品质量实施监督。它是贯彻执行标准的手段，是保证产品质量和取得经济效益的措施，是标准化工作的重要组成部分。

产品质量检验是指检查和验证产品是否符合相应标准及有关规定的活动：通过采用一定的测试手段和检查方法测定产品质量的特性，再将测定结果按规定的质量标准进行比较，进而判断产品是否合格。质量检验是监督检查产品质量的重要手段，是质量保证不可缺少的重要环节。

作为一名分析工作者，根据技术标准检验原材料和产品质量，是我们的职责，我们要认真贯彻国家产品质量监督方面的方针政策法规和制度，努力精通本岗位的业务，熟悉产品的技术标准，了解被检产品的生产工艺和管理水平，工作认真、作风正派、办事公道、实事求是，以标准衡量产品的好坏，严格地把住质量关。

# 第二节　分析化学综合实验

## 实验五十　氧化钙含量的测定

**一、技能目标**

1. 学习如何根据待测组分的化学性质选择适当的分析方法；

2. 了解同一样品用不同的分析方法测定后，如何进行比较和评价；

3. 巩固和训练有关的操作技术。

**二、概述**

氧化钙为白色或淡黄色的不定形片状或粒状粉末，在潮湿空气中易吸收二氧化碳及水分，遇水变为氢氧化钙，放出大量热，溶于酸、甘油，不溶于醇。分子式为 $CaO$，相对分子质量为 56.08。

根据氧化钙的性质，试样溶于酸后，可用几种不同的分析方法加以测定。本实验拟用配位滴定法、氧化还原滴定法和酸碱滴定法来测定试样中氧化钙的含量，并对测定结果加以比较。

**三、方法一　配位滴定法**

1. 实验原理

试样用盐酸溶解后，用 NaOH 溶液调节试液的 pH 在 12 以上，加钙指示剂，用 EDTA 标准滴定溶液进行滴定。

$$Ca + In \longrightarrow CaIn$$
$$\text{（蓝色）} \quad \text{（酒红色）}$$
$$Ca + Y \longrightarrow CaY$$
$$CaIn + Y \longrightarrow CaY + In$$
$$\text{（酒红色）} \qquad\qquad \text{（蓝色）}$$

2. 试剂

EDTA 标准滴定溶液 $[c(\text{EDTA}) = 0.05\text{mol/L}]$；

盐酸溶液（6mol/L）；氢氧化钠溶液（100g/L）；三乙醇胺溶液（1:3）。

钙指示剂：称取 0.5g 钙指示剂与 50g 干燥并研细的氯化钠于研钵中，充分研匀后贮于广口玻璃瓶中。

3. 实验步骤

准确称取 1.0g（称准至 0.0002g）于 800℃ 灼烧至恒重的样品，置于 100mL 烧杯中，加水润湿，缓缓滴加盐酸溶液（约需 5mL）并轻轻振摇使之溶解，小心蒸干，溶于水，定量转移入 250mL 容量瓶中，用水稀释至刻度，得溶液甲。

吸取 25.00mL 溶液甲放入 400mL 烧杯中，加 75mL 水、5mL 三乙醇胺（1:3），在不断搅拌下加 5mL NaOH 溶液及少量钙指示剂，用 EDTA 标准滴定溶液滴定至溶液由红色变为纯蓝色。平行测定 3 次。

4. 数据记录与处理

CaO 的含量 $w(\text{CaO})$ 按下式计算：

$$w(\text{CaO}) = \frac{c(\text{EDTA})V(\text{EDTA}) \times 10^{-3} \times 56.08}{m \times \dfrac{25}{250}} \times 100\%$$

式中　$c(\text{EDTA})$——EDTA 标准滴定溶液的准确浓度，mol/L；

$\quad\quad V(\text{EDTA})$——滴定消耗 EDTA 标准滴定溶液的体积，mL；

$\qquad\qquad m$——试样的质量，g；

$\qquad\quad$ 56.08——CaO 的摩尔质量，g/mol。

5. 注意事项

滴定中也可改用紫脲酸铵指示剂，终点时溶液由红色变为蓝紫色。

### 四、方法二　氧化还原间接滴定法

1. 实验原理

在氨水存在的溶液中，草酸铵溶液与钙盐反应生成白色的草酸钙沉淀，经过滤、洗涤后，用硫酸溶解草酸钙，再用高锰酸钾标准滴定溶液滴定产生的草酸。

$$Ca^{2+} + C_2O_4^{2-} \longrightarrow CaC_2O_4 \downarrow \text{（白色）}$$
$$2H^+ + CaC_2O_4 \longrightarrow Ca^{2+} + H_2C_2O_4$$
$$2MnO_4^- + 5H_2C_2O_4 + 6H^+ \longrightarrow 2Mn^{2+} + 10CO_2 \uparrow + 8H_2O$$

2. 试剂

盐酸溶液（1:1）；硫酸溶液 $[c(\text{H}_2\text{SO}_4) = 1\text{mol/L}]$；氨水溶液（1:1）；草酸铵溶液（50g/L）；硝酸溶液（6mol/L）；甲基橙指示剂（1g/L 水溶液）；硝酸银溶液（1g/L）；高锰酸钾标准滴定溶液 $\left[c\left(\dfrac{1}{5}\text{KMnO}_4\right) = 0.1\text{mol/L}\right]$。

3. 实验步骤

吸取 25.00mL 溶液甲，置于 250mL 烧杯中，加 25mL 水和 25mL 草酸铵溶液，加入 3

滴甲基橙指示剂，在水浴上加热至 70~80℃，滴加氨水溶液至黄色，继续于水浴上加热 30~40min。若溶液返红，可再滴加氨水少许，冷却后用滤纸过滤，先用 1g/L 的草酸铵溶液洗涤沉淀 3~4 次（同时应将杯壁和玻璃棒洗净），然后再用蒸馏水洗至无 $Cl^-$。

将沉淀连同滤纸转移至原烧杯内，并将滤纸打开贴在烧杯壁上，用 60mL 1mol/L 的 $H_2SO_4$ 溶液冲洗滤纸，将沉淀冲洗至烧杯内，再用 30mL 水冲洗滤纸，将溶液加热至 70~85℃，用 $KMnO_4$ 标准滴定溶液滴定至溶液呈微红色，再将滤纸浸入溶液，继续小心滴定至溶液呈微红色，30s 不褪色即为终点。平行测定 3 次。

4. 数据记录与处理

CaO 的含量 $w(CaO)$ 按下式计算：

$$w(CaO)=\frac{c\left(\frac{1}{5}KMnO_4\right)V(KMnO_4)\times10^{-3}\times28.04}{m\times\frac{25}{250}}\times100\%$$

式中　$c\left(\frac{1}{5}KMnO_4\right)$——高锰酸钾标准滴定溶液的准确浓度，mol/L；

$V(KMnO_4)$——滴定消耗高锰酸钾标准滴定溶液的体积，mL；

$m$——试样的质量，g；

28.04——以 $\frac{1}{2}CaO$ 为基本单元的 CaO 的摩尔质量，g/mol。

5. 注意事项

(1) 沉淀过滤之前，上层溶液必须澄清，否则沉淀会穿透滤纸。

(2) 由于氯离子与银离子的反应很灵敏，氯离子又较难洗去，故一般滤液中如无氯离子，则说明杂质已洗去。检查方法：在洗涤数次后，将漏斗颈末端外部用洗瓶吹洗后，用干净的小试管或表面皿接取数滴从漏斗中滴下的滤液。加入 2 滴 6mol/L 的 $HNO_3$ 溶液和 2 滴 $AgNO_3$ 溶液，如无白色沉淀或浑浊，则表示沉淀已洗净。

### 五、方法三　酸碱滴定法

1. 实验原理

试样用已知准确浓度的过量盐酸标准溶液溶解，然后以酚酞作指示剂，用氢氧化钠标准溶液滴定至终点。

$$CaO+2H^+\longrightarrow Ca^{2+}+H_2O$$

$$OH^-+H^+\longrightarrow H_2O$$

2. 试剂

盐酸标准滴定溶液 $[c(HCl)=0.5mol/L]$。

氢氧化钠标准滴定溶液 $[c(NaOH)=0.05mol/L]$。

酚酞指示剂（1g/L 乙醇溶液）。

3. 实验步骤

准确称取 0.1g（称准至 0.0001g）试样，置于 250mL 锥形瓶中，加 30mL 水，准确缓慢地加入 10mL 盐酸标准滴定溶液、2~3 滴酚酞指示剂，用氢氧化钠标准滴定溶液滴定至溶液呈浅红色，30s 不褪色即为终点。平行测定 3 次。

4. 数据记录与处理

CaO 的含量 $w(CaO)$ 按下式计算：

$$w(CaO) = \frac{[c(HCl)V(HCl) - c(NaOH)V(NaOH)] \times 10^{-3} \times 28.04}{m} \times 100\%$$

式中　$c(HCl)$——盐酸标准滴定溶液的准确浓度，mol/L；

　　$V(HCl)$——盐酸标准滴定溶液的体积，mL；

　　$c(NaOH)$——氢氧化钠标准滴定溶液的准确浓度，mol/L；

　　$V(NaOH)$——滴定消耗氢氧化钠标准滴定溶液的体积，mL；

　　　　$m$——试样的质量，g；

　　28.04——以 $\frac{1}{2}CaO$ 为基本单元的 CaO 的摩尔质量，g/mol。

5. 注意事项

由于氧化钙或氢氧化钙在水中的溶解度较小，如直接用盐酸标准滴定溶液滴定，终点不清晰，测定结果误差较大。

**六、分析方法的比较**

比较三种分析方法的测定结果如下：

| 项　　目 | 配位滴定法 | 氧化还原滴定法 | 酸碱滴定法 |
|---|---|---|---|
| 氧化钙含量 $w(CaO)/\%$ | | | |
| 相对平均偏差/% | | | |
| 标准偏差 | | | |
| 相对误差/% | | | |

试样中氧化钙的真实含量，由教师用配位滴定法经多次测定后求出。

食品安全国家标准《食品添加剂氧化钙》（GB 30614—2014）中规定测定氧化钙含量的方法是配位滴定法，故本实验中以配位滴定的测定结果为准，通过比较三种方法测定结果的准确度、精密度和测定的速度等方面，说明方法的优缺点，找出造成测定结果不好的原因，从而总结经验，吸取教训。

**七、思考题**

1. 用 $(NH_4)_2C_2O_4$ 沉淀 $Ca^{2+}$ 时，为什么要在酸性溶液中加 $(NH_4)_2C_2O_4$ 后再慢慢滴加氨水调节溶液至甲基橙变为黄色？

2. 洗涤 $CaC_2O_4$ 沉淀时，为什么要先用稀 $(NH_4)_2C_2O_4$ 溶液洗，然后再用蒸馏水洗至无 $Cl^-$？

3. 滴定过程中，$KMnO_4$ 标准滴定溶液滴定能否直接滴到滤纸上？若滴到滤纸上将产生什么影响？

4. 用 $KMnO_4$ 标准滴定溶液滴定时，加热、加酸和控制滴定速度等操作的目的是什么？

5. 配位滴定法测定所用 EDTA 标准滴定溶液的浓度，你认为是在 pH＝12 的碱性溶液中用 $Ca^{2+}$ 标定好，还是在 pH 为 5～6 的酸性溶液中用 $Zn^{2+}$ 标定好？

6. 配位滴定法测定的试样中若含有少量 $Fe^{3+}$、$Al^{3+}$，对滴定终点会有什么影响？如何加以消除？

7. 氧化钙的水溶液呈碱性，为什么不采用酸标准滴定溶液直接滴定的方法？

# 实验五十一　铁矿石中全铁含量的测定

**一、技能目标**

1. 掌握铁矿石试样的溶解方法和氧化还原指示剂的应用；

2. 比较重铬酸钾法和无汞测定铁法的原理和方法特点。

**二、方法一 氯化亚锡-氯化汞-重铬酸钾法**（简称重铬酸钾法）

**1. 实验原理**

矿样用盐酸溶解后，用氯化亚锡将三价铁离子还原为二价铁离子，过量的氯化亚锡用氯化汞氧化除去，然后以二苯胺磺酸钠为指示剂，用重铬酸钾标准滴定溶液滴定至溶液呈紫色，即为终点。

$$2Fe^{3+} + Sn^{2+} \longrightarrow 2Fe^{2+} + Sn^{4+}$$

$$SnCl_2 + 2HgCl_2 \longrightarrow SnCl_4 + Hg_2Cl_2 \downarrow （白色）$$

$$Sn^{2+} + Hg_2Cl_2 \longrightarrow Sn^{4+} + 2Hg \downarrow （黑色）+ 2Cl^-$$

$$6Fe^{2+} + Cr_2O_7^{2-} + 14H^+ \longrightarrow 6Fe^{3+} + 2Cr^{3+} + 7H_2O$$

**2. 试剂**

盐酸（37%）；磷酸（85%）；硫酸（98%）。均为质量分数。

氯化亚锡溶液（100g/L）：称取 10g $SnCl_2 \cdot 2H_2O$ 溶于 10mL 浓盐酸中，用蒸馏水稀释至 100mL，并加几粒金属锡（此溶液临用前一天配制）。

氯化汞饱和溶液。

硫磷混合酸：将 150mL 浓硫酸在搅拌下缓缓注入 700mL 水中，再加 150mL 浓磷酸。

重铬酸钾标准滴定溶液 $\left[ c\left(\frac{1}{6}K_2Cr_2O_7\right) = 0.1mol/L \right]$。

二苯胺磺酸钠指示剂（2g/L）。

**3. 实验步骤**

准确称取预先在 120℃烘箱中烘 1~2h 的铁矿石试样 0.15g 于 250mL 锥形瓶中，用少量水润湿，加入 10mL 浓盐酸，盖上表面皿，低温加热（控制在 80~90℃）使之溶解（残渣为白色 $SiO_2$）。此时试液呈橙黄色，用少量水吹洗表面皿和瓶壁，加热近沸（切勿长期煮沸）。

不断摇动锥形瓶，趁热滴加 $SnCl_2$ 溶液至黄色刚好褪去，溶液无色或呈极淡的绿色，再过量 1~2 滴 $SnCl_2$ 溶液（切勿再多），加入 20mL 水，流水冷却至室温，立即一次加入 10mL $HgCl_2$ 饱和溶液，此时应有白色丝状 $Hg_2Cl_2$ 沉淀析出（若无沉淀或有灰黑色沉淀析出，应弃去重做），放置 3~5min。

将试液加水至约 150mL，加入 15mL 硫磷混合酸、5~6 滴二苯胺磺酸钠指示剂，立即用重铬酸钾标准滴定溶液滴定至溶液呈稳定的紫色即为终点。平行测定 3 次。

平行试样可以同时溶样，但溶解完全后，应每还原一份试样，立即滴定，以免二价铁被空气中的氧氧化。

**4. 数据记录与处理**

全铁的含量 $w(Fe)$ 按下式计算：

$$w(Fe) = \frac{c\left(\frac{1}{6}K_2Cr_2O_7\right)V(K_2Cr_2O_7) \times 10^{-3} \times 55.85}{m} \times 100\%$$

式中 $c\left(\frac{1}{6}K_2Cr_2O_7\right)$——重铬酸钾标准滴定溶液的实际浓度，mol/L；

$V(K_2Cr_2O_7)$——滴定消耗重铬酸钾标准滴定溶液的体积，mL；

$m$——试样的质量，g；

55.85——Fe 的摩尔质量，g/mol。

**5. 注意事项**

（1）如试样未溶解完全而溶液又快干时，可补加少许盐酸继续溶解，溶解完全后不应有黑色残渣。

（2）滴加 $SnCl_2$ 的量和控制加入时试液的温度是做好本实验的关键，应小心进行。

（3）加入 $HgCl_2$ 后，若无沉淀或有灰黑色沉淀析出，均需重做实验。

（4）GB 1363—78 规定，全铁量 $w(Fe) \leqslant 0.5000$ 时，允许误差为 0.0020；$w(Fe) > 0.5000$ 时，允许误差为 0.0030。

### 三、方法二　三氯化钛-重铬酸钾法（简称无汞测定铁法）

#### 1. 实验原理

试样用盐酸溶解，首先用 $SnCl_2$ 还原一部分 $Fe^{3+}$，继续用 $TiCl_3$ 定量地还原剩余部分的 $Fe^{3+}$，过量一滴 $TiCl_3$ 溶液使指示剂钨酸钠中的 $W(VI)$ 还原为 $W(V)$（蓝色的五价化合物，俗称钨蓝），使溶液呈蓝色。再用重铬酸钾氧化至蓝色刚好褪色。加入硫磷混合酸，以二苯胺磺酸钠为指示剂，用重铬酸钾标准滴定溶液滴定至溶液呈现稳定的紫色，即为终点。

$$2Fe^{3+} + Sn^{2+} \longrightarrow 2Fe^{2+} + Sn^{4+}$$
$$Fe^{3+} + Ti^{3+} \longrightarrow Fe^{2+} + Ti^{4+}$$
$$6Fe^{2+} + Cr_2O_7^{2-} + 14H^+ \longrightarrow 6Fe^{3+} + 2Cr^{3+} + 7H_2O$$

#### 2. 试剂

盐酸（37%）；硝酸（69%）。均为质量分数。

氯化亚锡溶液（100g/L）。

三氯化钛溶液（15g/L）：取 10mL 三氯化钛溶液（市售分析纯试剂），用盐酸溶液（1:4）稀释至100mL，存放于棕色试剂瓶中（临用前配制）。

硫磷混合酸：配制方法与方法一相同。

钨酸钠溶液（100g/L）：取 10g 钨酸钠溶于95mL水中，加5mL磷酸，混匀，存放于棕色试剂瓶中。

重铬酸钾标准滴定溶液 $\left[ c\left( \dfrac{1}{6}K_2Cr_2O_7 \right) = 0.1\,mol/L \right]$。

二苯胺磺酸钠指示剂溶液（2g/L）。

#### 3. 实验步骤

铁矿样按方法一用盐酸溶解后，加热至近沸，滴加氯化亚锡溶液，将大部分 $Fe^{3+}$ 还原为 $Fe^{2+}$，此时溶液由黄色变为浅黄色。加1mL钨酸钠溶液，滴加三氯化钛溶液至"钨蓝"刚出现，再加约60mL水，放置10～20s，加入10mL硫磷混合酸，滴加重铬酸钾标准滴定溶液至"钨蓝"刚好褪尽，不计体积。然后加入 4～5 滴二苯胺磺酸钠指示剂，立即用重铬酸钾标准滴定溶液滴定至溶液呈现稳定的紫色即为终点。平行测定3次。

#### 4. 数据记录与处理

全铁的含量 $w(Fe)$ 按下式计算：

$$w(Fe) = \dfrac{c\left( \dfrac{1}{6}K_2Cr_2O_7 \right)V(K_2Cr_2O_7) \times 10^{-3} \times 55.85}{m} \times 100\%$$

式中　$c\left( \dfrac{1}{6}K_2Cr_2O_7 \right)$——重铬酸钾标准滴定溶液的实际浓度，mol/L；

$\qquad V(K_2Cr_2O_7)$——滴定消耗重铬酸钾标准滴定溶液的体积，mL；

$\qquad\qquad m$——试样的质量，g；

$\qquad\qquad 55.85$——Fe 的摩尔质量，g/mol。

5. 注意事项

(1) 滴入重铬酸钾标准滴定溶液时，"钨蓝"褪色较慢，故应慢慢滴入，并充分摇动。注意不要过滴，但也不要少滴，否则分析结果将会偏高。如果不用重铬酸钾溶液氧化过量的还原剂，也可以在溶液中加 2 滴 5g/L 的 $CuSO_4$ 溶液，静置，待"钨蓝"褪色后，即可进行滴定。

(2) 还原后的 $Fe^{2+}$，在磷酸介质中极易被氧化，在"钨蓝"褪色 1min 内应立即滴定。放置太久会使测定结果偏低。

(3) 定量还原 $Fe^{3+}$ 时，不能单用氯化亚锡，因为氯化亚锡的还原能力较弱，在此酸度下不易定量地将 W(Ⅵ) 还原为 W(Ⅴ)，无法掌握其用量。但也不宜单用三氯化钛，特别是试样中铁含量高时，因溶液中引入较多的钛，当用水稀释试样后，常易出现大量四价钛盐沉淀而影响滴定。因此，通常将氯化亚锡和三氯化钛联合使用。

(4) 本方法适用于总铁含量 $w(Fe) > 0.20$ 的试样。

**四、分析方法的比较**

GB/T 6730.4—86 中规定了铁矿石化学分析方法《氯化亚锡-氯化汞-重铬酸钾容量法测定全铁量》。GB/T 6730.5—86 中规定了铁矿石化学分析方法《三氯化钛-重铬酸钾容量法测定全铁量》。GB/T 2463.2—1996 中规定了硫铁矿和硫精矿中全铁含量的测定（第二部分为三氯化钛-重铬酸钾容量法）。三氯化钛-重铬酸钾容量法是一种无汞测定铁法。

两种分析方法的测定结果比较如下：

| 项　　目 | 重铬酸钾法 | 无汞测定铁法 |
|---|---|---|
| 全铁含量 $w(Fe)/\%$ | | |
| 相对平均偏差/% | | |
| 标准偏差 | | |
| 相对误差/% | | |

试样中铁含量的真实值由教师提供。

**五、思考题**

1. 溶解试样时，为什么不能沸腾？

2. 试样溶解后加氯化亚锡溶液的目的是什么？为什么加的时候必须将溶液加热并小心滴加；而加氯化汞时，又必须是一次加入，不再是滴加？

3. 在本实验中加入硫磷混合酸的目的是什么？

4. 无汞测定铁法中加入钨酸钠的目的是什么？

5. 无汞测定铁法中为什么不单独用氯化亚锡或三氯化钛来还原 $Fe^{3+}$？

# 实验五十二　食盐的分析

**一、技能目标**

1. 掌握测定食盐中氯离子及主要杂质成分的分析方法及原理；

2. 熟练掌握滴定分析及称量分析中的有关基本操作；

3. 复习巩固相关的理论知识，提高分析问题、解决问题的能力。

**二、水分的测定**

1. 方法一　烘干失重法（参照 GB/T 13025.3—91）

(1) 方法提要　试样于 (140±2)℃ 干燥至恒重，计算减量。

（2）仪器

烘箱：能调节称量瓶底部温度达到（140±2）℃。

低型称量瓶（60mm×30mm）。

（3）实验步骤　称取 10g 粉碎至 2mm 以下均匀样品（称准至 0.001g），置于已在（140±2）℃恒重的称量瓶中，斜开称量瓶盖放入烘箱内的搪瓷盘里，升温至 140℃ 干燥 2h，盖上称量瓶盖，取出，移入干燥器中，冷却至室温称量。以后每次干燥 1h 称量，直至两次称量质量之差不超过 0.0005g 视为恒重。

注：第一次称量后平面摇动称量瓶内试样，击碎样品表层结块，混匀样品。

（4）数据记录与处理　140℃时测得的水分含量按下式计算：

$$w(水分)=\frac{m_1-m_2}{m_样}\times100\%$$

式中　$w(水分)$——水分的质量分数；

　　　　$m_1$——干燥前样品及称量瓶的质量，g；

　　　　$m_2$——干燥后样品及称量瓶的质量，g；

　　　　$m_样$——称取样品的质量，g。

（5）允许差　见表 9-1。取平行测定结果的算术平均值为测定结果。

**表 9-1　烘干失重法测定水分含量的允许差**

| 水分含量/% | 允许差/% |
| --- | --- |
| <1.00 | 0.10 |
| 1.00～4.00(不包括 4.00) | 0.20 |

2. 方法二　燃烧法（参照 GB/T 13025.3—91）

（1）方法提要　试样在 600℃ 灼烧失重，校正总水分中分解的氯化镁，计算水分含量。

（2）仪器

高温炉：能调节温度达到（600±20）℃。

瓷坩埚（60mm×60mm，配一内盖）。

（3）实验步骤　称取 3g 粉碎至 2mm 以下均匀样品（称准至 0.001g），置于已在（600±20）℃恒重的瓷坩埚中，盖上内部和外面的盖子，在高温炉中逐渐升温至（600±20）℃灼烧 1h，取出，在瓷板上冷却 5～6min，放入干燥器，冷却至室温准确称量。

（4）数据记录与处理　水分含量按下式计算：

$$w(水分)=\left(\frac{m_1-m_2}{m_样}-m\times0.004\right)\times100\%$$

式中　$w(水分)$——水分的质量分数；

　　　　$m_1$——灼烧前样品及坩埚的质量，g；

　　　　$m_2$——灼烧后样品及坩埚的质量，g；

　　　　$m_样$——称取样品的质量，g；

　　　　$m$——样品中氯化镁的质量分数；

　　　0.004——灼烧中氯化镁（$MgCl_2$）分解为氧化镁（$MgO$）的系数。

（5）允许差　见表 9-2。取平行测定结果的算术平均值为测定结果。

**表 9-2　燃烧法测定水分含量的允许差**

| 水分含量/% | 允许差/% | 水分含量/% | 允许差/% |
|---|---|---|---|
| <1.00 | 0.10 | ≥5.00 | 0.30 |
| 1.00~5.00 | 0.20 | | |

注：水分含量大于4%的样品必须用灼烧法测定。

### 三、水不溶物的测定　（参照 GB/T 13025.4—91）

（1）方法提要　试样溶于水，用玻璃坩埚抽滤，残渣经干燥称量，测定水不溶物含量。

（2）仪器

P$_{40}$（或 P$_{16}$）玻璃坩埚。

烘箱：能调节玻璃坩埚底部温度达到（110±2）℃。

（3）实验步骤　称取 10g 粉碎至 2mm 以下的均匀试样（精制盐称取 50g），称准至 0.001g，置于 400mL 烧杯中，加水 150mL（精制盐加 250mL 水），在不断搅拌下加热近沸 至样品全部溶解，静置温热 10min，用已于（110±2）℃恒重的垫有定量滤纸的 P$_{40}$（或 P$_{16}$）玻璃坩埚抽滤，倾泻溶液，洗涤不溶物 2~3 次，然后将不溶物全部转入坩埚中，并洗 涤至滤液中无氯离子（在硝酸介质中用硝酸银检验）。冲洗坩埚外壁，将坩埚置于烘箱中的 搪瓷盘内，升温至（110±2）℃干燥 1h，取出移入干燥器中，冷却至室温称量。以后每次干 燥 0.5h 称量，直至两次称量质量之差不超过 0.0002g 视为恒重。

（4）数据记录与处理　水不溶物的含量按下式计算：

$$w(水不溶物) = \frac{m_1 - m_2}{m_样} \times 100\%$$

式中　$w$（水不溶物）——水不溶物的质量分数；

　　　　$m_1$——水不溶物及玻璃坩埚的质量，g；

　　　　$m_2$——玻璃坩埚的质量，g；

　　　　$m_样$——称取样品的质量，g。

（5）允许差　见表 9-3。取平行测定结果的算术平均值为测定结果。

**表 9-3　水不溶物的允许差**

| 水不溶物含量/% | 允许差/% | 水不溶物含量/% | 允许差/% |
|---|---|---|---|
| <0.15 | 0.01 | >0.30~0.50 | 0.03 |
| 0.15~0.30 | 0.02 | | |

### 四、氯离子的测定

1. 方法一　银量法（参照 GB/T 13025.5—91）

（1）方法提要　将样品溶液调至中性，以铬酸钾作指示剂，用硝酸银标准滴定溶液滴定 氯离子。

（2）仪器与试剂

测定氯离子用的容量瓶、滴定管和移液管必须预先经过校正。

氯化钠标准溶液 [$c$(NaCl)=0.1mol/L]（GB 1253）：称取 2.9222g（称准至 0.0001g） 磨细并在 500~600℃灼烧至恒重的氯化钠基准物质，溶于不含氯离子的水中，移入 500mL 容量瓶中，加水稀释至刻度，摇匀。

硝酸银标准溶液 [$c$(AgNO$_3$)=0.1mol/L]（GB 670）：称取 85g 硝酸银，溶于 5L 水中， 混合均匀后贮于棕色瓶内备用（如有浑浊，过滤）。标定：吸取 25.00mL 上述氯化钠标准溶液，置于150mL烧杯中，按（3）实验步骤进行滴定，同时做空白试验校正。硝酸银标准溶液对氯离子的滴定度按下式计算：

$$T_{Cl^-/AgNO_3} = \frac{m \times \dfrac{25}{500} \times 0.6066}{V - V_0}$$

式中　$T_{Cl^-/AgNO_3}$——硝酸银标准滴定溶液对氯离子的滴定度，g/mL；

　　　　　$m$——称取氯化钠的质量，g；

　　　　　$V$——滴定消耗硝酸银标准滴定溶液的用量，mL；

　　　　　$V_0$——空白试验消耗硝酸银标准滴定溶液的用量，mL；

　　　0.6066——氯化钠转换为氯离子的系数。

铬酸钾指示剂溶液（100g/L）（HG 3—918）：称取10g铬酸钾溶于100mL水中，搅拌下滴加硝酸银溶液至呈现红棕色沉淀，过滤后使用。

（3）实验步骤　称取25g粉碎至2mm以下的均匀食盐样品（称准至0.001g），置于400mL烧杯中，加200mL水，加热近沸至样品全部溶解，冷却后移入500mL容量瓶，加水稀释至刻度，摇匀（必要时过滤）。从中吸取25.00mL于250mL容量瓶，加水稀释至刻度，摇匀，再吸取25.00mL（含60～70mg Cl$^-$）置于250mL锥形瓶中，加4滴铬酸钾指示液，用0.1mol/L硝酸银标准滴定溶液滴定，直至溶液呈现稳定的淡橘红色悬浊液。同时做空白试验校正。

（4）数据记录与处理　氯离子的含量按下式计算：

$$w(Cl^-) = \frac{(V - V_0) \cdot T_{Cl^-/AgNO_3}}{m_{样} \times \dfrac{25}{500} \times \dfrac{25}{250}} \times 100\%$$

式中　$w(Cl^-)$——Cl$^-$的质量分数；

　　　　　$V$——滴定消耗硝酸银标准滴定溶液的用量，mL；

　　　　　$V_0$——空白试验消耗硝酸银标准滴定溶液的用量，mL；

　　$T_{Cl^-/AgNO_3}$——硝酸银标准滴定溶液对氯离子的滴定度，g/mL；

　　　　$m_{样}$——称取样品的质量，g。

（5）允许差　见表9-4。取平行测定结果的算术平均值为测定结果。

表9-4　银量法测定氯离子含量的允许差

| 氯离子含量/% | 允许差/% |
| --- | --- |
| 34.00～47.00 | 0.10 |
| >47.00 | 0.13 |

2. 方法二　汞量法（参照GB/T 13025.5—91）

（1）方法提要　将样品溶液调至酸性，以二苯偶氮碳酰肼为指示剂，用强电离的硝酸汞标准滴定溶液滴定，溶液中的氯离子转为弱电离的氯化汞，过量汞离子与指示剂生成紫红色配合物指示终点，测定氯离子。

（2）仪器与试剂

测定氯离子用的容量瓶、滴定管和移液管必须预先经过校正。

氯化钠标准溶液 [$c(NaCl) = 0.1mol/L$]（GB 1253）：称取2.9222g磨细并在500～600℃灼烧至恒重的氯化钠基准物质，称准至0.0001g，溶于不含氯离子的水中，移入500mL容量瓶中，加水稀释至刻度，摇匀。

硝酸汞标准滴定溶液 $\{c[\mathrm{Hg(NO_3)_2 \cdot H_2O}]=0.1\mathrm{mol/L}\}$：称取 85.65g 硝酸汞，置于烧杯中，加 35mL 硝酸（1∶1），加水溶解后稀释至 5L，混匀，贮于棕色瓶中备用（如有浑浊，过滤）。标定：吸取 25.00mL 氯化钠标准溶液，置于 250mL 锥形瓶中，按（3）实验步骤进行滴定。同时做空白试验校正。硝酸汞标准滴定溶液对氯离子的滴定度按下式计算：

$$T_{\mathrm{Cl^-/Hg(NO_3)_2}}=\frac{m\times\dfrac{25}{500}\times 0.6066}{V-V_0}$$

式中　$T_{\mathrm{Cl^-/Hg(NO_3)_2}}$——硝酸汞标准滴定溶液对氯离子的滴定度，g/mL；

$\quad\quad\quad m$——称取氯化钠的质量，g；

$\quad\quad\quad V$——滴定消耗硝酸汞标准滴定溶液的用量，mL；

$\quad\quad\quad V_0$——空白试验消耗硝酸汞标准滴定溶液的用量，mL；

$\quad\quad$ 0.6066——氯化钠转换为氯离子的系数。

混合指示液（乙醇溶液）：称取 0.02g 溴酚蓝和 0.5g 二苯偶氮碳酰肼，溶于 100mL 乙醇。

硝酸（1mol/L）。

（3）实验步骤　称取 25g 粉碎至 2mm 以下的均匀食盐样品，称准至 0.001g，置于 400mL 烧杯中，加 200mL 水，加热近沸至样品全部溶解，冷却后移入 500mL 容量瓶，加水稀释至刻度，摇匀（必要时过滤）。从中吸取 25.00mL 于 250 容量瓶，加水稀释至刻度，摇匀，再吸取 25.00mL（含 60～70mg Cl⁻），置于 250mL 锥形瓶中，加 8 滴混合指示液，滴加 1mol/L 硝酸至溶液恰呈黄色，再过量 2 滴，均匀搅拌下用 0.1mol/L 硝酸汞标准滴定溶液滴定至溶液由黄色变为紫红色。同时做空白试验校正。

（4）数据记录与处理　氯离子的含量按下式计算：

$$w(\mathrm{Cl^-})=\frac{(V-V_0)\cdot T_{\mathrm{Cl^-/Hg(NO_3)_2}}}{m_{样}\times\dfrac{25}{500}\times\dfrac{25}{250}}\times 100\%$$

式中　$w(\mathrm{Cl^-})$——Cl⁻ 的质量分数；

$\quad\quad\quad V$——滴定消耗硝酸汞标准滴定溶液的用量，mL；

$\quad\quad\quad V_0$——空白试验消耗硝酸汞标准滴定溶液的用量，mL；

$\quad T_{\mathrm{Cl^-/Hg(NO_3)_2}}$——硝酸汞标准滴定溶液对氯离子的滴定度，g/mL；

$\quad\quad\quad m_{样}$——称取样品的质量，g。

（5）允许差　见表 9-5。取平行测定结果的算术平均值为测定结果。

**表 9-5　汞量法测氯离子含量的允许差**

| 氯离子含量/% | 允许差/% |
| --- | --- |
| 34.00～47.00 | 0.10 |
| ＞47.00 | 0.13 |

## 五、镁和钙离子的测定（参照 GB/T 13025.6—91）

### 1. 镁离子含量的测定

（1）方法提要　样品溶液调至碱性（pH≈10），用 EDTA 标准滴定溶液滴定，以铬黑 T 为指示剂，测定钙离子和镁离子的总量，然后从总量中减去钙离子量即为镁离子量。

（2）试剂

氨（GB 631）-氯化铵（GB 658）缓冲溶液（pH≈10）：称取 20g 氯化铵，以无二氧化碳的水溶解，加入 100mL 氨水（$\rho=0.90g/mL$），用水稀释至 1L。

铬黑 T 指示剂（2g/L）（HGB 3086）：称取 0.2 铬黑 T 和 2g 盐酸羟胺（HG 3-967），溶于无水乙醇中，用无水乙醇稀释至 100mL，贮于棕色瓶内。

三乙醇胺溶液（1:4）。

氧化锌标准溶液 $[c(Zn^{2+})=0.02mol/L]$（GB 1260）：称取 0.8139g 于（$800\pm2$）℃灼烧至恒重的氧化锌，置于 150mL 烧杯中，用少量水润湿，滴加盐酸（1:2）至全部溶解，移入 500mL 容量瓶，加水稀释至刻度，摇匀。

乙二胺四乙酸二钠（EDTA）标准滴定溶液 $[c(EDTA)=0.02mol/L]$（GB 1401）：称取 40g 二水合乙二胺四乙酸二钠（$Na_2Y\cdot2H_2O$），溶于不含二氧化碳的水中，稀释至 5L，混匀，贮于棕色瓶中备用。标定：吸取 20.00mL 氧化锌标准溶液，置于 250mL 锥形瓶中，加入 5mL 氨性缓冲溶液、4 滴铬黑 T 指示剂，然后用 0.02mol/L 的 EDTA 标准滴定溶液滴定至溶液由酒红色变为亮蓝色为终点。EDTA 标准溶液对镁离子的滴定度按下式计算：

$$T_{Mg^{2+}/EDTA}=\frac{m\times\dfrac{20}{500}}{V}\times0.2987$$

式中　$T_{Mg^{2+}/EDTA}$——EDTA 标准滴定溶液对镁离子的滴定度，g/mL；

　　　　$m$——称取氧化锌的质量，g；

　　　　$V$——EDTA 标准滴定溶液的用量，mL；

　　0.2987——氧化锌转换为镁离子的系数。

（3）分析步骤　称取 25g 食盐样品，溶解后定量转移至 500mL 容量瓶中。吸取 25.00mL 样品溶液，置于 250mL 锥形瓶中，加入 5mL 氨性缓冲溶液、4 滴铬黑 T 指示剂，然后用 0.02mol/L EDTA 标准滴定溶液滴定至溶液由酒红色变为亮蓝色为终点。EDTA 标准溶液用量为测定钙离子和镁离子的总用量。

（4）数据记录与处理　镁离子的含量按下式计算：

$$w(Mg^{2+})=\frac{(V_2-V_1)\cdot T_{Mg^{2+}/EDTA}}{m_{样}\times\dfrac{25}{500}}\times100\%$$

式中　$w(Mg^{2+})$——$Mg^{2+}$ 的质量分数；

　　　　$V_1$——滴定钙离子消耗 EDTA 标准滴定溶液的用量，mL；

　　　　$V_2$——滴定钙、镁离子消耗 EDTA 标准滴定溶液的总用量，mL；

　　$T_{Mg^{2+}/EDTA}$——EDTA 标准滴定溶液对镁离子的滴定度，g/mL；

　　　　$m_{样}$——称取样品的质量，g。

（5）允许差　见表 9-6。取平行测定结果的算术平均值为测定结果。

表 9-6　测定镁离子含量的允许差

| 镁离子含量/% | 允许差/% | 镁离子含量/% | 允许差/% |
|---|---|---|---|
| <0.10 | 0.01 | 1.01~6.00 | 0.05 |
| 0.10~1.00 | 0.02 | 6.01~12.00 | 0.10 |

2. 钙离子含量的测定

（1）方法提要　将样品溶液调至碱性（pH≈12），用 EDTA 标准滴定溶液滴定钙离子测其含量。

（2）试剂

钙指示剂（2%）：称取 0.2g 钙指示剂及 10g 已于 110℃烘干的氯化钠，研磨混匀，贮于棕色瓶中，放入干燥器内备用。

氢氧化钠溶液（2mol/L）（GB 629）：将事先配制的氢氧化钠溶液（1:1）放置澄清后，取上层清液 104mL，用不含二氧化碳的蒸馏水稀释至 1L。

乙二胺四乙酸二钠（EDTA）标准滴定溶液 $[c(\text{EDTA})=0.02\text{mol/L}]$：其配制与标定方法与镁离子测定中相同。EDTA 标准滴定溶液对钙离子的滴定度按下式计算：

$$T_{\text{Ca}^{2+}/\text{EDTA}} = T_{\text{Mg}^{2+}/\text{EDTA}} \times 1.649$$

式中   $T_{\text{Ca}^{2+}/\text{EDTA}}$——EDTA 标准滴定溶液对钙离子的滴定度，g/mL；

$T_{\text{Mg}^{2+}/\text{EDTA}}$——EDTA 标准滴定溶液对镁离子的滴定度，g/mL；

1.649——镁离子换算为钙离子的系数。

（3）实验步骤   称取 25g 食盐样品，溶解后定容于 500mL 容量瓶中。吸取 25.00mL 样品溶液，置于 250mL 锥形瓶中，加入 2mL 2mol/L 的氢氧化钠溶液和约 10mg 钙指示剂，然后用 0.02mol/L 的 EDTA 标准滴定溶液滴定至溶液由酒红色变为亮蓝色为终点。

（4）数据记录与处理   钙离子的含量按下式计算：

$$w(\text{Ca}^{2+}) = \frac{V_1 \cdot T_{\text{Ca}^{2+}/\text{EDTA}}}{m_{\text{样}} \times \dfrac{25}{500}} \times 100\%$$

式中   $w(\text{Ca}^{2+})$——$Cu^{2+}$ 的质量分数；

$V_1$——滴定钙离子消耗 EDTA 标准滴定溶液的用量，mL；

$T_{\text{Ca}^{2+}/\text{EDTA}}$——EDTA 标准滴定溶液对钙离子的滴定度，g/mL；

$m_{\text{样}}$——称取样品的质量，g。

（5）允许差   见表 9-7。取平行测定结果的算术平均值为测定结果。

表 9-7   测定钙离子含量的允许差

| 钙离子含量/% | 允许差/% |
| --- | --- |
| <0.10 | 0.01 |
| 0.10~1.00 | 0.02 |

### 六、碘离子的测定（参照 GB/T 5009.42—1996）

（1）方法提要   加碘盐是在食盐中按一定比例添加了适量的碘酸钾（$KIO_3$）或碘化钾（KI）。由于碘化钾在空气中易被氧化，会造成碘流失，且价格较贵，我国从 1989 年起规定食盐中不加碘化钾，改加碘酸钾。《食用盐碘含量标准》（GB 26878—2011）规定了食用盐产品碘含量的平均水平（以 $I^-$ 计）为 20~30mg/kg。碘盐中碘含量的允许波动范围为 ±30%，各地可根据当地人群实际碘营养水平，选择适合本地情况的食用盐碘含量平均水平（见表 9-8）。

表 9-8   食用盐碘含量

| 序号 | 所选择的加碘水平/(mg/kg) | 允许碘含量的波动范围/(mg/kg) |
| --- | --- | --- |
| 1 | 20 | 14~26 |
| 2 | 25 | 18~33 |
| 3 | 30 | 21~39 |

若食盐中添加的是碘酸钾：碘酸钾为氧化剂，在酸性条件下会氧化碘化钾析出碘，以淀粉为指示剂用硫代硫酸钠标准溶液滴定至蓝色恰好消失。其反应式如下：

$$IO_3^- + 5I^- + 6H^+ \longrightarrow 3I_2 + 3H_2O$$

$$I_2 + 2Na_2S_2O_3 \longrightarrow 2NaI + Na_2S_4O_6$$

若食盐中添加的是碘化钾：在酸性溶液中先用饱和溴水将碘离子氧化为碘酸根，再加入碘化钾与碘酸根作用而游离出碘，以淀粉为指示剂用硫代硫酸钠标准溶液滴定，计算含量。其反应式如下：

$$I^- + 3Br_2 + 3H_2O \longrightarrow IO_3^- + 6H^+ + 6Br^-$$

$$Br_2 + 2HCOO^- + 2H_2O \longrightarrow 2CO_3^{2-} + 6H^+ + 2Br^-$$

$$IO_3^- + 5I^- + 6H^+ \longrightarrow 3I_2 + 3H_2O$$

$$I_2 + 2Na_2S_2O_3 \longrightarrow 2NaI + Na_2S_4O_6$$

（2）试剂

碘酸钾标准溶液（GB 1258）$\left[c\left(\dfrac{1}{6}KIO_3\right)=0.002mol/L\right]$：称取 1.4267g 于 $(110\pm2)$℃ 烘干至恒重的碘酸钾，加水溶解后移入 1000mL 容量瓶，稀释至刻度，摇匀。此 $KIO_3$ 溶液浓度为 $c\left(\dfrac{1}{6}KIO_3\right)=0.04mol/L$。用水稀释 20 倍，得浓度为 $c\left(\dfrac{1}{6}KIO_3\right)=0.002mol/L$ 的 $KIO_3$ 标准溶液。

硫代硫酸钠标准滴定溶液 $\left[c(Na_2S_2O_3)=0.002mol/L\right]$（GB 637）：称取 5g 硫代硫酸钠，溶于 1000mL 无二氧化碳的水中，贮于棕色瓶，静置一周后取上层清液 200mL 于棕色瓶中，加入 0.2g 碳酸钠溶解后，用无二氧化碳的水稀释至 2000mL。标定：吸取 10.00mL $c\left(\dfrac{1}{6}KIO_3\right)=0.002mol/L$ 的 $KIO_3$ 标准溶液于 250mL 碘量瓶、加 90mL 水、2mL 1mol/L 盐酸，摇匀后加 5mL 50g/L 的碘化钾溶液，立即用 $c(Na_2S_2O_3)=0.002mol/L$ 的硫代硫酸钠标准滴定溶液滴定，至溶液呈浅黄色时，加入 5mL 5g/L 的淀粉指示剂，继续滴定至蓝色恰好消失为止。硫代硫酸钠标准滴定溶液对碘离子的滴定度按下式计算：

$$T_{I^-/Na_2S_2O_3} = \frac{c\left(\dfrac{1}{6}KIO_3\right)V(KIO_3)M\left(\dfrac{1}{6}I^-\right)\times 1000}{V(Na_2S_2O_3)}$$

式中　$T_{I^-/Na_2S_2O_3}$——硫代硫酸钠标准滴定溶液对碘离子的滴定度，$\mu g/mL$；

$c\left(\dfrac{1}{6}KIO_3\right)$——以 $\dfrac{1}{6}KIO_3$ 为基本单元的 $KIO_3$ 标准溶液的浓度，$mol/L$；

$V(KIO_3)$——所取碘酸钾标准溶液的体积，$mL$；

$V(Na_2S_2O_3)$——硫代硫酸钠标准滴定溶液的体积，$mL$；

$M\left(\dfrac{1}{6}I^-\right)$——以 $\dfrac{1}{6}I^-$ 为基本单元的 $I^-$ 的摩尔质量，$g/mol$。

磷酸溶液（1mol/L）（GB 622）。

饱和溴水：取 25mL 试剂溴至 100mL 水中，充分摇匀。

甲酸钠溶液（100g/L）（HB 3-966）。

碘化钾溶液（50g/L）（GB 1272）：用时新配。

淀粉溶液（5g/L）（HG 3095）：称取 0.5g 可溶性淀粉，用水调成糊状，倾入 100mL 沸水，搅溶后再煮沸 0.5min，冷却备用。用时新配。

（3）实验步骤　称取 10.00g 均匀加碘食盐（称准至 0.1g），置于 250mL 碘量瓶中，加 100mL 水溶解，加 1mL 1mol/L 的磷酸摇匀。滴加饱和溴水至溶液呈浅黄色，边滴加边振摇至黄色不褪为止（约 6 滴），溴水不宜过多，在室温放置 15min，放置期内，如发现黄色褪去，应再滴加溴水至淡黄色。

放入玻璃珠 4～5 粒，加热煮沸至黄色褪去，再继续煮沸 5min，立即冷却。加 5mL 碘化钾（50g/L）溶液，摇匀静置约 10min，用 $c(Na_2S_2O_3)=0.002mol/L$ 的硫代硫酸钠标准滴定溶液滴定，至溶液呈浅黄色时，加 1mL 5g/L 的淀粉指示液；继续滴定至蓝色恰好消失即为终点。

如盐样杂质过多，应先取盐样加水 150mL 溶解。过滤。取滤液至 250mL 锥形瓶中，然后进行操作。

（4）数据记录与处理  碘离子的含量（μg/g）按下式计算：

$$w(I^-) = \frac{T_{I^-/Na_2S_2O_3}V}{m_{样}}$$

式中  $T_{I^-/Na_2S_2O_3}$——硫代硫酸钠标准滴定溶液对碘离子的滴定度，μg/mL；

$V$——滴定消耗硫代硫酸钠标准滴定溶液的体积，mL；

$m_{样}$——称取样品的质量，g。

（5）允许差  见表 9-9。取平行测定结果的算术平均值（两位有效数字）为测定结果。

**表 9-9  测定碘离子含量的允许差**

| 碘离子含量/(μg/g) | 允许差/(μg/g) |
|---|---|
| 20～30 | 2 |

### 七、硫酸根离子的测定

1. 方法一  称量分析法（参照 GB/T 13025.8—91）

（1）方法提要  将样品溶液调至弱酸性，加入氯化钡溶液生成硫酸钡沉淀，沉淀经过滤、洗涤、烘干、称量，计算硫酸根离子的含量。

（2）试剂

氯化钡溶液 $[c(BaCl_2)=0.02mol/L]$（GB 625）：称取 2.40g 氯化钡，溶于 500mL 水中，室温放置 24h，使用前过滤。

盐酸溶液（2mol/L）（GB 622）。

甲基红溶液（2g/L）（HG 3-958）。

（3）实验步骤  称取 25.000g 样品，溶解，转移至 500mL 容量瓶，稀释至刻度。吸取 100.00mL，置于 400mL 烧杯中，加水至 150mL，加 2 滴甲基红指示剂，滴加 2mol/L 盐酸至溶液恰呈红色，加热至近沸，迅速加入 40mL 0.02mol/L 氯化钡热溶液（硫酸根含量大于 2.5% 时加入 60mL），剧烈搅拌 2min，冷却至室温，再加少许氯化钡溶液检查沉淀是否完全。用预先在 120℃烘干至恒重的 $P_{16}$ 玻璃坩埚抽滤，先将上层清液倾入坩埚内，用水将杯内沉淀洗涤数次，然后将杯内沉淀全部转入坩埚中，继续用水洗涤数次，至滤液中无氯离子（在硝酸介质中用硝酸银检验）。以少量水冲洗坩埚外壁后，将坩埚置于烘箱中的搪瓷盘内，升温至（120±2）℃干燥 1h 后取出，移入干燥器中，在干燥器中冷却至室温，称量。以后每次烘 30min，直至两次称量质量之差不超过 0.0002g 视为恒重。

（4）数据记录与处理  硫酸根离子含量按下式计算：

$$w(SO_4^{2-}) = \frac{(m_1-m_2)\times 0.4116}{m_{样}\times\frac{100}{500}}\times 100\%$$

式中　$w(SO_4^{2-})$——$SO_4^{2-}$ 的质量分数；

　　　$m_1$——硫酸钡及玻璃坩埚的质量，g；

　　　$m_2$——玻璃坩埚的质量，g；

　　　$m_{样}$——称取样品的质量，g；

　　　0.4116——硫酸钡换算为硫酸根的系数。

（5）允许差　见表 9-10。取平行测定结果的算术平均值为测定结果。

**表 9-10　测定硫酸根离子含量的允许差**

| 硫酸根含量/% | 允许差/% | 硫酸根含量/% | 允许差/% |
|---|---|---|---|
| <0.50 | 0.03 | 1.50～3.50 | 0.05 |
| 0.50～1.50（不包括 1.50） | 0.04 | | |

**2. 方法二　EDTA 配位滴定法（参照 GB/T 13025.8—91）**

（1）方法提要　氯化钡与样品中的硫酸根生成难溶的硫酸钡沉淀，过剩的钡离子用 EDTA 标准滴定溶液滴定，间接测定硫酸根含量。

（2）试剂

氧化锌标准溶液 $[c(ZnO)=0.02\text{mol/L}]$（GB 1260）：称取 0.8139g 已于 800℃灼烧至恒重的氧化锌，置于 150mL 烧杯中，用少量水润湿，滴加盐酸（1：2）至全部溶解，移入 500mL 容量瓶，加水稀释至刻度，摇匀。

氨（GB 631)-氯化铵（GB 658）缓冲溶液（pH≈10）：称取 20g 氯化铵，以无二氧化碳的水溶解，加入 100mL 氨水（$\rho=0.90\text{g/mL}$），用水稀释至 1L。

铬黑 T 溶液（2g/L）（HG 3086）：称取 0.2g 铬黑 T 和 2g 盐酸羟胺（HG 3-967），溶于无水乙醇中，用无水乙醇稀释至 100mL，贮于棕色瓶内。

乙二胺四乙酸二钠（EDTA）标准溶液 $[c(EDTA)=0.02\text{mol/L}]$：称取 40g 二水合乙二胺四乙酸二钠，溶于不含二氧化碳的水中，稀释至 5L，混匀，贮于棕色瓶中备用。标定：吸取 20.00mL 氧化锌标准溶液，置于 250mL 锥形瓶中，加入 5mL 氨性缓冲溶液、4 滴铬黑 T 指示液，然后用 $c(EDTA)=0.02\text{mol/L}$ 的 EDTA 标准溶液滴定至溶液由酒红色变为亮蓝色为止。EDTA 标准滴定溶液对硫酸根的滴定度按下式计算：

$$T_{SO_4^{2-}/EDTA}=T_{Mg^{2+}/EDTA}\times 3.9515$$

式中　$T_{SO_4^{2-}/EDTA}$——EDTA 标准滴定溶液对 $SO_4^{2-}$ 的滴定度，g/mL；

　　　$T_{Ma^{2+}/EDTA}$——EDTA 标准滴定溶液对 $Mg^{2+}$ 的滴定度，g/mL；

　　　3.9515——镁离子换算为硫酸根的系数。

乙二胺四乙酸二钠镁（Mg-EDTA）溶液 $[c(Mg\text{-}EDTA)=0.04\text{mol/L}]$：称取 17.2g 乙二胺四乙酸二钠镁（四水盐），溶于 1L 无二氧化碳的水中。

无水乙醇（GB 678）。

盐酸溶液（1mol/L）（GB 622）。

氯化钡溶液（GB 652）$[c(BaCl_2)=0.02\text{mol/L}]$：同称量分析法测定硫酸根离子时氯化钡溶液的配制。标定：吸取 5.00mL 氯化钡溶液，加入 5mL Mg-EDTA 溶液、10mL 无水乙醇、5mL 氨性缓冲溶液、4 滴铬黑 T 指示液，然后用 $c(EDTA)=0.02\text{mol/L}$ 的 EDTA 标准滴定溶液滴定至溶液由酒红色变为亮蓝色，记录 EDTA 用量。

（3）实验步骤　称取 25.000g 样品，溶解，转移至 500mL 容量瓶中，稀释至刻度。吸取 25.00mL，置于 250mL 锥形瓶中，加 1 滴 1mol/L 盐酸，加入 5.00mL 0.02mol/L 的氯化钡溶液（硫酸根含量大于 0.6％时，加入 10.00mL），于搅拌机上搅拌片刻，放置 5min，加入 5mL 或 10mL Mg-EDTA 溶液（与氯化钡量相同）、10mL 或 15mL 无水乙醇（占总体积的 30％）、5mL 氨性缓冲溶液、4 滴铬黑 T 指示液，用 $c(EDTA)=0.02mol/L$ 的 EDTA 标准滴定溶液滴定至溶液由酒红色变为亮蓝色。

另取一份与测定硫酸根时相同的样品溶液，置于 250mL 锥形瓶中，加入 5mL 氨性缓冲溶液、4 滴铬黑 T 指示液，然后用 $c(EDTA)=0.02mol/L$ 的 EDTA 标准滴定溶液滴定至溶液由酒红色变为亮蓝色为止，EDTA 用量为钙、镁离子总用量。

（4）数据记录与处理　硫酸根离子的含量按下式计算：

$$w(SO_4^{2-}) = \frac{T_{SO_4^{2-}/EDTA}(V_1+V_2-V_3)}{m_{样} \times \frac{25}{500}} \times 100\%$$

式中　$w(SO_4^{2-})$——$SO_4^{2-}$ 的质量分数；

$T_{SO_4^{2-}/EDTA}$——EDTA 标准滴定溶液对硫酸根的滴定度，g/mL；

$V_1$——滴定 5.00mL 氯化钡溶液消耗 EDTA 标准滴定溶液的体积，mL；

$V_2$——滴定钙、镁离子总量消耗 EDTA 标准滴定溶液的体积，mL；

$V_3$——滴定硫酸根离子消耗 EDTA 标准滴定溶液的体积，mL；

$m_{样}$——称取样品的质量，g。

（5）允许差　见表 9-11。取平行测定结果的算术平均值为测定结果。

表 9-11　测定硫酸根离子含量的允许差

| 硫酸根离子含量/％ | 允许差/％ | 硫酸根离子含量/％ | 允许差/％ |
| --- | --- | --- | --- |
| ＜0.50 | 0.03 | 1.50～3.50 | 0.06 |
| 0.50～1.50(不包括 1.50) | 0.05 | | |

## 八、注意事项

（1）水分测定中，称量瓶盖切不可盖严，否则水分难以挥发。

（2）标定 $AgNO_3$ 标准溶液和配制铬黑 T 指示剂时，要用基准（或分析纯）NaCl，切不可与食盐混淆。

（3）汞量法测定中注意 $Hg(NO_3)_2$ 是一种剧毒物质。

（4）注意钙指示剂的用量。

（5）测定 $SO_4^{2-}$ 时若无 Mg-EDTA 试剂，可用 EDTA 和 $MgCl_2$ 配制。

## 九、思考题

1. 烘干法测定的水分与灼烧法测定的水分相同吗？

2. 配制 $K_2CrO_4$ 指示剂时为什么要滴加 $AgNO_3$ 至红棕色？

3. 食盐中的 NaCl 能用其他银量法测定吗？若能，请设计相应的测定方案。

4. 用 ZnO 标定 EDTA 溶液中，在加入缓冲溶液之前要先用氨水调节酸度，而在测定食盐中 Mg 含量时不需要先调酸度就直接加入，为什么？

5. 碘离子测定中加入溴水的作用是什么？写出有关反应式。

6. 配位滴定法测定 $SO_4^{2-}$ 的滴定方式是哪种？为什么不用直接滴定法？

7. 比较配位滴定法和称量分析法测定 $SO_4^{2-}$ 的优缺点。

8. 配位滴定法测定 $SO_4^{2-}$ 过程中加入 Mg-EDTA 的作用是什么？

---

**阅读材料**

## 食盐对人体健康的作用

　　食盐是人们生活中最常用的一种调味品，其主要成分是氯化钠。但是食盐的作用绝不仅仅是增加食物的味道，它也是人体组织的一种基本成分，对保证体内正常的生理、生化活动和功能起着重要作用。$Na^+$ 和 $Cl^-$ 是与 $K^+$ 等元素相互联系的，它们之间的联系错综复杂，其最主要的作用是控制细胞、组织液和血液内的电解质平衡，以保持体液的正常流通和控制体内的酸碱平衡。$Na^+$ 和 $K^+$、$Ca^{2+}$、$Mg^{2+}$ 还有助于保持神经和肌肉的适当应激水平；NaCl 和 KCl 对调节血液的适当黏度或稠度起作用；胃里开始消化某些食物的酸和其他胃液、胰液及胆汁里的助消化的化合物，也是由血液里的钠盐和钾盐形成的。此外，适当浓度的 $Na^+$、$Cl^-$ 和 $K^+$ 对于视网膜对光反应的生理过程也起着重要作用。可见，人体的许多重要功能都与 $Na^+$、$Cl^-$ 和 $K^+$ 有关，体内任何一种离子的不平衡（多或少），都会对身体产生不良影响。如运动过度、出汗太多时，体内的 $Na^+$、$Cl^-$ 和 $K^+$ 大为降低，就会出现不平衡，使肌肉和神经反应受到影响，导致恶心、呕吐、衰竭和肌肉痉挛等现象。因此，运动员在训练或比赛前后，需喝特别配制的饮料，以补充失去的盐分。

　　由于新陈代谢，人体内每天都有一定量的 $Na^+$、$Cl^-$ 和 $K^+$ 通过各种途径排出体外，因此需要膳食给予补充，正常成人每天氯化钠的需要量和排出量为 3～9g。

　　此外，常用淡盐水漱口，不仅对咽喉疼痛、牙龈肿疼等口腔疾病有治疗和预防作用，还具有预防感冒的作用。

---

## 实验五十三　工业氯化钙的分析

### 一、技能目标

1. 掌握测定氯化钙中 $CaCl_2$ 及主要杂质成分的分析方法和原理；
2. 熟练掌握滴定分析和称量分析中的有关基本操作；
3. 复习巩固相关的理论知识，提高分析问题、解决问题的能力。

### 二、无水氯化钙的质量指标

无水氯化钙的质量指标见表 9-12。

表 9-12　无水氯化钙的质量指标

| 项　　目 | | 指　　标 | | | |
|---|---|---|---|---|---|
| | | 无水氯化钙 | | 二水氯化钙 | |
| | | 一等品 | 合格品 | 一等品 | 合格品 |
| 氯化钙（$CaCl_2$）含量/% | ≥ | 95.0 | 90.0 | 70.0 | 68.0 |
| 镁及碱金属氯化物（以 NaCl 计）含量/% | ≤ | 2.5 | 4.0 | 4.0 | 5.5 |
| 水不溶物含量/% | | — | — | 0.20 | 0.30 |
| 酸度 | | | | 通过实验 | |
| 碱度[以 $Ca(OH)_2$ 计]/% | | | | 0.35 | |
| 硫酸盐（以 $CaSO_4$ 计）含量/% | | | | 0.20 | 0.30 |

### 三、分析方法

1. 氯化钙（$CaCl_2$）含量的测定（参照 HG/T 2327—92）

（1）方法提要　在试样溶液的 pH 约为 12 的条件下，以钙羧酸为指示剂，用乙二胺四乙酸二钠标准溶液滴定钙。

（2）试剂

三乙醇胺溶液（1∶2）；氢氧化钠溶液（100g/L）（GB 629）。

乙二胺四乙酸二钠盐（EDTA）标准滴定溶液 $[c(EDTA)\approx0.02mol/L]$（GB 1401）。

钙羧酸指示剂：称取 1g 钙羧酸指示剂（或钙羧酸钠），与 100g 氯化钠（GB 1266）混合，研细，密闭保存。

（3）实验步骤

① 试样溶液的制备。称取约 3.5g 无水氯化钙或约 5g 二水氯化钙试样（精确至 0.0002g），置于 250mL 烧杯中，加水溶解。定量转移至 500mL 容量瓶中，用水稀释至刻度，摇匀。此溶液为试样溶液 A，用于有关测定。

② 测定。用移液管移取 10.00mL 试样溶液 A，加水至约 50mL。加 5mL 三乙醇胺溶液、2mL 氢氧化钠溶液、约 0.1g 钙羧酸指示剂，用乙二胺四乙酸二钠盐标准滴定溶液滴定，溶液由红色变为蓝色即为终点。同时做空白试验。

（4）数据记录与处理　以质量分数表示的氯化钙的含量按下式计算：

$$w(CaCl_2)=\frac{c(EDTA)\cdot(V_1-V_0)\times10^{-3}\times M(CaCl_2)}{m_{样}\times\dfrac{10}{500}}\times100\%$$

式中　$w(CaCl_2)$——氯化钙的质量分数；

　　　$c(EDTA)$——EDTA 标准滴定溶液的实际浓度，mol/L；

　　　　$V_1$——滴定时消耗 EDTA 标准滴定溶液的体积，mL；

　　　　$V_0$——空白试验中消耗 EDTA 标准滴定溶液的体积，mL；

　　$M(CaCl_2)$——CaCl$_2$ 的摩尔质量，g/mol；

　　　$m_{样}$——试样的质量，g。

（5）允许差　取平行测定结果的算术平均值为测定结果，平行测定结果的绝对差值不大于 0.2%。

2. 镁及碱金属氯化物（以 NaCl 计）含量的测定

（1）方法提要　以铬酸钾为指示剂，用硝酸银标准滴定溶液滴定总氯量，减去氯化钙相当的氯量后折算成以氯化钠（NaCl）计的镁及碱金属氯化物含量。

（2）试剂

硝酸溶液（1∶10）（GB 626）。

碳酸氢钠溶液（100g/L）（GB 640）。

硝酸银标准滴定溶液 $[c(AgNO_3)=0.1mol/L]$（GB 670）。

铬酸钾指示液（50g/L）（HG 3-918）。

（3）实验步骤　用移液管移取 10.00mL 试样溶液 A，置于 250mL 锥形瓶中，加 50mL 水，用硝酸溶液或碳酸氢钠溶液调 pH=6.5～10（用 pH 试纸检验），加 0.7mL 铬酸钾指示液，用硝酸银标准滴定溶液滴定，溶液由淡黄色变为微红色即为终点。

（4）数据记录与处理　以质量分数表示的镁及碱金属氯化物（以 NaCl 计）含量按下式计算：

$$w(NaCl)=\frac{c(AgNO_3)V\times10^{-3}\times M(NaCl)}{m_{样}\times\dfrac{10}{500}}\times100\%-1.053w(CaCl_2)$$

式中　$w(NaCl)$——镁及碱金属氯化物（以 NaCl 计）的质量分数；

　　　$c(AgNO_3)$——硝酸银标准滴定溶液的实际浓度，mol/L；

$V$——滴定消耗硝酸银标准滴定溶液的体积，mL；

$M(NaCl)$——NaCl 的摩尔质量，g/mol；

$w(CaCl_2)$——氯化钙的质量分数；

1.053——氯化钙（$CaCl_2$）换算成氯化钠（NaCl）的系数；

$m_{样}$——试样的质量，g。

（5）允许差　取平行测定结果的算术平均值为测定结果，平行测定结果的绝对差值不大于 0.02%。

3. 水不溶物的测定

（1）方法提要　试样溶于水，用玻璃坩埚抽滤，残渣经干燥称量，测定水不溶物含量。

（2）仪器与试剂

烘箱：能调节玻璃坩埚底部温度达到 105～110℃。

玻璃坩埚（滤纸孔径 5～15μm）。

硝酸银溶液（10g/L）（GB 670）。

（3）实验步骤　称取约 20g 试样（精确至 0.01g），置于 400mL 烧杯中。加 250mL 水溶解，放置 1h，用已于 105～110℃烘干至恒重的玻璃坩埚过滤。用水洗涤至无氯离子为止（在硝酸介质中用硝酸银溶液检验）。于 105～110℃烘干至恒重。

（4）数据记录与处理　以质量分数表示的水不溶物含量按下式计算：

$$w(水不溶物)=\frac{m_1-m_2}{m_{样}}\times100\%$$

式中　$w(水不溶物)$——水不溶物的质量分数；

$m_1$——水不溶物及玻璃坩埚的质量，g；

$m_2$——玻璃坩埚的质量，g；

$m_{样}$——称取样品的质量，g。

（5）允许差　取平行测定结果的算术平均值为测定结果，平行测定结果的绝对差值不大于 0.02%。

4. 酸度的测定

（1）方法提要　将试样溶于水，以溴百里香酚蓝为指示剂检验溶液酸度是否符合要求。

（2）试剂　溴百里香酚蓝指示液（1g/L）（HG 3-1222）。

（3）实验步骤　称取（22.0±0.1）g 试样，置于 250mL 烧杯中，加 100mL 水溶解。加入 2～3 滴溴百里香酚蓝指示液，溶液应不呈黄色。

5. 碱度的测定

（1）方法提要　将试样溶于水，加入已知量的过量盐酸标准滴定溶液，煮沸赶掉二氧化碳。以溴百里香酚蓝为指示剂，用氢氧化钠标准滴定溶液滴定，溶液由黄色变为蓝色即为终点。

（2）试剂

盐酸标准溶液 [$c(HCl)\approx0.1mol/L$]（GB 622）。

氢氧化钠标准溶液 [$c(NaOH)\approx0.1mol/L$]（GB 629）。

溴百里香酚蓝指示液（1g/L）（HG 3-1222）。

（3）实验步骤　称取约 20g 试样（精确至 0.01g），置于 400mL 烧杯中，加 100mL 水溶解。加 2～3 滴溴百里香酚蓝指示液，用滴定管加入盐酸标准滴定溶液中和并过量约 5mL。煮沸 2min，冷却，再加 2 滴溴百里香酚蓝指示液。用氢氧化钠标准滴定溶液滴定，溶液由黄色变为蓝色即为终点。

（4）数据记录与处理　以质量分数表示的碱度[以 Ca(OH)$_2$ 计]按下式计算：

$$w[Ca(OH)_2] = \frac{(c_1V_1 - c_2V_2) \times 10^{-3} \times M[Ca(OH)_2]}{m_{样}} \times 100\%$$

式中　$w[Ca(OH)_2]$——碱度的质量分数 [以 Ca(OH)$_2$ 计]；

$\qquad c_1$——盐酸标准滴定溶液的实际浓度，mol/L；

$\qquad V_1$——加入盐酸标准滴定溶液的体积，mL；

$\qquad c_2$——氢氧化钠标准滴定溶液的实际浓度，mol/L；

$\qquad V_2$——消耗氢氧化钠标准滴定溶液的体积，mL；

$\qquad M[Ca(OH)_2]$——Ca(OH)$_2$ 的摩尔质量，g/mol；

$\qquad m_{样}$——试样的质量，g。

（5）允许差　取平行测定结果的算术平均值为测定结果。平行测定结果的绝对差值不大于 0.02%。

6. 硫酸盐（以 CaSO$_4$ 计）的测定

（1）方法提要　用水溶解试样并过滤不溶物，加入氯化钡，沉淀滤液中的硫酸根离子，称量生成的硫酸钡。

（2）试剂

盐酸（GB 622）。

氯化钡（BaCl$_2$·2H$_2$O）溶液（122g/L）（GB 652）。

硝酸银溶液（10g/L）（GB 670）。

（3）实验步骤　称取约 50g 试样（精确至 0.1g），置于 400mL 烧杯中，加 200mL 水溶解，加 2mL 盐酸，加热至沸，冷却，用中速滤纸过滤，用水洗涤 5 次，每次 10mL，滤液和洗涤液收集到 500mL 烧杯中，加热至沸，在不断搅拌下，缓缓加入 10mL 氯化钡溶液；继续沸腾 15min，冷却并放置 4h（或在沸水浴上保温 2h）。

室温下，用慢速定量滤纸过滤，用温水洗涤沉淀至无氯离子（在硝酸介质中用硝酸银溶液检验）。

将沉淀连同滤纸转移至已于 (800±20)℃ 烘干至恒重的瓷坩埚中；烘干、灰化，在 (800±20)℃ 灼烧至恒重。

（4）数据记录与处理　以质量分数表示的硫酸盐（以 CaSO$_4$ 计）含量按下式计算：

$$w(CaSO_4) = \frac{(m_1 - m_2) \times 0.5833}{m_{样}} \times 100\%$$

式中　$w(CaSO_4)$——CaSO$_4$ 的质量分数；

$\qquad m_1$——硫酸钡及瓷坩埚的质量，g；

$\qquad m_2$——瓷坩埚的质量，g；

$\qquad m_{样}$——试样的质量，g；

$\qquad 0.5833$——硫酸钡换算为硫酸钙的系数。

（5）允许差　取平均测定结果的算术平均值为测定结果，平均测定结果的绝对差值不大于 0.03%。

**四、注意事项**

（1）本分析方法适用于无水氯化钙和二水氯化钙含量的测定。

（2）三乙醇胺应在酸性条件下加入，碱性条件下使用。

（3）银量法测定镁及金属氯化物含量中，要注意控制指示剂的加入量。

**五、思考题**

1. 氯化钙含量测定中，为什么要加入三乙醇胺？
2. 银量法测定镁及金属氯化物含量时，为什么要调节 pH 为 6.5～10？
3. 溴百里香酚蓝的酸式色和碱式色分别是什么颜色？

---

📖 **阅读材料**

## 氯化钙的性质

无水氯化钙为白色颗粒或熔融块状，有强吸湿性，易溶于水（放出大量热）和乙醇，低毒，半数致死量（大鼠，经口）为 1g/kg，是有机液体和气体的干燥剂和脱水剂。可用于测定钢铁含碳量和测定全血葡萄糖、血清无机磷、血清碱性磷酸酶的活力。

二水氯化钙又称干燥氯化钙，白色吸湿性颗粒或块团，易溶于水和乙醇，水溶液呈中性或微碱性，有刺激性。常用作抗冻剂和灭火剂。

六水氯化钙为白色易吸湿的三方结晶，200℃时失去全部结晶水。用作氧与硫的吸收剂、食物保护剂、上浆剂、净水剂、防冻剂。

---

## 实验五十四 复方氢氧化铝片中铝、镁含量的测定

**一、技能目标**

1. 掌握复方氢氧化铝片中铝、镁含量测定的基本原理及方法；
2. 了解 pH 对金属离子配位反应的影响、返滴定法的应用；
3. 巩固对二甲酚橙、铬黑 T 指示剂的应用条件和终点颜色判断的理解；
4. 了解复方制剂的采集和前处理方法，掌握分离沉淀的基本操作。

**二、实验原理**

复方氢氧化铝片（胃舒平）是一种抗酸的胃药，其主要成分为氢氧化铝、三硅酸镁与少量颠茄流浸膏，其中前二者可中和过多的胃酸。为了使药片成型，还加入了大量的糊精。在测定时，先将样品用 1∶1 的盐酸溶解，分离弃去水不溶物，然后用配位滴定法测定 Al 和 Mg 的含量。

1. 铝含量的测定

由于 $Al^{3+}$ 与 EDTA 的配位反应速率慢，对二甲酚橙等指示剂有封闭作用，且在酸度不高时会发生水解，因此采用返滴定法测定 Al 的含量。

取一份试液，调节 pH 约为 4，加热煮沸，加入准确过量的 EDTA 标准溶液，使 EDTA 与 $Al^{3+}$ 配位反应完全，冷却后调节溶液 pH 至 5～6，以二甲酚橙为指示剂，用锌标准滴定溶液返滴定过量的 EDTA，而测定出 $Al^{3+}$ 的含量。溶液由黄色变为紫红色为终点。

$$Al^{3+} + H_2Y^{2-}（准确）\longrightarrow AlY^- + 2H^+$$

$$Zn^{2+} + H_2Y^{2-}（剩余）\longrightarrow ZnY^{2-} + 2H^+$$

滴定终点 　　　　 XO + $Zn^{2+}$（过量）$\longrightarrow$ ZnXO
　　　　　　　（黄色）　　　　　　　　　　（紫红色）

由于 $Al^{3+}$ 与 EDTA 配位时的最低 pH 为 4.2，而 $Mg^{2+}$ 与 EDTA 配位时的最低 pH 为 9.7，故在 pH＝6.0 的缓冲液中，只有 $Al^{3+}$ 和 EDTA 反应，而 $Mg^{2+}$ 无干扰。

2. 镁含量的测定

另取一份试液，调节 pH 为 8～9，$Al^{3+}$ 可生成 $Al(OH)_3$ 沉淀，过滤分离后，调节 pH≈10，加三乙醇胺掩蔽，则可消除 $Al^{3+}$ 的干扰。以铬黑 T（EBT）为指示剂，用 EDTA 标准滴定溶液直接滴定 $Mg^{2+}$，至溶液由酒红色变为纯蓝色。

滴定前　　　　　　　　$EBT + Mg^{2+} \longrightarrow Mg—EBT$
　　　　　　　　　　　（蓝色）　　　　　　　（紫红色）

　　　　　　　　　　　$Mg^{2+} + H_2Y^{2-} \longrightarrow MgY^{2-} + 2H^+$

滴定终点　　　　　$Mg—EBT + H_2Y^{2-} \longrightarrow MgY^{2-} + EBT + 2H^+$
　　　　　　　　　（紫红色）　　　　　　　　　　　　　　（蓝色）

### 三、试剂

胃舒平药片。

$c(EDTA)=0.02mol/L$ 的 EDTA 标准溶液。

$c(Zn^{2+})=0.02mol/L$ 的 $Zn^{2+}$ 标准滴定溶液：可用标定 EDTA 所配制的 $Zn^{2+}$ 标准溶液，计算出其准确浓度。

六亚甲基四胺溶液（200g/L）。

$NH_4Cl$ 固体。

$NH_3$-$NH_4Cl$ 缓冲溶液（pH=10）。

三乙醇胺（1∶3）。

氨水（1∶1）

盐酸（1∶1）

甲基红指示剂（2g/L）。

铬黑 T(EBT) 指示剂（5g/L）。

二甲酚橙指示剂（2g/L）。

### 四、实验步骤 ［参照《中国药典》（2010 年版）二部］

1. 试样处理

准确称取胃舒平药片 10 片，研细后从中准确称取药粉 2g 左右于烧杯中。加入 20mL 盐酸（1∶1），加蒸馏水 100mL 煮沸，冷却后过滤，并以水洗涤沉淀。定量收集滤液及洗涤液于 250mL 容量瓶中，稀释至刻度，摇匀备用。

2. 标准溶液的配制与标定

参见 GB/T 601—2002，计算 EDTA、$Zn^{2+}$ 标准溶液的准确浓度。

3. 铝含量的测定

准确吸取上述试液 5.00mL 至 250mL 锥形瓶中，加入 25mL 水，加入甲基红指示剂（2g/L）1 滴，滴加氨水（1∶1）至溶液恰好变为黄色，再加盐酸（1∶1）至溶液恰好呈红色（pH≈4）。准确加入 EDTA 标准溶液 25.00mL，加热煮沸 3～5min，冷却至室温，再加入 10mL 六亚甲基四胺溶液（pH≈6），此时溶液呈黄色。加入二甲酚橙指示剂（2g/L）2～3 滴，以 $Zn^{2+}$ 标准溶液滴定至溶液由黄色变为红色即为终点。平行测定 3 次。

根据 EDTA 加入量与 $Zn^{2+}$ 标准溶液的滴定体积，计算每片药片中 $Al(OH)_3$ 的质量分数（以 $Al_2O_3$ 计）。

4. 镁含量的测定

准确吸取试液 25.00mL 于烧杯中，滴加氨水（1∶1）至刚出现沉淀，加盐酸（1∶1）至沉淀恰好溶解（沉淀铝），加入 2g 固体 $NH_4Cl$，滴加六亚甲基四胺溶液至沉淀出现并过量 15mL，加热至 80℃并保持 10～15min。冷却过滤，以少量蒸馏水洗涤沉淀数次，收集滤液与洗涤液于 250mL 锥形瓶中，加入三乙醇胺溶液 10mL、$NH_3$-$NH_4Cl$ 缓冲溶液 10mL 及甲基红指示剂 1 滴、铬黑 T 指示剂 3～5 滴，用 EDTA 标准溶液滴定至试液由暗红色转变为蓝绿色，即为终点。

根据消耗 EDTA 标准溶液的体积，计算每片药片中三硅酸镁的质量分数（以 MgO 表示）。

## 五、数据记录与处理

复方氢氧化铝片中铝、镁含量的计算公式如下：

$$w(Al_2O_3) = \frac{[c(EDTA)V_1(EDTA) - c(Zn^{2+})V(Zn^{2+})] \times 10^{-3} \times m_{总} \times \frac{1}{2}M(Al_2O_3)}{m_{试样} \times \frac{5}{250} \times 10}$$

$$w(MgO) = \frac{c(EDTA)V_2(EDTA) \times 10^{-3} \times m_{总} \times M(MgO)}{m_{试样} \times \frac{25}{250} \times 10}$$

式中　$w(Al_2O_3)$——每片药片中 $Al(OH)_3$ 的质量分数（以 $Al_2O_3$ 计），g/片；

$w(MgO)$——每片药片中三硅酸镁的质量分数（以 MgO 表示），g/片；

$c(EDTA)$——EDTA 标准滴定溶液的浓度，mol/L；

$V_1(EDTA)$——移取加入 EDTA 标准滴定溶液的体积，mL；

$V_2(EDTA)$——滴定消耗 EDTA 标准滴定溶液的体积，mL；

$c(Zn^{2+})$——$Zn^{2+}$ 标准滴定溶液的浓度，mol/L；

$V(Zn^{2+})$——滴定消耗 $Zn^{2+}$ 标准滴定溶液的体积，mL；

$m_{总}$——10 片胃舒平药片的总质量，g；

$m_{试样}$——胃舒平药片研细后称取药粉的质量，g；

$M(Al_2O_3)$——$Al_2O_3$ 的摩尔质量，g/mol；

$M(MgO)$——MgO 的摩尔质量，g/mol。

计算结果保留 4 位有效数字。取平行测定结果的算术平均值为测定结果，平行测定结果的绝对差值不大于 0.2%。

《中国药典》规定，胃舒平每片中含氢氧化铝（以 $Al_2O_3$ 计）不得少于 0.177g，含三硅酸镁（以 MgO 计）不得少于 0.0200g。

## 六、注意事项

（1）胃舒平药片试样中镁、铝含量不均匀，为测定准确，应取具有代表性的样品，研细后进行分析。

（2）滴加氨水时至溶液刚好浑浊即恰好析出沉淀，再滴加稀盐酸至浑浊刚好消失，此过程都应该按滴滴加才能更好地控制溶液 pH。

（3）用六亚甲基四胺溶液调节 pH 比用氨水好，可以减少 $Al(OH)_3$ 对 $Mg^{2+}$ 的吸附。

（4）因为胃舒平药片中不含有铁、钙等杂质离子的干扰，所以在镁的测定过程中，本实验选择用 EDTA 滴定镁含量，而溶液中的 $Al^{3+}$ 采用三乙醇胺作为掩蔽剂掩蔽。加入甲基红有利于终点的判断。

（5）用锌滴定液滴定时应边滴边振摇，以免滴定过少或过量，若颜色变为橙红色，应再加一滴至刚好呈红色。

## 七、思考题

1. 胃舒平中，铝虽是该药物的有效成分，但又不能过量，为什么？

2. 为什么胃舒平中镁的含量不能过高？

3. 根据本实验分析结果，评价该药品的质量。填入下表。

**复方氢氧化铝药片检验报告单**

送检样品：＿＿＿＿＿＿＿　　检验编号：＿＿＿＿＿＿＿　　样品性状：＿＿＿＿＿＿

| 序号 | 检验项目 | 指标要求 | 测定结果 | 结果判定 | 产品等级 |
|---|---|---|---|---|---|
| 1 | 氢氧化铝含量(以 $Al_2O_3$ 计)<br>/(g/片)　　　　≥ | 0.177 | | 合格 □<br>不合格 □ | 一级品 □<br>合格品 □ |
| 2 | 三硅酸镁含量(以 MgO 计)<br>/(g/片)　　　　≥ | 0.0200 | | 合格 □<br>不合格 □ | 一级品 □<br>合格品 □ |
| 3 | 颠茄流浸膏/(g/片)　　≥ | | | 合格 □<br>不合格 □ | 一级品 □<br>合格品 □ |
| 4 | | | | | |
| 5 | | | | | |
| 6 | | | | | |
| 7 | | | | | |
| 8 | | | | | |
| 9 | | | | | |
| 10 | | | | | |

检验日期：＿＿＿＿＿　　报告日期：＿＿＿＿＿　　检验者：＿＿＿＿＿　　核对者：＿＿＿＿＿

# 附　　录

## 附录一　常用酸碱的密度和浓度

| 试剂名称 | 密度/(kg/m³) | 含量/% | $c$/(mol/L) |
|---|---|---|---|
| 盐酸 | 1.18～1.19 | 36～38 | 11.6～12.4 |
| 硝酸 | 1.39～1.40 | 65.0～68.0 | 14.4～15.2 |
| 硫酸 | 1.83～1.84 | 95～98 | 17.8～18.4 |
| 磷酸 | 1.69 | 85 | 14.6 |
| 高氯酸 | 1.68 | 70.0～72.0 | 11.7～12.0 |
| 冰醋酸 | 1.05 | 99.8(优级纯) | 17.4 |
|  |  | 99.0(分析纯) |  |
| 氢氟酸 | 1.13 | 40 | 22.5 |
| 氢溴酸 | 1.49 | 47.0 | 8.6 |
| 氨水 | 0.88～0.90 | 25.0～28.0 | 13.3～14.8 |

## 附录二　常见基准物质的干燥条件和应用

| 物质名称 | 干燥后组成 | 干燥条件/℃ | 标定对象 |
|---|---|---|---|
| 碳酸氢钠 | $Na_2CO_3$ | 270～300 | 酸 |
| 碳酸钠 | $Na_2CO_3$ | 270～300 | 酸 |
| 硼砂 | $Na_2B_4O_7 \cdot 10H_2O$ | 含 NaCl 和蔗糖饱和液的干燥器中 | 酸 |
| 碳酸氢钾 | $K_2CO_3$ | 270～300 | 酸 |
| 草酸 | $H_2C_2O_4 \cdot 2H_2O$ | 室温空气中干燥 | 碱或 $KMnO_4$ |
| 邻苯二甲酸氢钾 | $KHC_8H_4O_4$ | 105～110 | 碱或高氯酸 |
| 重铬酸钾 | $K_2Cr_2O_7$ | 120 | 还原剂 |
| 溴酸钾 | $KBrO_3$ | 130 | 还原剂 |
| 碘酸钾 | $KIO_3$ | 130 | 还原剂 |
| 铜 | Cu | 室温干燥器中 | 还原剂 |
| 三氧化二砷 | $As_2O_3$ | 硫酸干燥器中 | 氧化剂 |
| 草酸钠 | $Na_2C_2O_4$ | 105～110 | 氧化剂 |
| 碳酸钙 | $CaCO_3$ | 110 | EDTA |
| 锌 | Zn | 室温干燥器中 | EDTA |
| 氧化锌 | ZnO | 800 | EDTA |
| 氯化钠 | NaCl | 500～600 | $AgNO_3$ |
| 氯化钾 | KCl | 500～600 | $AgNO_3$ |
| 硝酸银 | $AgNO_3$ | 硫酸干燥器 | 氯化物 |

# 附录三　分析中常用的标准溶液

| | 标准溶液 | 配制方法 | 标 定 用 基 准 物 |
|---|---|---|---|
| | $K_2Cr_2O_7$ | 直接法 | |
| | $KBrO_3$ | 直接法 | |
| | $KIO_3$ | 直接法 | |
| 酸 | $HNO_3$<br>$HCl$<br>$HAc$<br>$H_2SO_4$ | 标定法 | 无水 $Na_2CO_3$、$Na_2CO_3 \cdot 10H_2O$、$NaHCO_3$、$KHCO_3$、$Na_2B_4O_7 \cdot 10H_2O$ |
| 碱 | $NaOH$<br>$KOH$ | 标定法 | 邻苯二甲酸氢钾($KHC_8H_4O_4$)、$H_2C_2O_4 \cdot 2H_2O$ |
| | EDTA | 标定法 | 金属 $Zn$、$ZnO$、$MgSO_4 \cdot 7H_2O$、$CaCO_3$ |
| | $NaNO_2$ | 标定法 | 对氨基苯磺酸 |
| | $I_2$ | 标定法 | $As_2O_3$、$Na_2S_2O_3$标准溶液 |
| | $Na_2S_2O_3$ | 标定法 | $K_2Cr_2O_7$、$KIO_3$ |
| | $Na_2AsO_3$ | 直接法 | |
| | $Na_2C_2O_4$ | 直接法 | |
| | $FeSO_4$ | 标定法 | $KMnO_4$ 标准滴定溶液标定 |
| | $(NH_4)_2Fe(SO_4)_2$ | 标定法 | $KMnO_4$ 标准滴定溶液标定 |
| | $Br_2$ | 标定法 | $Na_2S_2O_3$ 标准滴定溶液标定 |
| | $KMnO_4$ | 标定法 | 铁丝、$H_2C_2O_4 \cdot 2H_2O$、$Na_2C_2O_4$ |
| | $Ce(SO_4)_2$ | 标定法 | $Na_2C_2O_4$ |
| | $AgNO_3$ | 标定法 | $NaCl$ |
| | $Hg(NO_3)_2$ | 标定法 | $NaCl$ |

# 附录四　缓冲溶液的配制

## 1. 一般缓冲溶液的配制

| 名　称 | 溶液 pH | 配 制 方 法 |
|---|---|---|
| 氨基乙酸-HCl | $pH \approx 2.3$ | 氨基乙酸150g溶于 500mL 水,加 80mL 浓盐酸,用水稀释至1000mL |
| 乙酸-乙酸钠缓冲溶液 | $pH \approx 3$ | 称取 0.8g 乙酸钠($CH_3COONa \cdot 3H_2O$),溶于水,加 5.4mL 乙酸(冰醋酸),稀释至1000mL |
| | $pH \approx 4$ | 称取 54.4g 乙酸钠($CH_3COONa \cdot 3H_2O$),溶于水,加 92mL 乙酸(冰醋酸),稀释至1000mL |
| | $pH \approx 4.5$ | 称取 164g 乙酸钠($CH_3COONa \cdot 3H_2O$),溶于水,加 84mL 乙酸(冰醋酸),稀释至1000mL |
| | $pH \approx 5$ | 称取 68g 乙酸钠($CH_3COONa \cdot 3H_2O$),溶于水,加 28.6mL 乙酸(冰醋酸),稀释至1000mL |
| | $pH \approx 6$ | 称取 100g 乙酸钠($CH_3COONa \cdot 3H_2O$),溶于水,加 5.7mL 乙酸(冰醋酸),稀释至1000mL |

续表

| 名　称 | 溶液 pH | 配　制　方　法 |
|---|---|---|
| 乙酸-乙酸铵缓冲溶液 | pH 4～5 | 称取 38.5g 乙酸铵,溶于水,加 28.6mL 乙酸(冰醋酸),稀释至 1000mL |
| | pH≈6.5 | 称取 59.8g 乙酸铵,溶于水,加 1.4mL 乙酸(冰醋酸),稀释至 1000mL |
| 乙酸铵溶液 | pH≈7.0 | 称取 154g 乙酸铵,溶于水,稀释至 1000mL |
| 氨-氯化铵缓冲溶液 | pH≈8 | 称取 100g 氯化铵,溶于水,加 7.0mL 氨水,稀释至 1000mL |
| | pH≈9 | 称取 70g 氯化铵,溶于水,加 48mL 氨水,稀释至 1000mL |
| | pH≈10 | 称取 54g 氯化铵,加 350mL 氨水,稀释至 1000mL |
| 六亚甲基四胺 | pH≈5.4 | 称取 40g 六亚甲基四胺,溶于水,加 10mL 浓盐酸,用水稀释至 1000mL |

### 2. 标准缓冲溶液的配制

| 缓冲溶液名称 | pH(25℃) | 物质的量浓度/(mol/L) | 配制方法(优级纯、分析纯试剂,三级水) |
|---|---|---|---|
| 四草酸钾 | 1.68 | 0.05 | 称取在(57±2)℃烘 4～5h 并在干燥器中冷却后的四草酸钾 12.61g,用水溶解后转入容量瓶中并稀释至 1L,摇匀 |
| 饱和酒石酸氢钾 | 3.56 | | 将过量的酒石酸氢钾(每升加入量大于 6.4g)和水放入玻璃磨口瓶或聚乙烯瓶中,温度控制在 23～27℃,激烈摇振 20～30min,保存备用。使用前迅速抽滤,取清液使用 |
| 邻苯二甲酸氢钾 | 4.00 | 0.05 | 称取在(105±5)℃下烘 2h 并在干燥器中冷却后的邻苯二甲酸氢钾 10.12g,用水溶解后转入容量瓶中稀释至 1L,摇匀 |
| 磷酸氢二钠-磷酸二氢钾 | 6.86 | 0.05 / 0.05 | 分别称取在 110～120℃下烘 2～3h 并在干燥器中冷却后的磷酸氢二钠 3.533g,磷酸二氢钾 3.387g,用水溶解后转入容量瓶中稀释至 1L,摇匀 |
| 四硼酸钠 | 9.18 | 0.01 | 称取 3.80g 预先于氯化钠和蔗糖饱和溶液干燥器中干燥至恒重的四硼酸钠,用水溶解后转入容量瓶中稀释至 1L,摇匀,贮存于聚乙烯瓶中 |
| 饱和氢氧化钙 | 12.46 | | 将过量的氢氧化钙(每升加入量大于 2g)和水加入聚乙烯瓶中,温度控制在 23～27℃,剧烈摇振 20～30min,保存备用。用前迅速抽滤,取清液使用 |

# 附录五　常用指示剂

### 1. 酸碱指示剂

| 名　称 | 变色 pH 范围 | 颜色变化 | 配　制　方　法 |
|---|---|---|---|
| 百里酚蓝(1g/L) | 1.2～2.8 / 8.0～9.6 | 红～黄 / 黄～蓝 | 将 0.1g 指示剂与 4.3mL 0.05mol/L NaOH 溶液一起研匀,加水稀释成 100mL |
| 甲酚红(1g/L) | 0.12～1.8(第一次变色) | 红～黄 | 将 0.1g 指示剂溶于 90mL 乙醇中,加水至 100mL |
| 甲基黄(1g/L) | 2.9～4.0 | 红～黄 | 将 0.1g 指示剂溶于 90mL 乙醇中,加水至 100mL |
| 甲基橙(1g/L) | 3.1～4.4 | 红～黄 | 将 0.1g 甲基橙溶于 100mL 热水 |
| 刚果红(1g/L) | 3.0～5.2 | 蓝紫～红 | 将 0.1g 刚果红溶于 100mL 水 |
| 溴酚蓝(1g/L) | 3.0～4.6 | 黄～紫蓝 | 将 0.1g 溴酚蓝与 3mL 0.05mol/L NaOH 溶液一起研匀,加水稀释至 100mL |
| 溴甲酚绿(1g/L) | 3.8～5.4 | 黄～蓝 | 将 0.1g 指示剂与 21mL 0.05mol/L NaOH 溶液一起研匀,加水稀释至 100mL |

| 名　称 | 变色pH范围 | 颜色变化 | 配制方法 |
|---|---|---|---|
| 甲基红(1g/L) | 4.8~6.0 | 红~黄 | 将0.1g甲基红溶于60mL乙醇中,加水至100mL |
| 溴酚红(1g/L) | 5.0~6.8 | 黄~红 | 将0.1g指示剂溶于90mL乙醇中,加水至100mL |
| 溴甲酚紫(1g/L) | 5.2~6.8 | 黄~紫 | 将0.1g指示剂溶于90mL乙醇中,加水至100mL |
| 溴百里酚蓝(1g/L) | 6.0~7.6 | 黄~蓝 | 将0.1g指示剂溶于50mL乙醇中,加水至100mL |
| 中性红(1g/L) | 6.8~8.0 | 红~黄橙 | 将0.1g中性红溶于60mL乙醇中,加水至100mL |
| 酚红(1g/L) | 6.4~8.2 | 黄~红 | 将0.1g指示剂溶于90mL乙醇中,加水至100mL |
| 甲酚红(1g/L) | 7.0~8.8 | 黄~紫红 | 将0.1g指示剂溶于90mL乙醇中,加水至100mL |
| 酚酞(10g/L) | 8.2~10.0 | 无色~淡红 | 将1g酚酞溶于90mL乙醇中,加水至100mL |
| 百里酚酞(1g/L) | 9.4~10.6 | 无色~蓝 | 将0.1g指示剂溶于90mL乙醇中,加水至100mL |
| 茜素黄R(1g/L) | 10.1~12.1 | 黄~紫 | 将0.1g茜素黄溶于100mL水中 |

## 2. 混合酸碱指示剂

| 名　称 | 变色点 | 颜色 | | 配制方法 | 备　注 |
|---|---|---|---|---|---|
| | | 酸色 | 碱色 | | |
| 甲基橙-靛蓝(二磺酸) | 4.1 | 紫 | 绿 | 一份1g/L甲基橙溶液<br>一份2.5g/L靛蓝(二磺酸)水溶液 | |
| 溴百里酚绿-甲基橙 | 4.3 | 黄 | 蓝绿 | 一份1g/L溴百里酚绿钠盐溶液<br>一份2g/L甲基橙水溶液 | pH=3.5黄<br>pH=4.0绿黄<br>pH=4.3浅绿 |
| 溴甲酚绿-甲基红 | 5.1 | 酒红 | 绿 | 三份1g/L溴甲酚绿乙醇溶液<br>一份2g/L甲基红乙醇溶液 | |
| 甲基红、亚甲基蓝 | 5.4 | 红紫 | 绿 | 两份1g/L甲基红乙醇溶液<br>一份1g/L亚甲基蓝乙醇溶液 | pH=5.2红紫<br>pH=5.4暗蓝<br>pH=5.6绿 |
| 溴甲酚绿-氯酚红 | 6.1 | 黄绿 | 蓝紫 | 一份1g/L溴甲酚绿钠盐水溶液<br>一份1g/L氯酚红钠盐水溶液 | pH=5.8蓝<br>pH=6.2蓝紫 |
| 溴甲酚紫-溴百里酚蓝 | 6.7 | 黄 | 蓝紫 | 一份1g/L溴甲酚紫钠盐水溶液<br>一份1g/L溴百里酚蓝钠盐水溶液 | |
| 中性红-亚甲基蓝 | 7.0 | 紫蓝 | 绿 | 一份1g/L中性红乙醇溶液<br>一份1g/L亚甲基蓝乙醇溶液 | pH=7.0蓝紫 |
| 溴百里酚蓝-酚红 | 7.5 | 黄 | 紫 | 一份1g/L溴百里酚蓝钠盐水溶液<br>一份1g/L酚红钠盐水溶液 | pH=7.2暗绿<br>pH=7.4淡紫<br>pH=7.6深紫 |
| 甲酚红-百里酚蓝 | 8.3 | 黄 | 紫 | 一份1g/L甲酚红钠盐水溶液<br>三份1g/L百里酚蓝钠盐水溶液 | pH=8.2玫瑰<br>pH=8.4紫 |
| 百里酚蓝-酚酞 | 9.0 | 黄 | 紫 | 一份1g/L百里酚蓝乙醇溶液<br>三份1g/L酚酞乙醇溶液 | |
| 酚酞-百里酚酞 | 9.9 | 无色 | 紫 | 一份1g/L酚酞乙醇溶液<br>一份1g/L百里酚酞乙醇溶液 | pH=9.6玫瑰<br>pH=10紫 |

### 3. 金属离子指示剂

| 名称 | 颜色 | | 配制方法 |
|---|---|---|---|
| | 化合物 | 游离态 | |
| 铬黑 T(EBT) | 红 | 蓝 | (1)称取 0.50g 铬黑 T 和 2.0g 盐酸羟胺,溶于乙醇,用乙醇稀释至 100mL,使用前制备<br>(2)将 1.0g 铬黑 T 与 100.0g NaCl 研细,混匀 |
| 二甲酚橙(XO) | 红 | 黄 | 2g/L 水溶液(去离子水) |
| 钙指示剂 | 酒红 | 蓝 | 将 0.50g 钙指示剂与 100.0g NaCl 研细,混匀 |
| 紫脲酸铵 | 黄 | 紫 | 将 1.0g 紫脲酸铵与 200.0g NaCl 研细,混匀 |
| K-B 指示剂 | 红 | 蓝 | 0.50g 酸性铬蓝 K 加 1.250g 萘酚绿,再加 25.0g $K_2SO_4$ 研细混匀 |
| 磺基水杨酸 | 红 | 无色 | 10g/L 水溶液 |
| PAN | 红 | 黄 | 2g/L 乙醇溶液 |
| Cu-PAN(CuY+PAN) | 红(Cu-PAN) | 浅绿<br>(CuY-PAN) | 取 0.05mol/L $Cu^{2+}$ 溶液 10mL,加 pH 为 5~6 的 HAc 缓冲溶液 5mL,1 滴 PAN 指示剂,加热至 60℃ 左右,用 EDTA 滴至绿色,得到 0.025mol/L 的 CuY 溶液。使用时取 2~3mL 于试液中,再加数滴 PAN 溶液 |

### 4. 氧化还原指示剂

| 名称 | 变色点/V | 颜色 | | 配制方法 |
|---|---|---|---|---|
| | | 氧化态 | 还原态 | |
| 二苯胺 | 0.76 | 紫 | 无色 | 1g 二苯胺在搅拌下溶于 100mL 浓硫酸中 |
| 二苯胺磺酸钠 | 0.85 | 紫 | 无色 | 5g/L 水溶液 |
| 邻菲啰啉-Fe(Ⅱ) | 1.06 | 淡蓝 | 红 | 将 0.5gFeSO₄·7H₂O 溶于 100mL 水中,加 2 滴硫酸,再加 0.5g 邻菲啰啉 |
| 邻苯氨基苯甲酸 | 1.08 | 紫红 | 无 | 将 0.2g 邻苯氨基苯甲酸加热溶解在 100mL 0.2% $NaCO_3$ 溶液中,必要时过滤 |
| 硝基邻二氮菲 Fe(Ⅱ) | 1.25 | 淡蓝 | 紫红 | 将 1.7g 硝基邻二氮菲溶于 100mL 0.025mol/L $Fe^{2+}$ 溶液中 |
| 淀粉 | | | | 将 1g 可溶性淀粉加少许水调成糊状,在搅拌下注入 100mL 沸水中,微沸 2min,放置,取上层清液使用(若要保持稳定,可在研磨淀粉时加 1mg $HgI_2$) |

### 5. 沉淀滴定指示剂

| 名称 | 颜色变化 | | 配制方法 |
|---|---|---|---|
| 铬酸钾 | 黄 | 砖红 | 将 5g $K_2CrO_4$ 溶于中,稀释至 100mL |
| 硫酸铁铵 | 无色 | 血红 | 将 40g NH₄Fe(SO₄)₂·H₂O 溶于水,加几滴硫酸,用水稀释至 100mL |
| 荧光黄 | 绿色荧光 | 玫瑰红 | 将 0.5g 荧光黄溶于乙醇,用乙醇稀释至 100mL |
| 二氯荧光黄 | 绿色荧光 | 玫瑰红 | 将 0.1g 二氯荧光黄溶于乙醇,用乙醇稀释至 100mL |
| 曙红 | 黄 | 玫瑰红 | 将 0.5g 曙红钠盐溶于水,稀释至 100mL |

# 附录六　电子天平常见故障及排除

| 天平故障 | 产生原因 | 排除方法 |
|---|---|---|
| 显示器上无任何显示 | 无工作电压<br>未接变压器 | 检查供电线路及仪器<br>将变压器接好 |
| 在调整校正之后，显示器无显示 | 放置天平的表面不稳定<br>未达到内校稳定 | 确保放置天平的场所稳定<br>防止振动对天平支撑面的影响<br>关闭防风罩 |
| 显示器显示"H" | 超载 | 为天平卸载 |
| 显示器显示"L"或"Err 54" | 未装称量盘或底盘 | 依据电子天平的结构类型，装上称量盘或底盘 |
| 称量结果不断改变 | 振动太大，天平暴露在无防风措施的环境中<br>防风罩未完全关闭<br>在称量盘与天平壳体之间有一杂物<br>吊钩称量开孔封闭盖板被打开<br>被测物质量不稳定（吸收潮气或蒸发），被测物带静电荷 | 改变放置场所；通过"电子天平工作菜单"采取相应措施<br>完全关闭防风罩<br>清除杂物<br>关闭吊钩称量开孔<br>被测物用带盖的容器盛装 |
| 称量结果明显错误 | 电子天平未经调校<br>称量之前未清零 | 对天平进行调校<br>称量前清零 |

# 附录七　常用玻璃仪器的规格、用途及使用注意事项

| 名称 | 主要规格 | 主要用途 | 使用注意事项 |
|---|---|---|---|
| 烧杯 | 容量(mL)：10,15,25,50,100,200,250,400,500,600,800,1000,2000 | 配制溶液；溶样；进行反应；加热；蒸发；滴定 | 不可干烧；加热时应受热均匀；液量一般勿超过容积的2/3 |
| 锥形瓶 | 容量(mL)：5,10,250,50,100,150,200,250,300,500,1000,2000 | 加热；处理试样；滴定 | 磨口瓶加热时要打开瓶塞，其余同烧杯使用注意事项 |
| 碘量瓶 | 容量(mL)：50,100,250,500,1000 | 碘量法及其他生成挥发物的定量分析 | 为防止内容物挥发，瓶口用水封，其余同锥形瓶使用注意事项 |
| 圆底、平底烧瓶 | 容量(mL)：50,100,250,500,1000 | 加热、蒸馏 | 一般避免直接火焰加热 |
| 蒸馏烧瓶 | 容量（mL）：50,100,250,500,1000,2000 | 蒸馏 | 避免直接火焰加热 |
| 凯氏烧瓶 | 容量(mL)：50,100,250,300,500,800,1000 | 消化分解有机物 | 使用时瓶口勿冲人，避免直接火焰加热，可用于减压蒸馏 |

续表

| 名　称 | 主　要　规　格 | 主　要　用　途 | 使用注意事项 |
|---|---|---|---|
| 量筒、量杯 | 容量(mL):5,10,25,50,100,250,500,1000,2000 | 粗略量取一定体积的溶液 | 不可加热,不可盛热溶液;不可在其中配制溶液;加入或倾出溶液应沿其内壁 |
| 容量瓶 | 容量(mL):5,10,25,50,100,200,250,500,1000,2000<br>量入式<br>A级、B级<br>无色、棕色 | 准确配制一定体积的溶液 | 瓶塞密合;不可烘烤、加热,不可长期贮存溶液;长期不用时应在瓶塞与瓶口间夹上纸条 |
| 滴定管 | 容量(mL):25,50,100<br>量出式、座式<br>A级、A2级、B级<br>无色、棕色、酸式、碱式 | 滴定 | 不能漏水,不能加热,不能长期存放碱液;碱式滴定管不能盛氧化性物质溶液 |
| 微量滴定管 | 容量(mL):1,2,5,10<br>量出式、座式<br>A级、A2级、B级(无碱式) | 微量或半微量滴定 | 不能漏水,不能加热,不能长期存放碱液;只有活塞式 |
| 自动滴定管 | 容量(mL):10,25,50<br>量出式<br>A级、A2级、B级<br>三路阀、侧边阀、侧边三路阀 | 自动滴定 | 成套保管使用,其余同滴定管使用注意事项 |
| 移液管(无分度吸管) | 容量(mL):1,2,5,10,15,20,25,100<br>量出式<br>A级、B级 | 准确移取一定体积溶液 | 不可加热,不可磕破管尖及上口 |
| 吸量管(直接吸管) | 容量(mL):0.1,0.2,0.5,1,2,5,10,25,50<br>A级、A2级、B级<br>完全流出式、吹出式、不完全流出式 | 准确移取各种不同体积的溶液 | 不可加热,不可磕破管尖及上口 |
| 称量瓶 | 高型<br>容量(mL):10,20,25,40,60<br>外径(mm):25,30,30,35,40<br>瓶高(mm):40,50,60,70,80<br>低型<br>容量(mL):5,10,15,30,45,80<br>外径(mm):20,35,40,50,60,70<br>瓶高(mm):25,25,25,30,30,35 | 高型用于称量试样、基准物<br><br>低型用于在烘箱中干燥试样、基准物 | 磨口应配套;不可盖紧塞烘烤;称量时不可用手直接拿取,应戴手套或用洁净纸条夹取 |
| 细口瓶、广口瓶、下口瓶 | 容量(mL):125,250,500,1000,2000,3000,10000,20000<br>无色、棕色 | 细品瓶、下品瓶用于存放液体试剂;广口瓶用于存放固体试剂 | 不可加热;不可在瓶内配制热效应大的溶液;磨口塞应配套;存放碱液应用橡胶塞 |

| 名　称 | 主　要　规　格 | 主　要　用　途 | 使用注意事项 |
|---|---|---|---|
| 滴瓶 | 容量(mL):30,60,125<br>无色、棕色 | 存放需滴加的试剂 | 同细口瓶使用注意事项 |
| 漏斗 | 上口直径(mm):45,55,60,70,80,100,120<br>短径、长径,直渠、弯渠 | 过滤沉淀;作加液器 | 不可直接火焰加热;根据沉淀量选择漏斗的大小 |
| 分液漏斗 | 容量(mL):50,100,250,500,1000,2000<br>球形、锥形、筒形,无刻度、具刻度 | 两相液体分离;萃取富集;作制备反应中的加液器 | 不可加热,不能漏水;磨口塞应配套;长期不用时应在瓶塞与瓶口间夹上纸条 |
| 试管 | 容量(mL):10,15,20,25,50,100<br>无刻度,具刻度,无支管,具支管 | 少量试剂的反应容器;具支管试管可用于少量液体的蒸馏 | 所盛溶液一般不超过试管容积的1/3;硬质试管可直火加热,加热时管口勿冲人 |
| 离心试管 | 容量(mL):5,10,15,20,25,50<br>无刻度、具刻度 | 定性鉴定;离心分离 | 不可直接火焰加热 |
| 比色管 | 容量(mL):10,25,50,100<br>具塞、不具塞<br>带刻度、不带刻度 | 比色分析 | 不可直接火焰加热;管塞应密合;不能用去污粉刷洗 |
| 干燥管 | 球形<br>　有效长度(mm):100,150,200<br>U形<br>　高度(mm):100,150,200<br>　U形带阀及支管 | 气体干燥;除去混合气体中的某些气体 | 干燥剂或吸收剂必须有效 |
| 干燥塔 | 干燥剂容量(mL):250,500 | 动态气体的干燥与吸收 | 干燥剂或吸收剂必须有效 |
| 冷凝器 | 外套管有效冷凝长度(mm):200,300,400,500,600,800<br>直形、球形、蛇形、蛇形逆流、直形回流、空气冷凝器 | 将蒸气冷凝为液体 | 不可骤冷、骤热;直形、球形、蛇形冷凝器要在下口进水,上口出水 |
| 抽气管 | 伽氏、艾氏、孟氏、改良式 | 装在水龙头上,抽滤时作真空泵 | 用厚胶管接在水龙头上并拴牢;除改良式外,使用时应接安全瓶,停止抽气时,先开启安全瓶阀 |
| 抽滤瓶 | 容量(mL):50,100,250,500,1000 | 抽滤时承接滤液 | 属于厚壁容器,能耐负压;不可加热;选配合适的抽滤垫;抽滤时漏斗管尖远离抽气嘴 |
| 表面皿 | 直径(mm):45,65,70,90,100,125,150 | 可作烧杯和漏斗盖;称量、鉴定器皿 | 不可直接火焰加热 |
| 研钵 | 直径(mm):70,90,105 | 研磨固体物质 | 不能撞击、烘烤;不能研磨与玻璃有作用的物质 |
| 干燥器 | 上口直径(mm):160,210,240,300<br>无色、棕色 | 保持物质的干燥状态 | 磨口部分涂适量凡士林;干燥剂应有效;不可放入红热物体,放入热物体后要时刻开盖,以放走热空气 |
| 砂芯过滤器 | 容量(mL):10,20,30,60,100,250,500,1000<br>微孔平均直径($\mu$m):$P_{1.6}(\leqslant1.6)$;$P_4(1.6\sim4)$;$P_{10}(4\sim10)$;$P_{16}(10\sim16)$;$P_{40}(16\sim40)$;$P_{100}(40\sim100)$ | 过滤 | 必须抽滤;不能骤冷、骤热;不可过滤氢氟酸、碱液等;用毕及时洗净 |

# 附录八　元素的相对原子质量

| 原子序数 | 元素名称 | 符号 | 相对原子质量 | 原子序数 | 元素名称 | 符号 | 相对原子质量 |
|---|---|---|---|---|---|---|---|
| 1 | 氢 | H | 1.0080 | 50 | 锡 | Sn | 118.70 |
| 2 | 氦 | He | 4.003 | 51 | 锑 | Sb | 121.76 |
| 3 | 锂 | Li | 6.940 | 52 | 碲 | Te | 127.61 |
| 4 | 铍 | Be | 9.013 | 53 | 碘 | I | 126.91 |
| 5 | 硼 | B | 10.82 | 54 | 氙 | Xe | 131.3 |
| 6 | 碳 | C | 12.011 | 55 | 铯 | Cs | 132.91 |
| 7 | 氮 | N | 14.008 | 56 | 钡 | Ba | 137.36 |
| 8 | 氧 | O | 16 | 57 | 镧 | La | 138.92 |
| 9 | 氟 | F | 19.00 | 58 | 铈 | Ce | 140.13 |
| 10 | 氖 | Ne | 20.183 | 59 | 镨 | Pr | 140.92 |
| 11 | 钠 | Na | 22.991 | 60 | 钕 | Nd | 144.27 |
| 12 | 镁 | Mg | 24.32 | 61 | 钷 | Pm | [145] |
| 13 | 铝 | Al | 26.98 | 62 | 钐 | Sm | 150.43 |
| 14 | 硅 | Si | 28.09 | 63 | 铕 | Eu | 152.0 |
| 15 | 磷 | P | 30.975 | 64 | 钆 | Gd | 156.9 |
| 16 | 硫 | S | 32.066 | 65 | 铽 | Tb | 158.93 |
| 17 | 氯 | Cl | 35.457 | 66 | 镝 | Dy | 162.46 |
| 18 | 氩 | Ar | 39.944 | 67 | 钬 | Ho | 164.94 |
| 19 | 钾 | K | 39.100 | 68 | 铒 | Er | 167.2 |
| 20 | 钙 | Ca | 40.08 | 69 | 铥 | Tm | 168.94 |
| 21 | 钪 | Sc | 44.96 | 70 | 镱 | Yb | 173.04 |
| 22 | 钛 | Ti | 47.90 | 71 | 镥 | Lu | 174.97 |
| 23 | 钒 | V | 50.95 | 72 | 铪 | Hf | 178.6 |
| 24 | 铬 | Cr | 52.01 | 73 | 钽 | Ta | 180.95 |
| 25 | 锰 | Mn | 54.94 | 74 | 钨 | W | 183.92 |
| 26 | 铁 | Fe | 55.85 | 75 | 铼 | Re | 186.31 |
| 27 | 钴 | Co | 58.94 | 76 | 锇 | Os | 190.2 |
| 28 | 镍 | Ni | 58.69 | 77 | 铱 | Ir | 192.2 |
| 29 | 铜 | Cu | 63.54 | 78 | 铂 | Pt | 195.23 |
| 30 | 锌 | Zn | 65.38 | 79 | 金 | Au | 197.0 |
| 31 | 镓 | Ga | 69.72 | 80 | 汞 | Hg | 200.61 |
| 32 | 锗 | Ge | 72.60 | 81 | 铊 | Tl | 204.39 |
| 33 | 砷 | As | 74.91 | 82 | 铅 | Pb | 207.21 |
| 34 | 硒 | Se | 78.96 | 83 | 铋 | Bi | 209.00 |
| 35 | 溴 | Br | 79.916 | 84 | 钋 | Po | [210] |
| 36 | 氪 | Kr | 83.80 | 85 | 砹 | At | [210] |
| 37 | 铷 | Rb | 85.48 | 86 | 氡 | Rn | [222] |
| 38 | 锶 | Sr | 87.63 | 87 | 钫 | Fr | [223] |
| 39 | 钇 | Y | 88.92 | 88 | 镭 | Ra | 226.05 |
| 40 | 锆 | Zr | 91.22 | 89 | 锕 | Ac | [227] |
| 41 | 铌 | Nb | 92.91 | 90 | 钍 | Th | 232.05 |
| 42 | 钼 | Mo | 95.95 | 91 | 镤 | Pa | [231] |
| 43 | 锝 | Te | [99] | 92 | 铀 | U | 238.07 |
| 44 | 钌 | Ru | 101.1 | 93 | 镎 | Np | [237] |
| 45 | 铑 | Rh | 102.91 | 94 | 钚 | Pu | [242] |
| 46 | 钯 | Pd | 106.7 | 95 | 镅 | Am | [243] |
| 47 | 银 | Ag | 107.880 | 96 | 锔 | Cm | [243] |
| 48 | 镉 | Cd | 112.41 | 97 | 锫 | Bk | [245] |
| 49 | 铟 | In | 114.76 | 98 | 锎 | Cf | [246] |

注：[ ] 中的相对原子质量是一个近似值。

# 附录九　常见化合物的相对分子质量

| 化　合　物 | 相对分子质量 | 化　合　物 | 相对分子质量 | 化　合　物 | 相对分子质量 |
|---|---|---|---|---|---|
| $Ag_3AsO_4$ | 462.52 | $Ce(SO_4)_2$ | 332.24 | $H_3AsO_3$ | 125.94 |
| $AgBr$ | 187.77 | $Ce(SO_4)_2 \cdot 4H_2O$ | 404.30 | $H_3AsO_4$ | 141.94 |
| $AgCl$ | 143.32 | $CoCl_2$ | 129.84 | $H_3BO_3$ | 61.83 |
| $AgCN$ | 133.89 | $CoCl_2 \cdot 6H_2O$ | 237.93 | $HBr$ | 80.91 |
| $AgSCN$ | 165.95 | $Co(NO_3)_2$ | 181.56 | $HCN$ | 27.03 |
| $Ag_2CrO_4$ | 331.73 | $Co(NO_3)_2 \cdot 6H_2O$ | 291.03 | $HCOOH$ | 46.03 |
| $AgI$ | 234.77 | $CoS$ | 90.99 | $CH_3COOH$ | 60.05 |
| $AgNO_3$ | 169.87 | $CoSO_4$ | 154.99 | $H_2CO_3$ | 62.03 |
| $AlCl_3$ | 133.34 | $CoSO_4 \cdot 7H_2O$ | 281.10 | $H_2C_2O_4$ | 90.04 |
| $AlCl_3 \cdot 6H_2O$ | 241.43 | $CO(NH_2)_2$ | 60.06 | $H_2C_2O_4 \cdot 2H_2O$ | 126.07 |
| $Al(NO_3)_3$ | 213.01 | $CrCl_3$ | 158.36 | $HCl$ | 36.46 |
| $Al(NO_3)_3 \cdot 9H_2O$ | 375.13 | $CrCl_3 \cdot 6H_2O$ | 266.45 | $HF$ | 20.01 |
| $Al_2O_3$ | 101.96 | $Cr(NO_3)_3$ | 238.01 | $HI$ | 127.91 |
| $Al(OH)_3$ | 78.00 | $Cr_2O_3$ | 151.99 | $HIO_3$ | 175.91 |
| $Al_2(SO_4)_3$ | 342.14 | $CuCl$ | 99.00 | $HNO_3$ | 63.01 |
| $Al_2(SO_4)_3 \cdot 18H_2O$ | 666.41 | $CuCl_2$ | 134.45 | $HNO_2$ | 47.01 |
| $As_2O_3$ | 197.84 | $CuCl_2 \cdot 2H_2O$ | 170.48 | $H_2O$ | 18.015 |
| $As_2O_5$ | 229.84 | $CuSCN$ | 121.62 | $H_2O_2$ | 34.02 |
| $As_2S_3$ | 246.02 | $CuI$ | 190.45 | $H_3PO_4$ | 98.00 |
| $BaCO_3$ | 197.34 | $Cu(NO_3)_2$ | 187.56 | $H_2S$ | 34.08 |
| $BaC_2O_4$ | 225.35 | $Cu(NO_3)_2 \cdot 3H_2O$ | 241.60 | $H_2SO_3$ | 82.07 |
| $BaCl_2$ | 208.42 | $CuO$ | 79.55 | $H_2SO_4$ | 98.07 |
| $BaCl_2 \cdot 2H_2O$ | 244.27 | $Cu_2O$ | 143.09 | $Hg(CN)_2$ | 252.63 |
| $BaCrO_4$ | 253.32 | $CuS$ | 95.61 | $HgCl_2$ | 271.50 |
| $BaO$ | 153.33 | $CuSO_4$ | 159.06 | $Hg_2Cl_2$ | 472.09 |
| $Ba(OH)_2$ | 171.34 | $CuSO_4 \cdot 5H_2O$ | 249.68 | $HgI_2$ | 454.40 |
| $BaSO_4$ | 233.39 | $FeCl_2$ | 126.75 | $Hg_2(NO_3)_2$ | 525.19 |
| $BiCl_3$ | 315.34 | $FeCl_2 \cdot 4H_2O$ | 198.81 | $Hg_2(NO_3)_2 \cdot 2H_2O$ | 561.22 |
| $BiOCl$ | 260.43 | $FeCl_3$ | 162.21 | $Hg(NO_3)_2$ | 324.60 |
| $CO_2$ | 44.01 | $FeCl_3 \cdot 6H_2O$ | 270.30 | $HgO$ | 261.59 |
| $CaO$ | 56.08 | $FeNH_4(SO_4)_2 \cdot 12H_2O$ | 482.18 | $HgS$ | 232.65 |
| $CaCO_3$ | 100.09 | $Fe(NO_3)_3$ | 241.86 | $HgSO_4$ | 296.65 |
| $CaC_2O_4$ | 128.10 | $Fe(NO_3)_3 \cdot 9H_2O$ | 404.00 | $Hg_2SO_4$ | 497.24 |
| $CaCl_2$ | 110.99 | $FeO$ | 71.85 | $KAl(SO_4)_2 \cdot 12H_2O$ | 474.38 |
| $CaCl_2 \cdot 6H_2O$ | 219.08 | $Fe_2O_3$ | 159.69 | $KBr$ | 119.00 |
| $Ca(NO_3)_2 \cdot 4H_2O$ | 236.15 | $Fe_3O_4$ | 231.54 | $KBrO_3$ | 167.00 |
| $Ca(OH)_2$ | 74.10 | $Fe(OH)_3$ | 106.87 | $KCl$ | 74.55 |
| $Ca_3(PO_4)_2$ | 310.18 | $FeS$ | 87.91 | $KClO_3$ | 122.55 |
| $CaSO_4$ | 136.14 | $Fe_2S_3$ | 207.87 | $KClO_4$ | 138.55 |
| $CdCO_3$ | 172.42 | $FeSO_4$ | 151.91 | $KCN$ | 65.12 |
| $CdCl_2$ | 183.32 | $FeSO_4 \cdot 7H_2O$ | 278.01 | $KSCN$ | 97.18 |
| $CdS$ | 144.47 | $Fe(NH_4)_2(SO_4)_2 \cdot 6H_2O$ | 392.13 | $K_2CO_3$ | 138.21 |

续表

| 化 合 物 | 相对分子质量 | 化 合 物 | 相对分子质量 | 化 合 物 | 相对分子质量 |
|---|---|---|---|---|---|
| $K_2CrO_4$ | 194.19 | $(NH_4)_2C_2O_4 \cdot H_2O$ | 142.11 | $PbC_2O_4$ | 295.22 |
| $K_2Cr_2O_7$ | 294.18 | $NH_4SCN$ | 76.12 | $PbCl_2$ | 278.11 |
| $K_3[Fe(CN)_6]$ | 329.25 | $NH_4HCO_3$ | 79.06 | $PbCrO_4$ | 323.19 |
| $K_4[Fe(CN)_6]$ | 368.35 | $(NH_4)_2MoO_4$ | 196.01 | $Pb(CH_3COO)_2$ | 325.29 |
| $KFe(SO_4)_2 \cdot 12H_2O$ | 503.24 | $NH_4NO_3$ | 80.04 | $Pb(CH_3COO)_2 \cdot 3H_2O$ | 379.34 |
| $KHC_2O_4 \cdot H_2O$ | 146.14 | $(NH_4)_2HPO_4$ | 132.06 | $PbI_2$ | 461.01 |
| $KHC_2O_4 \cdot H_2C_2O_4 \cdot 2H_2O$ | 254.19 | $(NH_4)_2S$ | 68.14 | $Pb(NO_3)_2$ | 331.21 |
| $KHC_4H_4O_6$ | 188.18 | $(NH_4)_2SO_4$ | 132.13 | $PbO$ | 223.20 |
| $KHSO_4$ | 136.16 | $NH_4VO_3$ | 116.98 | $PbO_2$ | 239.20 |
| $KI$ | 166.00 | $Na_3AsO_3$ | 191.89 | $Pb_3(PO_4)_2$ | 811.54 |
| $KIO_3$ | 214.00 | $Na_2B_4O_7$ | 201.22 | $PbS$ | 239.26 |
| $KIO_3 \cdot HIO_3$ | 389.91 | $Na_2B_4O_7 \cdot 10H_2O$ | 381.37 | $PbSO_4$ | 303.26 |
| $KMnO_4$ | 158.03 | $NaBiO_3$ | 279.97 | $SO_3$ | 80.06 |
| $KNaC_4H_4O_6 \cdot 4H_2O$ | 282.22 | $NaCN$ | 49.01 | $SO_2$ | 64.06 |
| $KNO_3$ | 101.10 | $NaSCN$ | 81.07 | $SbCl_3$ | 228.11 |
| $KNO_2$ | 85.10 | $Na_2CO_3$ | 105.99 | $SbCl_5$ | 299.02 |
| $K_2O$ | 94.20 | $Na_2CO_3 \cdot 10H_2O$ | 286.14 | $Sb_2O_3$ | 291.50 |
| $KOH$ | 56.11 | $Na_2C_2O_4$ | 134.00 | $Sb_2S_3$ | 339.68 |
| $K_2SO_4$ | 174.25 | $CH_3COONa$ | 82.03 | $SiF_4$ | 104.08 |
| $MgCO_3$ | 84.31 | $CH_3COONa \cdot 3H_2O$ | 136.08 | $SiO_2$ | 60.08 |
| $MgCl_2$ | 95.21 | $NaCl$ | 58.44 | $SnCl_2$ | 189.60 |
| $MgCl_2 \cdot 6H_2O$ | 203.30 | $NaClO$ | 74.44 | $SnCl_2 \cdot 2H_2O$ | 225.63 |
| $MgC_2O_4$ | 112.33 | $NaHCO_3$ | 84.01 | $SnCl_4$ | 260.50 |
| $Mg(NO_3)_2 \cdot 6H_2O$ | 256.41 | $Na_2HPO_4 \cdot 12H_2O$ | 358.14 | $SnCl_4 \cdot 5H_2O$ | 350.58 |
| $MgNH_4PO_4$ | 137.32 | $Na_2H_2Y \cdot 2H_2O$ | 372.24 | $SnO_2$ | 150.69 |
| $MgO$ | 40.30 | $NaNO_2$ | 69.00 | $SnS_2$ | 150.75 |
| $Mg(OH)_2$ | 58.32 | $NaNO_3$ | 85.00 | $SrCO_3$ | 147.63 |
| $Mg_2P_2O_7$ | 222.55 | $Na_2O$ | 61.98 | $SrC_2O_4$ | 175.64 |
| $MgSO_4 \cdot 7H_2O$ | 246.47 | $Na_2O_2$ | 77.98 | $SrCrO_4$ | 203.61 |
| $MnCO_3$ | 114.95 | $NaOH$ | 40.00 | $Sr(NO_3)_2$ | 211.63 |
| $MnCl_2 \cdot 4H_2O$ | 197.91 | $Na_3PO_4$ | 163.94 | $Sr(NO_3)_2 \cdot 4H_2O$ | 283.69 |
| $Mn(NO_3)_2 \cdot 6H_2O$ | 287.04 | $Na_2S$ | 78.04 | $SrSO_4$ | 183.69 |
| $MnO$ | 70.94 | $Na_2S \cdot 9H_2O$ | 240.18 | $UO_2(CH_3COO)_2 \cdot 2H_2O$ | 424.15 |
| $MnO_2$ | 86.94 | $Na_2SO_3$ | 126.04 | $ZnCO_3$ | 125.39 |
| $MnS$ | 87.00 | $Na_2SO_4$ | 142.04 | $ZnC_2O_4$ | 153.40 |
| $MnSO_4$ | 151.00 | $Na_2S_2O_3$ | 158.10 | $ZnCl_2$ | 136.29 |
| $MnSO_4 \cdot 4H_2O$ | 223.06 | $Na_2S_2O_3 \cdot 5H_2O$ | 248.17 | $Zn(CH_3COO)_2$ | 183.47 |
| $NO$ | 30.01 | $NiCl_2 \cdot 6H_2O$ | 237.70 | $Zn(CH_3COO)_2 \cdot 2H_2O$ | 219.50 |
| $NO_2$ | 46.01 | $NiO$ | 74.70 | $Zn(NO_3)_2$ | 189.39 |
| $NH_3$ | 17.03 | $Ni(NO_3)_2 \cdot 6H_2O$ | 290.80 | $Zn(NO_3)_2 \cdot 6H_2O$ | 297.48 |
| $CH_3COONH_4$ | 77.08 | $NiS$ | 90.76 | $ZnO$ | 81.38 |
| $NH_4Cl$ | 53.49 | $NiSO_4 \cdot 7H_2O$ | 280.86 | $ZnS$ | 97.44 |
| $(NH_4)_2CO_3$ | 96.09 | $P_2O_5$ | 141.95 | $ZnSO_4$ | 161.44 |
| $(NH_4)_2C_2O_4$ | 124.10 | $PbCO_3$ | 267.21 | $ZnSO_4 \cdot 7H_2O$ | 287.55 |

# 附录十　全国职业技能大赛数据记录要求

1. 所有原始数据必须请裁判复查确认后才有效，否则考核成绩为零分。
2. 所有容量瓶稀释至刻度后必须请裁判复查确认后才可进行摇匀。
3. 记录原始数据时，不允许在报告单上计算，待所有的操作完毕后才允许计算。
4. 滴定消耗溶液体积若大于 50mL，以 50mL 计算。

**实验项目　液体硫酸镍中镍含量的测定**

2016 年全国职业院校技能大赛

中职组工业分析检验赛项化学分析操作报告单

考场：_____　　赛位号：_____　　考核时间：___年___月___日

一、0.05mol/L EDTA 标准溶液的配制与标定

| 项目 | | 测定次数 | | | | 备用 |
|---|---|---|---|---|---|---|
| | | 1 | 2 | 3 | 4 | |
| 基准物称量 | 倾样前 $m_1$/g | | | | | |
| | 倾样后 $m_2$/g | | | | | |
| | $m(ZnO)$/g | | | | | |
| 移取试液体积/mL | | | | | | |
| 滴定管初读数/mL | | | | | | |
| 滴定管终读数/mL | | | | | | |
| 滴定消耗 EDTA 体积/mL | | | | | | |
| 体积校正值/mL | | | | | | |
| 溶液温度/℃ | | | | | | |
| 温度补正值/mL | | | | | | |
| 溶液温度校正值/mL | | | | | | |
| 实际消耗 EDTA 体积/mL | | | | | | |
| 空白试验消耗 EDTA 体积/mL | | | | | | |
| $c(EDTA)$/(mol/L) | | | | | | |
| $\bar{c}(EDTA)$/(mol/L) | | | | | | |
| 相对极差/% | | | | | | |

**实验项目　液体硫酸镍中镍含量的测定**

2016 年全国职业院校技能大赛

中职组工业分析检验赛项化学分析操作报告单

考场：_____　　赛位号：_____　　考核时间：___年___月___日

二、硫酸镍的测定

| 项目 | | 测定次数 | | | 备用 |
|---|---|---|---|---|---|
| | | 1 | 2 | 3 | |
| 样品称量 | 倾样前 $m_1$/g | | | | |
| | 倾样后 $m_2$/g | | | | |
| | $m$(硫酸镍)/g | | | | |
| 滴定管初读数/mL | | | | | |
| 滴定管终读数/mL | | | | | |
| 滴定消耗 EDTA 体积/mL | | | | | |

续表

| 项目 | 测定次数 | | | |
|---|---|---|---|---|
| | 1 | 2 | 3 | 备用 |
| 体积校正值/mL | | | | |
| 溶液温度/℃ | | | | |
| 温度补正值 | | | | |
| 溶液温度校正值/mL | | | | |
| 实际消耗 EDTA 体积/mL | | | | |
| $c(EDTA)/(mol/L)$ | | | | |
| $w(Ni)/(g/kg)$ | | | | |
| $\bar{w}(Ni)/(g/kg)$ | | | | |
| 相对极差/% | | | | |

## 实验项目　液体硫酸镍中镍含量的测定

### 2016 年全国职业院校技能大赛
### 中职组工业分析检验赛项化学分析操作报告单

考场：＿＿＿＿＿＿　赛位号：＿＿＿＿　考核时间：＿＿年＿＿月＿＿日

数据处理计算过程

### 结果报告

| 样品名称 | | 样品性状 | |
|---|---|---|---|
| 平行测定次数 | | | |
| $\bar{w}(Ni)/(g/kg)$ | | | |

## 2016 年全国职业院校技能大赛
### 中职组工业分析检验赛项化学分析操作考核评分细则

考场：_____　　赛位号：_____　　考核时间：____年____月____日

| 序号 | 作业项目 | 考核内容 | | 配分 | 操作要求 | 考核记录 | 扣分说明 | 扣分 | 得分 |
|---|---|---|---|---|---|---|---|---|---|
| 一 | 基准物的称量(7.5 分) | 称量操作 | | 1 | 1. 检查天平水平 | | 每错一项扣 0.5 分，扣完为止 | | |
| | | | | | 2. 清扫天平 | | | | |
| | | | | | 3. 敲样动作正确 | | | | |
| | | 基准物称量范围 | | 6 | 1. 在规定量±5%～±10%内 | | 每错一个扣 1 分，扣完为止 | | |
| | | | | | 2. 称量范围最多不超过±10% | | 每错一个扣 2 分，扣完为止 | | |
| | | 结束工作 | | 0.5 | 1. 复原天平 | | 每错一项扣 0.5 分，扣完为止 | | |
| | | | | | 2. 放回凳子 | | | | |
| 二 | 溶液的配制(3 分) | 容量瓶的洗涤 | | 0.5 | 洗涤干净 | | 洗涤不干净，扣 0.5 分 | | |
| | | 容量瓶的试漏 | | 0.5 | 正确试漏 | | 不试漏，扣 0.5 分 | | |
| | | 定量转移 | | 0.5 | 转移动作规范 | | 转移动作不规范扣 0.5 分 | | |
| | | 定容 | | 1.5 | 1. 2/3 处水平摇动 | | 每错一项扣 0.5 分，扣完为止 | | |
| | | | | | 2. 准确稀释至刻线 | | | | |
| | | | | | 3. 摇匀动作正确 | | | | |
| 三 | 移取溶液(4.5 分) | 移液管的洗涤 | | 0.5 | 洗涤干净 | | 洗涤不干净，扣 0.5 分 | | |
| | | 移液管的润洗 | | 1 | 润洗方法正确 | | 从容量瓶或原瓶中直接移取溶液扣 1 分 | | |
| | | 吸溶液 | | 1 | 1. 不吸空 | | 每错一次扣 1 分，扣完为止 | | |
| | | | | | 2. 不重吸 | | | | |
| | | 调刻线 | | 1 | 1. 调刻线前擦干外壁 | | 每错一项扣 0.5 分，扣完为止 | | |
| | | | | | 2. 调节液面操作熟练 | | | | |
| | | 放溶液 | | 1 | 1. 移液管竖直 | | 每错一项扣 0.5 分，扣完为止 | | |
| | | | | | 2. 移液管尖靠壁 | | | | |
| | | | | | 3. 放液后停留约 15s | | | | |
| 四 | 托盘天平或电子天平使用(0.5 分) | 称量 | | 0.5 | 称量操作规范 | | 操作不规范扣 0.5 分，扣完为止 | | |
| 五 | 滴定操作(3.5 分) | 滴定管的洗涤 | | 0.5 | 洗涤干净 | | 洗涤不干净，扣 0.5 分 | | |
| | | 滴定管的试漏 | | 0.5 | 正确试漏 | | 不试漏，扣 0.5 分 | | |
| | | 滴定管的润洗 | | 0.5 | 润洗方法正确 | | 润洗方法不正确扣 0.5 分 | | |
| | | 滴定操作 | | 2 | 1. 滴定速度适当 | | 每错一项扣 1 分，扣完为止 | | |
| | | | | | 2. 终点控制熟练 | | | | |
| 六 | 滴定终点(4 分) | 标定终点 | 纯蓝色 | 2 | 终点判断正确 | | 每错一个扣 1 分，扣完为止 | | |
| | | 测定终点 | 蓝紫色 | 2 | 终点判断正确 | | | | |
| 七 | 空白试验(1 分) | 空白试验测定规范 | | 1 | 按照规范要求完成空白试验 | | 测定不规范扣 1 分，扣完为止 | | |
| 八 | 读数(2 分) | 读数 | | 2 | 读数正确 | | 以读数差在 0.02mL 为正确，每错一个扣 1 分，扣完为止 | | |

续表

| 序号 | 作业项目 | 考核内容 | 配分 | 操作要求 | 考核记录 | 扣分说明 | 扣分 | 得分 |
|---|---|---|---|---|---|---|---|---|
| 九 | 原始数据记录(2分) | 原始数据记录 | 2 | 1. 原始数据记录不用其他纸张记录　2. 原始数据及时记录　3. 正确进行滴定管体积校正(现场裁判应核对校正体积校正值) | | 每错一个扣1分,扣完为止 | | |
| 十 | 文明操作结束工作(1分) | 物品摆放　仪器洗涤　"三废"处理 | 1 | 1. 仪器摆放整齐　2. 废纸/废液不乱扔乱倒　3. 结束后清洗仪器 | | 每错一项扣0.5分,扣完为止 | | |
| 十一 | 重大失误(本项最多扣10分) | | | 称量 | | 称量失败,每重称一次倒扣2分 | | |
| | | | | 试液配制 | | 溶液配制失误,重新配制的,每次倒扣5分 | | |
| | | | | 滴定操作 | | 重新滴定,每次倒扣5分 | | |
| | | | | 未写结果报告 | | 扣5分 | | |
| | | | | | | 篡改(如伪造、凑数据等)测量数据的,总分以零分计 | | |
| 十二 | 总时间(0分) | 230min | 0 | 按时收卷,不得延时 | | | | |

一~十二项总得分：_____　现场裁判签名：姓名_____

现场裁判长签名：姓名_____

| 序号 | 作业项目 | 考核内容 | 配分 | 操作要求 | 考核记录 | 扣分说明 | 扣分 | 得分 |
|---|---|---|---|---|---|---|---|---|
| 十三 | 数据记录及处理(6分) | 记录 | 1 | 1. 规范改正数据　2. 数据不缺项、计算步骤完整 | | 每错一个扣0.5分,扣完为止 | | |
| | | 计算 | 3 | 计算过程及结果正确(由于第一次错误影响到其他不再扣分) | | 每错一个扣0.5分,扣完为止 | | |
| | | 有效数字保留 | 2 | 有效数字位数保留正确或修约正确 | | 每错一个扣0.5分,扣完为止 | | |
| 十四 | 标定结果(35分) | 精密度 | 20 | 相对极差≤0.10% | | 扣0分 | | |
| | | | | 0.10%<相对极差≤0.20% | | 扣4分 | | |
| | | | | 0.20%<相对极差≤0.30% | | 扣8分 | | |
| | | | | 0.30%<相对极差≤0.40% | | 扣12分 | | |
| | | | | 0.40%<相对极差≤0.50% | | 扣16分 | | |
| | | | | 相对极差>0.50% | | 扣20分 | | |
| | | 准确度 | 15 | \|相对误差\|≤0.10% | | 扣0分 | | |
| | | | | 0.10%<\|相对误差\|≤0.20% | | 扣3分 | | |
| | | | | 0.20%<\|相对误差\|≤0.30% | | 扣6分 | | |
| | | | | 0.30%<\|相对误差\|≤0.40% | | 扣9分 | | |
| | | | | 0.40%<\|相对误差\|≤0.50% | | 扣12分 | | |
| | | | | \|相对误差\|>0.50% | | 扣15分 | | |

续表

| 序号 | 作业项目 | 考核内容 | 配分 | 操作要求 | 考核记录 | 扣分说明 | 扣分 | 得分 |
|---|---|---|---|---|---|---|---|---|
| 十五 | 测定结果（30分） | 精密度 | 15 | 相对极差≤0.10% | | 扣0分 | | |
| | | | | 0.10%<相对极差≤0.20% | | 扣3分 | | |
| | | | | 0.20%<相对极差≤0.30% | | 扣6分 | | |
| | | | | 0.30%<相对极差≤0.40% | | 扣9分 | | |
| | | | | 0.40%<相对极差≤0.50% | | 扣12分 | | |
| | | | | 相对极差>0.50% | | 扣15分 | | |
| | | 准确度 | 15 | \|相对误差\|≤0.10% | | 扣0分 | | |
| | | | | 0.10%<\|相对误差\|≤0.20% | | 扣3分 | | |
| | | | | 0.20%<\|相对误差\|≤0.30% | | 扣6分 | | |
| | | | | 0.30%<\|相对误差\|≤0.40% | | 扣9分 | | |
| | | | | 0.40%<\|相对误差\|≤0.50% | | 扣12分 | | |
| | | | | \|相对误差\|>0.50% | | 扣15分 | | |

一～十二项总得分：＿＿＿＿＿＿　　十三～十五项总得分：＿＿＿＿＿　　总得分：＿＿＿＿

阅卷裁判签字：＿＿＿＿＿＿　　复核裁判签字：＿＿＿＿＿

总裁判长签字：＿＿＿＿＿＿

# 参 考 文 献

[1]  邢文卫,李炜. 分析化学实验. 第 2 版. 北京:化学工业出版社,2007.
[2]  刘世纯. 实用分析化验工读本. 第 2 版. 北京:化学工业出版社,2004.
[3]  刘珍. 化验员读本:化学分析. 第 4 版. 北京:化学工业出版社,2003.
[4]  刘世纯,戴文凤,张德胜. 分析化验工. 北京:化学工业出版社,2004.
[5]  张小康. 化学分析基本操作. 第 2 版. 北京:化学工业出版社,2006.
[6]  王建梅. 化学检验基础知识. 北京:化学工业出版社,2005.
[7]  顾明华. 工业分析专业教学实习与综合实验. 北京:化学工业出版社,1998.
[8]  李楚芝,王桂芝. 分析化学实验. 第 2 版. 北京:化学工业出版社,2006.
[9]  胡伟光,张文英. 定量化学分析实验. 第 2 版. 北京:化学工业出版社,2009.
[10]  刘尧. 无机及分析化学. 北京:高等教育出版社,2003.
[11]  邢文卫,陈艾霞. 分析化学. 第 2 版. 北京:化学工业出版社,2006.
[12]  武汉大学. 分析化学实验. 第 5 版. 北京:高等教育出版社,2011.
[13]  北京大学化学系分析化学教研室. 基础分析化学实验. 第 3 版. 北京:北京大学出版社,2010.
[14]  张铁恒. 化验工作实用手册. 第 2 版. 北京:化学工业出版社,2008.
[15]  苗凤琴,于世林,夏铁力. 分析化学实验. 第 4 版. 北京:化学工业出版社,2015.
[16]  四川大学,浙江大学. 分析化学实验. 第 3 版. 北京:高等教育出版社,2003.
[17]  庄京,林金明. 基础分析化学实验. 第 3 版. 北京:高等教育出版社,2007.
[18]  初玉霞. 化学实验技术基础. 北京:化学工业出版社,2002.
[19]  索陇宁. 化学实验技术. 北京:高等教育出版社,2006.
[20]  张意静. 食品分析. 北京:中国轻工业出版社,1999.
[21]  上海化工学校. 工业分析专业 CBE 学习包. 北京:化学工业出版社,2000.
[22]  GB/T 601—2002.
[23]  马腾文. 分析技术与操作(Ⅰ)——分析室基本知识及基本操作. 北京:化学工业出版社,2005.
[24]  胡必明. 化工分析工. 北京:化学工业出版社,2003.
[25]  周玉敏. 分析化学. 第 2 版. 北京:化学工业出版社,2009.
[26]  夏玉宇. 化验员实用手册. 第 3 版. 北京:化学工业出版社,2012.
[27]  王瑛. 分析化学操作技能. 北京:化学工业出版社,2004.
[28]  姜淑敏. 化学实验基本操作技术. 北京:化学工业出版社,2008.
[29]  华中师范大学,东北师范大学,陕西师范大学,北京师范大学编. 分析化学(上). 北京:高等教育出版社,2001.
[30]  化学试剂标准汇编:基础标准和基准试剂卷. 北京:中国标准出版社,2005.

# 分析化学实验与实训 实验报告

_____学年第____学期

班　级 _____

学　号 _____

姓　名 _____

化学工业出版社

·北京·

# 目 录

# 实验一　直接称量法练习

## 一、技能目标

1.

2.

3.

## 二、数据记录与处理

零点_____　　零点漂移_____

| 项　目 | 测定次数 | | | | | |
|---|---|---|---|---|---|---|
| | 1 | 2 | 3 | 4 | 5 | 6 |
| $m_1$ | | | | | | |
| $m_2$ | | | | | | |
| $m_3$ | | | | | | |
| $m_0$ | | | | | | |
| $m$ | | | | | | |
| 绝对偏差 | | | | | | |

注：1. $m_1$、$m_2$、$m_3$ 分别为三个瓶子的质量，g。

2. $m_0$ 为三个瓶子的实际称量总质量，g。

3. $m$ 为三个瓶子的理论计算总质量，g。

4. $m_0 - m$ 为绝对偏差，要求绝对偏差小于 $3 \times 0.2$mg 即为合格。

指导老师签字：

## 三、思考题

四、问题讨论

五、实验体会

六、实验成绩

# 实验二　递减称量法练习

## 一、技能目标

1.

2.

3.

## 二、数据记录与处理

零点_____零点漂移_____

| 样品名 | 称量瓶＋样品质量/g | 称量瓶＋样品质量/g | 样品质量/g |
|---|---|---|---|
| 1 | | | |
| 2 | | | |
| 3 | | | |
| 4 | | | |
| 5 | | | |
| 空瓶质量 $m_0$ | | | |
| 空瓶＋样品质量 $m$ | | | |
| 实际样品质量 $w_1＝m－m_0$ | | | |
| 理论样品质量 $w_2＝m_1－m_n$ | | | |
| 绝对偏差 $w_1－w_2＝$ | | | |

注：要求绝对偏差小于 $n×0.2mg$（$n$ 为测定次数），否则为不合格。

指导老师签字：

## 三、思考题

四、问题讨论

五、实验体会

六、实验成绩

# 实验三 滴定分析仪器的基本操作

**一、技能目标**

1.

2.

**二、实验步骤**

1. 清点实验仪器

2. 移液管的使用

① 检查移液管的管口和尖嘴有无破损

② 洗净

③ 润洗

④ 移液

⑤ 调节液面

⑥ 放出溶液

⑦ 洗净移液管，放置在移液管架上

3. 容量瓶的使用

① 洗净容量瓶

② 试漏

③ 配制溶液（溶解样品、转移溶液）

④ 稀释

⑤ 定容

⑥ 摇匀

⑦ 洗净、整理存放

4. 滴定管的使用

| 酸式滴定管的使用 | 碱式滴定管的使用 |
|---|---|
| ① 洗涤<br>② 涂凡士林<br>③ 试漏<br>④ 润洗、装溶液和赶气泡<br>⑤ 调零<br>⑥ 滴定：a. 正确握持旋塞<br>　　　　 b. 记录好初读数<br>　　　　 c. 滴定姿势要正确<br>　　　　 d. 控制好滴定速度<br>⑦ 读数<br>⑧ 重复滴定、读数操作 | 碱式滴定管的使用基本与酸式滴定管相同，不同之处在于：<br>　1. 没有旋塞，不需涂凡士林，只是通过一节橡皮管连接管尖和管身。橡皮管内有一个玻璃珠，要求大小要合适<br>　2. 赶气泡和滴定时握管方式不同<br>　3. 其余操作步骤同酸式滴定管 |

指导老师签字：

三、思考题

四、问题讨论

五、实验体会

思考题

六、实验成绩

# 实验四　滴定分析仪器的校准

## 一、技能目标
1.
2.

## 二、数据记录与处理
1. 移液管与容量瓶的相对校准
2. 滴定管的绝对校准

**50mL 滴定管校准表**

滴定管编号：_____　校准人：_____　校准日期：_____

水温：_____℃　水的密度：_____g/mL

| 滴定管读数 /mL | 瓶与水的总质量/g | 标称容量 /mL | 水的质量 /g | 实际容量 /mL | 体积校准值 /mL | 总校准值 /mL |
|---|---|---|---|---|---|---|
|  |  |  |  |  |  |  |
|  |  |  |  |  |  |  |
|  |  |  |  |  |  |  |
|  |  |  |  |  |  |  |
|  |  |  |  |  |  |  |
|  |  |  |  |  |  |  |

计算公式：

$$实际容量(mL) = \frac{水的质量(g)}{水的密度(查表)}$$

$$体积校准值(mL) = 实际容量(mL) - 标称容量(mL)$$

**50mL 滴定管校准曲线**

滴定管编号：_____　校准人：_____　校准日期：_____

贴

图

区

以总校准值为纵坐标，以标称容积（滴定管读数）为横坐标，绘制滴定管校准曲线。

指导老师签字：

三、思考题




四、问题讨论




五、实验体会




六、实验成绩

# 实验五　　滴定终点练习

## 一、技能目标

1.

2.

## 二、实验步骤

1. 0.1mol/L HCl 溶液的配制

2. 0.1mol/L NaOH 溶液的配制

3. 酸式滴定管和碱式滴定管的准备

4. 酚酞指示剂终点练习

5. 甲基橙指示剂终点练习

指导老师签字：

## 三、思考题

四、问题讨论

五、实验体会

六、实验成绩

# 实验六　酸碱体积比测定

## 一、技能目标

1.

2.

## 二、数据记录与处理

1. 用 NaOH 溶液滴定 HCl 溶液（一）　　　　　　　　　　　　　　　指示剂：酚酞

| 项　　目 | 1 | 2 | 3 | 4 | 5 |
| --- | --- | --- | --- | --- | --- |
| $V(\text{HCl})$/mL | 20.00 | 22.00 | 24.00 | 26.00 | 28.00 |
| $V(\text{NaOH})$/mL | | | | | |
| $V(\text{NaOH})/V(\text{HCl})$ | | | | | |
| $V(\text{NaOH})/V(\text{HCl})$平均值 | | | | | |
| 相对平均偏差/% | | | | | |

注：相对平均偏差应不超过 0.2%，否则要重新连续滴定 5 次。

2. 用 HCl 溶液滴定 NaOH 溶液（一）　　　　　　　　　　　　　　　指示剂：甲基橙

| 项　　目 | 1 | 2 | 3 | 4 | 5 |
| --- | --- | --- | --- | --- | --- |
| $V(\text{NaOH})$/mL | 20.00 | 22.00 | 24.00 | 26.00 | 28.00 |
| $V(\text{HCl})$/mL | | | | | |
| $V(\text{HCl})/V(\text{NaOH})$ | | | | | |
| $V(\text{HCl})/V(\text{NaOH})$平均值 | | | | | |
| 相对平均偏差/% | | | | | |

注：相对平均偏差应不超过 0.2%，否则要重新连续滴定 5 次。

3. 用 NaOH 溶液滴定 HCl 溶液（二）　　　　　　　　　　　　　　　指示剂：酚酞

| 项　　目 | 1 | 2 | 3 | 4 |
| --- | --- | --- | --- | --- |
| $V(\text{HCl})$/mL | 25.00 | 25.00 | 25.00 | 25.00 |
| $V(\text{NaOH})$/mL | | | | |
| $V(\text{NaOH})/V(\text{HCl})$ | | | | |
| $V(\text{NaOH})/V(\text{HCl})$平均值 | | | | |
| 极差 $R$/mL | | | | |

注：极差（$R$）应不超过 0.04mL，否则要重新滴定 4 次。

4. 用 HCl 溶液滴定 NaOH 溶液（二）  指示剂：甲基橙

| 项　　目 | 1 | 2 | 3 | 4 |
|---|---|---|---|---|
| $V(\text{NaOH})/\text{mL}$ | 25.00 | 25.00 | 25.00 | 25.00 |
| $V(\text{HCl})/\text{mL}$ | | | | |
| $V(\text{HCl})/V(\text{NaOH})$ | | | | |
| $V(\text{HCl})/V(\text{NaOH})$平均值 | | | | |
| 极差 $R/\text{mL}$ | | | | |

注：极差（$R$）应不超过 0.04mL，否则要重新滴定 4 次。

指导老师签字：

三、思考题

四、问题讨论

五、实验体会

六、实验成绩

· 12 ·

# 实验七　滴定分析基本操作考核

## 一、技能目标

1.

2.

3.

## 二、数据记录与处理

1. 用 NaOH 溶液滴定 HCl 溶液　　　　　　　　　　　　　　　　　　　　指示剂：酚酞

| 项　目 | 1 | 2 | 3 |
|---|---|---|---|
| $V$(HCl)/mL | 25.00 | 25.00 | 25.00 |
| $V$(NaOH)/mL | | | |
| $V$(NaOH)/$V$(HCl) | | | |
| $V$(NaOH)/$V$(HCl)平均值 | | | |
| 相对平均偏差/% | | | |

注：相对平均偏差不超过 0.2% 为合格。

2. 用 HCl 溶液滴定 NaOH 溶液　　　　　　　　　　　　　　　　　　　　指示剂：甲基橙

| 项　目 | 1 | 2 | 3 |
|---|---|---|---|
| $V$(NaOH)/mL | 25.00 | 25.00 | 25.00 |
| $V$(HCl)/mL | | | |
| $V$(HCl)/$V$(NaOH) | | | |
| $V$(HCl)/$V$(NaOH)平均值 | | | |
| 相对平均偏差/% | | | |

注：相对平均偏差不超过 0.2% 为合格。

## 三、评分

### 滴定分析基本操作及评分

| 项　目 | | 操　作　要　领 | 分值 | 扣分 | 得分 |
|---|---|---|---|---|---|
| 移液管的使用(23分) | 移液管的准备(4分) | 移液管的洗涤方法 | 0.5 | | |
| | | 移液管的洗涤效果 | 0.5 | | |
| | | 润洗前管尖及外壁溶液的处理 | 0.5 | | |
| | | 润洗时待吸液用量 | 0.5 | | |
| | | 用待吸液润洗方法 | 0.5 | | |
| | | 用待吸液润洗次数 | 0.5 | | |
| | | 润洗后废液的排放(从下口排出) | 0.5 | | |
| | | 洗涤液放入废液杯(没有放入原瓶) | 0.5 | | |

| 项　　目 | | 操　作　要　领 | 分值 | 扣分 | 得分 |
|---|---|---|---|---|---|
| 移液管的使用(23分) | 溶液的移取(12分) | 左手握洗耳球的姿势 | 0.5 | | |
| | | 右手持移液管的姿势 | 0.5 | | |
| | | 吸液时管尖插入液面的深度(1～2cm) | 2 | | |
| | | 吸液高度(刻度线以上少许) | 0.5 | | |
| | | 调节液面之前擦干外壁 | 2 | | |
| | | 调节液面时手指动作规范 | 1 | | |
| | | 调节液面时视线水平 | 1 | | |
| | | 调节液面时废液排放(放入废液杯) | 0.5 | | |
| | | 调节好液面后管尖无气泡 | 2 | | |
| | | 调节好液面后管尖处液滴的处理 | 2 | | |
| | 放溶液(6.5分) | 放溶液时移液管垂直 | 0.5 | | |
| | | 放溶液时接受器倾斜30°～45° | 0.5 | | |
| | | 放溶液时移液管管尖靠壁 | 1 | | |
| | | 放溶液姿势 | 0.5 | | |
| | | 溶液自然流出 | 0.5 | | |
| | | 溶液流完后停靠15s | 0.5 | | |
| | | 最后管尖靠壁左右旋转处理管尖液 | 1 | | |
| | | 熟练程度 | 2 | | |
| | 结束(0.5分) | 用毕后洗净放置在移液管架上 | 0.5 | | |
| 容量瓶的使用(17分) | 准备(1.5分) | 使用前试漏 | 0.5 | | |
| | | 洗涤方法正确 | 0.5 | | |
| | | 洗涤效果 | 0.5 | | |
| | 转移溶液(4分) | 移液管转移溶液操作规范 | 1 | | |
| | | 溶剂洗涤操作规范 | 0.5 | | |
| | | 稀释到2/3～3/4体积时初步摇匀 | 1 | | |
| | | 初步摇匀动作 | 1 | | |
| | | 稀释至刻度线下时放置1～2min | 0.5 | | |
| | 定容(10.5分) | 定容姿态 | 1 | | |
| | | 定容准确 | 2 | | |
| | | 摇匀时手持容量瓶姿态 | 1 | | |
| | | 摇匀方法 | 2 | | |
| | | 摇匀过程中有提盖操作 | 0.5 | | |
| | | 摇动次数在10次以上 | 1 | | |
| | | 操作过程是否有漏液现象 | 1 | | |
| | | 熟练程度 | 2 | | |

| 项 目 | | 操 作 要 领 | 分值 | 扣分 | 得分 |
|---|---|---|---|---|---|
| 容量瓶的使用(17分) | 结束(1分) | 用完洗净 | 0.5 | | |
| | | 放置时在瓶口处垫一纸片 | 0.5 | | |
| 滴定管的使用(30分) | 滴定管的准备(7分) | 滴定管的洗涤 | 0.5 | | |
| | | 试漏 | 0.5 | | |
| | | 试漏方法正确 | 0.5 | | |
| | | 摇匀待装液 | 0.5 | | |
| | | 润洗时待装液用量 | 0.5 | | |
| | | 用待装液润洗方法 | 0.5 | | |
| | | 用待装液润洗次数 | 1 | | |
| | | 润洗后废液的排放(从上口排出,并打开活塞) | 0.5 | | |
| | | 洗涤液放入废液杯(没有放入原瓶) | 0.5 | | |
| | | 赶气泡 | 1 | | |
| | | 赶气泡方法 | 0.5 | | |
| | | 调节液面前放置1～2min | 0.5 | | |
| | 滴定管的操作(18分) | 从0.00mL开始 | 0.5 | | |
| | | 滴定前管尖悬挂液的处理 | 1 | | |
| | | 滴定管的握持姿势 | 1 | | |
| | | 滴定时管尖插入锥形瓶口的距离 | 1 | | |
| | | 滴定时摇动锥形瓶的动作 | 1 | | |
| | | 滴定速度 | 1 | | |
| | | 滴定时左右手的配合 | 1 | | |
| | | 近终点时半滴操作 | 2 | | |
| | | 没有挤松活塞漏液的现象 | 2 | | |
| | | 没有滴出锥形瓶外的现象 | 3 | | |
| | | 终点判断和终点控制 | 3 | | |
| | | 终点后滴定管尖没有悬挂液 | 0.5 | | |
| | | 终点后滴定管尖没有气泡 | 1 | | |
| | 读数(3.5分) | 停30s读数 | 0.5 | | |
| | | 读数时取下滴定管 | 0.5 | | |
| | | 读数时滴定管的握持 | 0.5 | | |
| | | 读数姿态(滴定管垂直,视线水平,读数准确) | 0.5 | | |
| | | 数据记录及时、真实、准确、清晰、整洁 | 0.5 | | |
| | | 熟练程度 | 1 | | |

| 项　目 | | 操　作　要　领 | 分值 | 扣分 | 得分 |
|---|---|---|---|---|---|
| 滴定管的<br>使用(30分) | 结束(1.5分) | 滴定完毕后管内残液的处理 | 0.5 | | |
| | | 滴定管及时清洗且方法正确 | 0.5 | | |
| | | 洗净后滴定管的放置 | 0.5 | | |
| 数据处理(26分) | | 计算正确 | 3 | | |
| | | 有效数字正确 | 3 | | |
| | | 精密度符合要求 | 10 | | |
| | | 准确度符合要求 | 10 | | |
| 其他(4分) | | 实验过程中台面整洁,仪器排放有序 | 0.5 | | |
| | | 统筹安排 | 1.5 | | |
| | | 实验时间 | 2 | | |
| 备注 | | | | | |

指导老师签字：


实验成绩：

# 实验项目：

## 一、技能目标

1.
2.
3.

## 二、数据记录与处理

时间：＿＿＿＿＿　　　水温：＿＿＿＿＿　　　温度补正值：＿＿＿＿＿　　　指示剂：＿＿＿＿＿

| 测 定 次 数 | 1 | 2 | 3 | 4 |
|---|---|---|---|---|
| 样品＋称量瓶质量/g | | | | |
| 样品＋称量瓶质量/g | | | | |
| 样品质量/g | | | | |
| 空白滴定体积/mL | | | | |
| 空白温度校正值/mL | | | | |
| 滴定管体积校正值/mL | | | | |
| 实际空白体积/mL | | | | |
| 滴定消耗体积/mL | | | | |
| 温度校正值/mL | | | | |
| 滴定管体积校正值/mL | | | | |
| 实际滴定体积/mL | | | | |
| 标准溶液浓度/(mol/L) | | | | |
| 稀释倍数 | | | | |
| 试样测定结果 | | | | |
| 平均值 | | | | |
| 极差 $R$ | | | | |
| $\dfrac{\text{极差}}{\text{平均值}}$/% 或相对平均偏差/% | | | | |

计算公式：

指导老师签字：

三、思考题

四、问题讨论

五、实验体会

六、实验成绩

# 实验项目：

一、技能目标

1.

2.

3.

二、数据记录与处理

时间：_____  水温：_____  温度补正值：_____  指示剂：_____

| 测 定 次 数 | 1 | 2 | 3 | 4 |
|---|---|---|---|---|
| 样品＋称量瓶质量/g | | | | |
| 样品＋称量瓶质量/g | | | | |
| 样品质量/g | | | | |
| 空白滴定体积/mL | | | | |
| 空白温度校正值/mL | | | | |
| 滴定管体积校正值/mL | | | | |
| 实际空白体积/mL | | | | |
| 滴定消耗体积/mL | | | | |
| 温度校正值/mL | | | | |
| 滴定管体积校正值/mL | | | | |
| 实际滴定体积/mL | | | | |
| 标准溶液浓度/(mol/L) | | | | |
| 稀释倍数 | | | | |
| 试样测定结果 | | | | |
| 平均值 | | | | |
| 极差 $R$ | | | | |
| $\dfrac{极差}{平均值}$/% 或相对平均偏差/% | | | | |

计算公式：

指导老师签字：

三、思考题




四、问题讨论





五、实验体会






六、实验成绩

# 实验项目：

## 一、技能目标

1.

2.

3.

## 二、数据记录与处理

时间：_____    水温：_____    温度补正值：_____    指示剂：_____

| 测 定 次 数 | 1 | 2 | 3 | 4 |
|---|---|---|---|---|
| 样品＋称量瓶质量/g | | | | |
| 样品＋称量瓶质量/g | | | | |
| 样品质量/g | | | | |
| 空白滴定体积/mL | | | | |
| 空白温度校正值/mL | | | | |
| 滴定管体积校正值/mL | | | | |
| 实际空白体积/mL | | | | |
| 滴定消耗体积/mL | | | | |
| 温度校正值/mL | | | | |
| 滴定管体积校正值/mL | | | | |
| 实际滴定体积/mL | | | | |
| 标准溶液浓度/(mol/L) | | | | |
| 稀释倍数 | | | | |
| 试样测定结果 | | | | |
| 平均值 | | | | |
| 极差 $R$ | | | | |
| $\dfrac{极差}{平均值}$/% 或相对平均偏差/% | | | | |

计算公式：

指导老师签字：

三、思考题




四、问题讨论




五、实验体会




六、实验成绩

# 实验项目：

## 一、技能目标

1.

2.

3.

## 二、数据记录与处理

时间：＿＿＿＿＿＿＿　　　水温：＿＿＿＿＿＿＿　　　温度补正值：＿＿＿＿＿＿＿　　　指示剂：＿＿＿＿＿＿＿

| 测 定 次 数 | 1 | 2 | 3 | 4 |
|---|---|---|---|---|
| 样品＋称量瓶质量/g | | | | |
| 样品＋称量瓶质量/g | | | | |
| 样品质量/g | | | | |
| 空白滴定体积/mL | | | | |
| 空白温度校正值/mL | | | | |
| 滴定管体积校正值/mL | | | | |
| 实际空白体积/mL | | | | |
| 滴定消耗体积/mL | | | | |
| 温度校正值/mL | | | | |
| 滴定管体积校正值/mL | | | | |
| 实际滴定体积/mL | | | | |
| 标准溶液浓度/(mol/L) | | | | |
| 稀释倍数 | | | | |
| 试样测定结果 | | | | |
| 平均值 | | | | |
| 极差 $R$ | | | | |
| $\dfrac{\text{极差}}{\text{平均值}}$/% 或相对平均偏差/% | | | | |

计算公式：

指导老师签字：

三、思考题

四、问题讨论

五、实验体会

六、实验成绩

# 实验项目：

## 一、技能目标

1.
2.
3.

## 二、数据记录与处理

时间：_____　　　水温：_____　　　温度补正值：_____　　　指示剂：_____

| 测 定 次 数 | 1 | 2 | 3 | 4 |
|---|---|---|---|---|
| 样品＋称量瓶质量/g | | | | |
| 样品＋称量瓶质量/g | | | | |
| 样品质量/g | | | | |
| 空白滴定体积/mL | | | | |
| 空白温度校正值/mL | | | | |
| 滴定管体积校正值/mL | | | | |
| 实际空白体积/mL | | | | |
| 滴定消耗体积/mL | | | | |
| 温度校正值/mL | | | | |
| 滴定管体积校正值/mL | | | | |
| 实际滴定体积/mL | | | | |
| 标准溶液浓度/(mol/L) | | | | |
| 稀释倍数 | | | | |
| 试样测定结果 | | | | |
| 平均值 | | | | |
| 极差 $R$ | | | | |
| $\dfrac{极差}{平均值}$/% 或相对平均偏差/% | | | | |

计算公式：

指导老师签字：

三、思考题



四、问题讨论



五、实验体会



六、实验成绩

# 实验项目：

## 一、技能目标

1.
2.
3.

## 二、数据记录与处理

时间：_____    水温：_____    温度补正值：_____    指示剂：_____

| 测 定 次 数 | 1 | 2 | 3 | 4 |
|---|---|---|---|---|
| 样品＋称量瓶质量/g | | | | |
| 样品＋称量瓶质量/g | | | | |
| 样品质量/g | | | | |
| 空白滴定体积/mL | | | | |
| 空白温度校正值/mL | | | | |
| 滴定管体积校正值/mL | | | | |
| 实际空白体积/mL | | | | |
| 滴定消耗体积/mL | | | | |
| 温度校正值/mL | | | | |
| 滴定管体积校正值/mL | | | | |
| 实际滴定体积/mL | | | | |
| 标准溶液浓度/(mol/L) | | | | |
| 稀释倍数 | | | | |
| 试样测定结果 | | | | |
| 平均值 | | | | |
| 极差 $R$ | | | | |
| $\dfrac{极差}{平均值}$/% 或相对平均偏差/% | | | | |

计算公式：

指导老师签字：

三、思考题



四、问题讨论




五、实验体会




六、实验成绩

# 实验项目：

## 一、技能目标

1.
2.
3.

## 二、数据记录与处理

时间：_____    水温：_____    温度补正值：_____    指示剂：_____

| 测 定 次 数 | 1 | 2 | 3 | 4 |
|---|---|---|---|---|
| 样品＋称量瓶质量/g | | | | |
| 样品＋称量瓶质量/g | | | | |
| 样品质量/g | | | | |
| 空白滴定体积/mL | | | | |
| 空白温度校正值/mL | | | | |
| 滴定管体积校正值/mL | | | | |
| 实际空白体积/mL | | | | |
| 滴定消耗体积/mL | | | | |
| 温度校正值/mL | | | | |
| 滴定管体积校正值/mL | | | | |
| 实际滴定体积/mL | | | | |
| 标准溶液浓度/(mol/L) | | | | |
| 稀释倍数 | | | | |
| 试样测定结果 | | | | |
| 平均值 | | | | |
| 极差 $R$ | | | | |
| $\dfrac{\text{极差}}{\text{平均值}}$/% 或相对平均偏差/% | | | | |

计算公式：

指导老师签字：

三、思考题

四、问题讨论

五、实验体会

六、实验成绩

# 实验项目：

**一、技能目标**

1.

2.

3.

**二、数据记录与处理**

时间：_____ 　　水温：_____ 　　温度补正值：_____ 　　指示剂：_____

| 测 定 次 数 | 1 | 2 | 3 | 4 |
|---|---|---|---|---|
| 样品＋称量瓶质量/g | | | | |
| 样品＋称量瓶质量/g | | | | |
| 样品质量/g | | | | |
| 空白滴定体积/mL | | | | |
| 空白温度校正值/mL | | | | |
| 滴定管体积校正值/mL | | | | |
| 实际空白体积/mL | | | | |
| 滴定消耗体积/mL | | | | |
| 温度校正值/mL | | | | |
| 滴定管体积校正值/mL | | | | |
| 实际滴定体积/mL | | | | |
| 标准溶液浓度/(mol/L) | | | | |
| 稀释倍数 | | | | |
| 试样测定结果 | | | | |
| 平均值 | | | | |
| 极差 $R$ | | | | |
| $\dfrac{极差}{平均值}$/% 或相对平均偏差/% | | | | |

计算公式：

指导老师签字：

三、思考题

四、问题讨论

五、实验体会

六、实验成绩

# 实验项目：

**一、技能目标**

1.

2.

3.

**二、数据记录与处理**

时间：_____　　水温：_____　　温度补正值：_____　　指示剂：_____

| 测 定 次 数 | 1 | 2 | 3 | 4 |
|---|---|---|---|---|
| 样品＋称量瓶质量/g | | | | |
| 样品＋称量瓶质量/g | | | | |
| 样品质量/g | | | | |
| 空白滴定体积/mL | | | | |
| 空白温度校正值/mL | | | | |
| 滴定管体积校正值/mL | | | | |
| 实际空白体积/mL | | | | |
| 滴定消耗体积/mL | | | | |
| 温度校正值/mL | | | | |
| 滴定管体积校正值/mL | | | | |
| 实际滴定体积/mL | | | | |
| 标准溶液浓度/(mol/L) | | | | |
| 稀释倍数 | | | | |
| 试样测定结果 | | | | |
| 平均值 | | | | |
| 极差 R | | | | |
| $\dfrac{极差}{平均值}$/％ 或相对平均偏差/％ | | | | |

计算公式：

指导老师签字：

三、思考题

四、问题讨论

五、实验体会

六、实验成绩

# 实验项目：

## 一、技能目标

1.

2.

3.

## 二、数据记录与处理

时间：_____　　水温：_____　　温度补正值：_____　　指示剂：_____

| 测 定 次 数 | 1 | 2 | 3 | 4 |
|---|---|---|---|---|
| 样品＋称量瓶质量/g | | | | |
| 样品＋称量瓶质量/g | | | | |
| 样品质量/g | | | | |
| 空白滴定体积/mL | | | | |
| 空白温度校正值/mL | | | | |
| 滴定管体积校正值/mL | | | | |
| 实际空白体积/mL | | | | |
| 滴定消耗体积/mL | | | | |
| 温度校正值/mL | | | | |
| 滴定管体积校正值/mL | | | | |
| 实际滴定体积/mL | | | | |
| 标准溶液浓度/(mol/L) | | | | |
| 稀释倍数 | | | | |
| 试样测定结果 | | | | |
| 平均值 | | | | |
| 极差 $R$ | | | | |
| $\dfrac{极差}{平均值}$/% 或相对平均偏差/% | | | | |

计算公式：

指导老师签字：

三、思考题




四、问题讨论




五、实验体会




六、实验成绩

# 实验项目：

## 一、技能目标

1.

2.

3.

## 二、数据记录与处理

时间：_____    水温：_____    温度补正值：_____    指示剂：_____

| 测 定 次 数 | 1 | 2 | 3 | 4 |
|---|---|---|---|---|
| 样品＋称量瓶质量/g | | | | |
| 样品＋称量瓶质量/g | | | | |
| 样品质量/g | | | | |
| 空白滴定体积/mL | | | | |
| 空白温度校正值/mL | | | | |
| 滴定管体积校正值/mL | | | | |
| 实际空白体积/mL | | | | |
| 滴定消耗体积/mL | | | | |
| 温度校正值/mL | | | | |
| 滴定管体积校正值/mL | | | | |
| 实际滴定体积/mL | | | | |
| 标准溶液浓度/(mol/L) | | | | |
| 稀释倍数 | | | | |
| 试样测定结果 | | | | |
| 平均值 | | | | |
| 极差 $R$ | | | | |
| $\dfrac{极差}{平均值}$/％ 或相对平均偏差/％ | | | | |

计算公式：

指导老师签字：

三、思考题

四、问题讨论

五、实验体会

六、实验成绩

# 实验项目：

## 一、技能目标

1.
2.
3.

## 二、数据记录与处理

时间：＿＿＿＿＿＿　　　水温：＿＿＿＿＿＿　　　温度补正值：＿＿＿＿＿＿　　　指示剂：＿＿＿＿＿＿

| 测 定 次 数 | 1 | 2 | 3 | 4 |
|---|---|---|---|---|
| 样品＋称量瓶质量/g | | | | |
| 样品＋称量瓶质量/g | | | | |
| 样品质量/g | | | | |
| 空白滴定体积/mL | | | | |
| 空白温度校正值/mL | | | | |
| 滴定管体积校正值/mL | | | | |
| 实际空白体积/mL | | | | |
| 滴定消耗体积/mL | | | | |
| 温度校正值/mL | | | | |
| 滴定管体积校正值/mL | | | | |
| 实际滴定体积/mL | | | | |
| 标准溶液浓度/(mol/L) | | | | |
| 稀释倍数 | | | | |
| 试样测定结果 | | | | |
| 平均值 | | | | |
| 极差 $R$ | | | | |
| $\dfrac{极差}{平均值}$/% 或相对平均偏差/% | | | | |

计算公式：

指导老师签字：

三、思考题

四、问题讨论

五、实验体会

六、实验成绩

# 实验项目：

## 一、技能目标

1.

2.

3.

## 二、数据记录与处理

时间：_____ 　　　水温：_____ 　　　温度补正值：_____ 　　　指示剂：_____

| 测 定 次 数 | 1 | 2 | 3 | 4 |
|---|---|---|---|---|
| 样品＋称量瓶质量/g | | | | |
| 样品＋称量瓶质量/g | | | | |
| 样品质量/g | | | | |
| 空白滴定体积/mL | | | | |
| 空白温度校正值/mL | | | | |
| 滴定管体积校正值/mL | | | | |
| 实际空白体积/mL | | | | |
| 滴定消耗体积/mL | | | | |
| 温度校正值/mL | | | | |
| 滴定管体积校正值/mL | | | | |
| 实际滴定体积/mL | | | | |
| 标准溶液浓度/(mol/L) | | | | |
| 稀释倍数 | | | | |
| 试样测定结果 | | | | |
| 平均值 | | | | |
| 极差 R | | | | |
| $\dfrac{极差}{平均值}$/% 或相对平均偏差/% | | | | |

计算公式：

指导老师签字：

三、思考题

四、问题讨论

五、实验体会

六、实验成绩

# 实验项目：

## 一、技能目标

1.

2.

3.

## 二、数据记录与处理

时间：_____  水温：_____  温度补正值：_____  指示剂：_____

| 测 定 次 数 | 1 | 2 | 3 | 4 |
|---|---|---|---|---|
| 样品＋称量瓶质量/g | | | | |
| 样品＋称量瓶质量/g | | | | |
| 样品质量/g | | | | |
| 空白滴定体积/mL | | | | |
| 空白温度校正值/mL | | | | |
| 滴定管体积校正值/mL | | | | |
| 实际空白体积/mL | | | | |
| 滴定消耗体积/mL | | | | |
| 温度校正值/mL | | | | |
| 滴定管体积校正值/mL | | | | |
| 实际滴定体积/mL | | | | |
| 标准溶液浓度/(mol/L) | | | | |
| 稀释倍数 | | | | |
| 试样测定结果 | | | | |
| 平均值 | | | | |
| 极差 $R$ | | | | |
| $\dfrac{极差}{平均值}$/％ 或相对平均偏差/％ | | | | |

计算公式：

指导老师签字：

三、思考题

四、问题讨论

五、实验体会

六、实验成绩

# 实验项目：

## 一、技能目标

1.

2.

3.

## 二、数据记录与处理

时间：_____    水温：_____    温度补正值：_____    指示剂：_____

| 测 定 次 数 | 1 | 2 | 3 | 4 |
|---|---|---|---|---|
| 样品＋称量瓶质量/g | | | | |
| 样品＋称量瓶质量/g | | | | |
| 样品质量/g | | | | |
| 空白滴定体积/mL | | | | |
| 空白温度校正值/mL | | | | |
| 滴定管体积校正值/mL | | | | |
| 实际空白体积/mL | | | | |
| 滴定消耗体积/mL | | | | |
| 温度校正值/mL | | | | |
| 滴定管体积校正值/mL | | | | |
| 实际滴定体积/mL | | | | |
| 标准溶液浓度/(mol/L) | | | | |
| 稀释倍数 | | | | |
| 试样测定结果 | | | | |
| 平均值 | | | | |
| 极差 $R$ | | | | |
| $\dfrac{极差}{平均值}$/％ 或相对平均偏差/％ | | | | |

计算公式：

指导老师签字：

三、思考题

四、问题讨论

五、实验体会

六、实验成绩

# 实验项目：

一、技能目标

1.

2.

3.

二、数据记录与处理

时间：_____    水温：_____    温度补正值：_____    指示剂：_____

| 测 定 次 数 | 1 | 2 | 3 | 4 |
|---|---|---|---|---|
| 样品＋称量瓶质量/g | | | | |
| 样品＋称量瓶质量/g | | | | |
| 样品质量/g | | | | |
| 空白滴定体积/mL | | | | |
| 空白温度校正值/mL | | | | |
| 滴定管体积校正值/mL | | | | |
| 实际空白体积/mL | | | | |
| 滴定消耗体积/mL | | | | |
| 温度校正值/mL | | | | |
| 滴定管体积校正值/mL | | | | |
| 实际滴定体积/mL | | | | |
| 标准溶液浓度/(mol/L) | | | | |
| 稀释倍数 | | | | |
| 试样测定结果 | | | | |
| 平均值 | | | | |
| 极差 R | | | | |
| $\dfrac{极差}{平均值}$/％ 或相对平均偏差/％ | | | | |

计算公式：

指导老师签字：

三、思考题

四、问题讨论

五、实验体会

六、实验成绩

# 实验项目：

## 一、技能目标

1.

2.

3.

## 二、数据记录与处理

时间：_____    水温：_____    温度补正值：_____    指示剂：_____

| 测 定 次 数 | 1 | 2 | 3 | 4 |
|---|---|---|---|---|
| 样品＋称量瓶质量/g | | | | |
| 样品＋称量瓶质量/g | | | | |
| 样品质量/g | | | | |
| 空白滴定体积/mL | | | | |
| 空白温度校正值/mL | | | | |
| 滴定管体积校正值/mL | | | | |
| 实际空白体积/mL | | | | |
| 滴定消耗体积/mL | | | | |
| 温度校正值/mL | | | | |
| 滴定管体积校正值/mL | | | | |
| 实际滴定体积/mL | | | | |
| 标准溶液浓度/(mol/L) | | | | |
| 稀释倍数 | | | | |
| 试样测定结果 | | | | |
| 平均值 | | | | |
| 极差 $R$ | | | | |
| $\dfrac{极差}{平均值}$/% 或相对平均偏差/% | | | | |

计算公式：

指导老师签字：

三、思考题

四、问题讨论

五、实验体会

六、实验成绩

# 实验项目：

## 一、技能目标

1.
2.
3.

## 二、数据记录与处理

时间：_____　　　水温：_____　　　温度补正值：_____　　　指示剂：_____

| 测定次数 | 1 | 2 | 3 | 4 |
|---|---|---|---|---|
| 样品＋称量瓶质量/g | | | | |
| 样品＋称量瓶质量/g | | | | |
| 样品质量/g | | | | |
| 空白滴定体积/mL | | | | |
| 空白温度校正值/mL | | | | |
| 滴定管体积校正值/mL | | | | |
| 实际空白体积/mL | | | | |
| 滴定消耗体积/mL | | | | |
| 温度校正值/mL | | | | |
| 滴定管体积校正值/mL | | | | |
| 实际滴定体积/mL | | | | |
| 标准溶液浓度/(mol/L) | | | | |
| 稀释倍数 | | | | |
| 试样测定结果 | | | | |
| 平均值 | | | | |
| 极差 R | | | | |
| $\dfrac{极差}{平均值}$/% 或相对平均偏差/% | | | | |

计算公式：

指导老师签字：

三、思考题

四、问题讨论

五、实验体会

六、实验成绩

# 实验项目：

## 一、技能目标

1.

2.

3.

## 二、数据记录与处理

时间：_____     水温：_____     温度补正值：_____     指示剂：_____

| 测 定 次 数 | 1 | 2 | 3 | 4 |
|---|---|---|---|---|
| 样品＋称量瓶质量/g | | | | |
| 样品＋称量瓶质量/g | | | | |
| 样品质量/g | | | | |
| 空白滴定体积/mL | | | | |
| 空白温度校正值/mL | | | | |
| 滴定管体积校正值/mL | | | | |
| 实际空白体积/mL | | | | |
| 滴定消耗体积/mL | | | | |
| 温度校正值/mL | | | | |
| 滴定管体积校正值/mL | | | | |
| 实际滴定体积/mL | | | | |
| 标准溶液浓度/(mol/L) | | | | |
| 稀释倍数 | | | | |
| 试样测定结果 | | | | |
| 平均值 | | | | |
| 极差 $R$ | | | | |
| $\dfrac{极差}{平均值}$/% 或相对平均偏差/% | | | | |

计算公式：

指导老师签字：

三、思考题

四、问题讨论

五、实验体会

六、实验成绩

# 实验项目：

一、技能目标

1.

2.

3.

二、数据记录与处理

时间：_____    水温：_____    温度补正值：_____    指示剂：_____

| 测 定 次 数 | 1 | 2 | 3 | 4 |
|---|---|---|---|---|
| 样品＋称量瓶质量/g | | | | |
| 样品＋称量瓶质量/g | | | | |
| 样品质量/g | | | | |
| 空白滴定体积/mL | | | | |
| 空白温度校正值/mL | | | | |
| 滴定管体积校正值/mL | | | | |
| 实际空白体积/mL | | | | |
| 滴定消耗体积/mL | | | | |
| 温度校正值/mL | | | | |
| 滴定管体积校正值/mL | | | | |
| 实际滴定体积/mL | | | | |
| 标准溶液浓度/(mol/L) | | | | |
| 稀释倍数 | | | | |
| 试样测定结果 | | | | |
| 平均值 | | | | |
| 极差 $R$ | | | | |
| $\dfrac{极差}{平均值}$/％ 或相对平均偏差/％ | | | | |

计算公式：

指导老师签字：

三、思考题

四、问题讨论

五、实验体会

六、实验成绩

# 实验项目：

## 一、技能目标

1.

2.

3.

## 二、数据记录与处理

时间：_____　　　水温：_____　　　温度补正值：_____　　　指示剂：_____

| 测 定 次 数 | 1 | 2 | 3 | 4 |
|---|---|---|---|---|
| 样品＋称量瓶质量/g | | | | |
| 样品＋称量瓶质量/g | | | | |
| 样品质量/g | | | | |
| 空白滴定体积/mL | | | | |
| 空白温度校正值/mL | | | | |
| 滴定管体积校正值/mL | | | | |
| 实际空白体积/mL | | | | |
| 滴定消耗体积/mL | | | | |
| 温度校正值/mL | | | | |
| 滴定管体积校正值/mL | | | | |
| 实际滴定体积/mL | | | | |
| 标准溶液浓度/(mol/L) | | | | |
| 稀释倍数 | | | | |
| 试样测定结果 | | | | |
| 平均值 | | | | |
| 极差 $R$ | | | | |
| $\dfrac{极差}{平均值}/\%$ 或相对平均偏差/% | | | | |

计算公式：

指导老师签字：

三、思考题

四、问题讨论

五、实验体会

六、实验成绩

# 实验项目：

## 一、技能目标

1.

2.

3.

## 二、数据记录与处理

时间：_____　　　　水温：_____　　　　温度补正值：_____　　　　指示剂：_____

| 测 定 次 数 | 1 | 2 | 3 | 4 |
|---|---|---|---|---|
| 样品＋称量瓶质量/g | | | | |
| 样品＋称量瓶质量/g | | | | |
| 样品质量/g | | | | |
| 空白滴定体积/mL | | | | |
| 空白温度校正值/mL | | | | |
| 滴定管体积校正值/mL | | | | |
| 实际空白体积/mL | | | | |
| 滴定消耗体积/mL | | | | |
| 温度校正值/mL | | | | |
| 滴定管体积校正值/mL | | | | |
| 实际滴定体积/mL | | | | |
| 标准溶液浓度/(mol/L) | | | | |
| 稀释倍数 | | | | |
| 试样测定结果 | | | | |
| 平均值 | | | | |
| 极差 $R$ | | | | |
| $\dfrac{极差}{平均值}$/％ 或相对平均偏差/％ | | | | |

计算公式：

指导老师签字：

三、思考题

四、问题讨论

五、实验体会

六、实验成绩

# 实验项目：

**一、技能目标**

1.

2.

3.

**二、数据记录与处理**

时间：_____　　水温：_____　　温度补正值：_____　　指示剂：_____

| 测 定 次 数 | 1 | 2 | 3 | 4 |
|---|---|---|---|---|
| 样品＋称量瓶质量/g | | | | |
| 样品＋称量瓶质量/g | | | | |
| 样品质量/g | | | | |
| 空白滴定体积/mL | | | | |
| 空白温度校正值/mL | | | | |
| 滴定管体积校正值/mL | | | | |
| 实际空白体积/mL | | | | |
| 滴定消耗体积/mL | | | | |
| 温度校正值/mL | | | | |
| 滴定管体积校正值/mL | | | | |
| 实际滴定体积/mL | | | | |
| 标准溶液浓度/(mol/L) | | | | |
| 稀释倍数 | | | | |
| 试样测定结果 | | | | |
| 平均值 | | | | |
| 极差 $R$ | | | | |
| $\dfrac{极差}{平均值}$/％ 或相对平均偏差/％ | | | | |

计算公式：

指导老师签字：

三、思考题

四、问题讨论

五、实验体会

六、实验成绩

# 实验项目：

## 一、技能目标

1.

2.

3.

## 二、数据记录与处理

时间：_____　　　水温：_____　　　温度补正值：_____　　　指示剂：_____

| 测 定 次 数 | 1 | 2 | 3 | 4 |
|---|---|---|---|---|
| 样品＋称量瓶质量/g | | | | |
| 样品＋称量瓶质量/g | | | | |
| 样品质量/g | | | | |
| 空白滴定体积/mL | | | | |
| 空白温度校正值/mL | | | | |
| 滴定管体积校正值/mL | | | | |
| 实际空白体积/mL | | | | |
| 滴定消耗体积/mL | | | | |
| 温度校正值/mL | | | | |
| 滴定管体积校正值/mL | | | | |
| 实际滴定体积/mL | | | | |
| 标准溶液浓度/(mol/L) | | | | |
| 稀释倍数 | | | | |
| 试样测定结果 | | | | |
| 平均值 | | | | |
| 极差 $R$ | | | | |
| $\dfrac{极差}{平均值}$/% 或相对平均偏差/% | | | | |

计算公式：

指导老师签字：

三、思考题

四、问题讨论

五、实验体会

六、实验成绩

# 实验项目：

## 一、技能目标

1.

2.

3.

## 二、数据记录与处理

时间：_____　　　　水温：_____　　　　温度补正值：_____　　　　指示剂：_____

| 测 定 次 数 | 1 | 2 | 3 | 4 |
|---|---|---|---|---|
| 样品＋称量瓶质量/g | | | | |
| 样品＋称量瓶质量/g | | | | |
| 样品质量/g | | | | |
| 空白滴定体积/mL | | | | |
| 空白温度校正值/mL | | | | |
| 滴定管体积校正值/mL | | | | |
| 实际空白体积/mL | | | | |
| 滴定消耗体积/mL | | | | |
| 温度校正值/mL | | | | |
| 滴定管体积校正值/mL | | | | |
| 实际滴定体积/mL | | | | |
| 标准溶液浓度/(mol/L) | | | | |
| 稀释倍数 | | | | |
| 试样测定结果 | | | | |
| 平均值 | | | | |
| 极差 R | | | | |
| $\dfrac{极差}{平均值}$/% 或相对平均偏差/% | | | | |

计算公式：

指导老师签字：

三、思考题



四、问题讨论




五、实验体会




六、实验成绩

# 实验项目：

**一、技能目标**

1.

2.

3.

**二、数据记录与处理**

时间：_____　　　水温：_____　　　温度补正值：_____　　　指示剂：_____

| 测 定 次 数 | 1 | 2 | 3 | 4 |
|---|---|---|---|---|
| 样品＋称量瓶质量/g | | | | |
| 样品＋称量瓶质量/g | | | | |
| 样品质量/g | | | | |
| 空白滴定体积/mL | | | | |
| 空白温度校正值/mL | | | | |
| 滴定管体积校正值/mL | | | | |
| 实际空白体积/mL | | | | |
| 滴定消耗体积/mL | | | | |
| 温度校正值/mL | | | | |
| 滴定管体积校正值/mL | | | | |
| 实际滴定体积/mL | | | | |
| 标准溶液浓度/(mol/L) | | | | |
| 稀释倍数 | | | | |
| 试样测定结果 | | | | |
| 平均值 | | | | |
| 极差 $R$ | | | | |
| $\dfrac{极差}{平均值}$/% 或相对平均偏差/% | | | | |

计算公式：

指导老师签字：

三、思考题

四、问题讨论

五、实验体会

六、实验成绩

# 实验项目：

## 一、技能目标

1.

2.

3.

## 二、数据记录与处理

时间：_____    水温：_____    温度补正值：_____    指示剂：_____

| 测 定 次 数 | 1 | 2 | 3 | 4 |
|---|---|---|---|---|
| 样品＋称量瓶质量/g | | | | |
| 样品＋称量瓶质量/g | | | | |
| 样品质量/g | | | | |
| 空白滴定体积/mL | | | | |
| 空白温度校正值/mL | | | | |
| 滴定管体积校正值/mL | | | | |
| 实际空白体积/mL | | | | |
| 滴定消耗体积/mL | | | | |
| 温度校正值/mL | | | | |
| 滴定管体积校正值/mL | | | | |
| 实际滴定体积/mL | | | | |
| 标准溶液浓度/(mol/L) | | | | |
| 稀释倍数 | | | | |
| 试样测定结果 | | | | |
| 平均值 | | | | |
| 极差 R | | | | |
| $\dfrac{极差}{平均值}$/% 或相对平均偏差/% | | | | |

计算公式：

指导老师签字：

三、思考题




四、问题讨论




五、实验体会




六、实验成绩

# 实验项目：

### 一、技能目标
1.

2.

3.

### 二、数据记录与处理

时间：_____  水温：_____  温度补正值：_____  指示剂：_____

| 测　定　次　数 | 1 | 2 | 3 | 4 |
|---|---|---|---|---|
| 样品＋称量瓶质量/g | | | | |
| 样品＋称量瓶质量/g | | | | |
| 样品质量/g | | | | |
| 空白滴定体积/mL | | | | |
| 空白温度校正值/mL | | | | |
| 滴定管体积校正值/mL | | | | |
| 实际空白体积/mL | | | | |
| 滴定消耗体积/mL | | | | |
| 温度校正值/mL | | | | |
| 滴定管体积校正值/mL | | | | |
| 实际滴定体积/mL | | | | |
| 标准溶液浓度/(mol/L) | | | | |
| 稀释倍数 | | | | |
| 试样测定结果 | | | | |
| 平均值 | | | | |
| 极差 $R$ | | | | |
| $\dfrac{极差}{平均值}$/% 或相对平均偏差/% | | | | |

计算公式：

指导老师签字：

三、思考题



四、问题讨论



五、实验体会



六、实验成绩

# 实验项目：

## 一、技能目标

1.

2.

3.

## 二、数据记录与处理

时间：_____    水温：_____    温度补正值：_____    指示剂：_____

| 测　定　次　数 | 1 | 2 | 3 | 4 |
|---|---|---|---|---|
| 样品＋称量瓶质量/g | | | | |
| 样品＋称量瓶质量/g | | | | |
| 样品质量/g | | | | |
| 空白滴定体积/mL | | | | |
| 空白温度校正值/mL | | | | |
| 滴定管体积校正值/mL | | | | |
| 实际空白体积/mL | | | | |
| 滴定消耗体积/mL | | | | |
| 温度校正值/mL | | | | |
| 滴定管体积校正值/mL | | | | |
| 实际滴定体积/mL | | | | |
| 标准溶液浓度/(mol/L) | | | | |
| 稀释倍数 | | | | |
| 试样测定结果 | | | | |
| 平均值 | | | | |
| 极差 $R$ | | | | |
| $\dfrac{极差}{平均值}$/% 或相对平均偏差/% | | | | |

计算公式：

指导老师签字：

三、思考题

四、问题讨论

五、实验体会

六、实验成绩

# 实验项目：

## 一、技能目标

1.

2.

3.

## 二、数据记录与处理

时间：_____    水温：_____    温度补正值：_____    指示剂：_____

| 测 定 次 数 | 1 | 2 | 3 | 4 |
|---|---|---|---|---|
| 样品＋称量瓶质量/g | | | | |
| 样品＋称量瓶质量/g | | | | |
| 样品质量/g | | | | |
| 空白滴定体积/mL | | | | |
| 空白温度校正值/mL | | | | |
| 滴定管体积校正值/mL | | | | |
| 实际空白体积/mL | | | | |
| 滴定消耗体积/mL | | | | |
| 温度校正值/mL | | | | |
| 滴定管体积校正值/mL | | | | |
| 实际滴定体积/mL | | | | |
| 标准溶液浓度/(mol/L) | | | | |
| 稀释倍数 | | | | |
| 试样测定结果 | | | | |
| 平均值 | | | | |
| 极差 $R$ | | | | |
| $\dfrac{极差}{平均值}$/% 或相对平均偏差/% | | | | |

计算公式：

指导老师签字：

三、思考题

四、问题讨论

五、实验体会

六、实验成绩

# 实验项目：

## 一、技能目标

1.

2.

3.

## 二、数据记录与处理

时间：_____     水温：_____     温度补正值：_____     指示剂：_____

| 测 定 次 数 | 1 | 2 | 3 | 4 |
|---|---|---|---|---|
| 样品＋称量瓶质量/g | | | | |
| 样品＋称量瓶质量/g | | | | |
| 样品质量/g | | | | |
| 空白滴定体积/mL | | | | |
| 空白温度校正值/mL | | | | |
| 滴定管体积校正值/mL | | | | |
| 实际空白体积/mL | | | | |
| 滴定消耗体积/mL | | | | |
| 温度校正值/mL | | | | |
| 滴定管体积校正值/mL | | | | |
| 实际滴定体积/mL | | | | |
| 标准溶液浓度/(mol/L) | | | | |
| 稀释倍数 | | | | |
| 试样测定结果 | | | | |
| 平均值 | | | | |
| 极差 $R$ | | | | |
| $\dfrac{极差}{平均值}$/％ 或相对平均偏差/％ | | | | |

计算公式：

指导老师签字：

三、思考题

四、问题讨论

五、实验体会

六、实验成绩

# 实验项目：

## 一、技能目标

1.

2.

3.

## 二、数据记录与处理

时间：_____　　　水温：_____　　　温度补正值：_____　　　指示剂：_____

| 测　定　次　数 | 1 | 2 | 3 | 4 |
|---|---|---|---|---|
| 样品＋称量瓶质量/g | | | | |
| 样品＋称量瓶质量/g | | | | |
| 样品质量/g | | | | |
| 空白滴定体积/mL | | | | |
| 空白温度校正值/mL | | | | |
| 滴定管体积校正值/mL | | | | |
| 实际空白体积/mL | | | | |
| 滴定消耗体积/mL | | | | |
| 温度校正值/mL | | | | |
| 滴定管体积校正值/mL | | | | |
| 实际滴定体积/mL | | | | |
| 标准溶液浓度/(mol/L) | | | | |
| 稀释倍数 | | | | |
| 试样测定结果 | | | | |
| 平均值 | | | | |
| 极差 R | | | | |
| $\dfrac{极差}{平均值}$/% 或相对平均偏差/% | | | | |

计算公式：

指导老师签字：

三、思考题

四、问题讨论

五、实验体会

六、实验成绩

# 实验项目：

### 一、技能目标

1.

2.

3.

### 二、数据记录与处理

时间：_____    水温：_____    温度补正值：_____    指示剂：_____

| 测 定 次 数 | 1 | 2 | 3 | 4 |
|---|---|---|---|---|
| 样品＋称量瓶质量/g | | | | |
| 样品＋称量瓶质量/g | | | | |
| 样品质量/g | | | | |
| 空白滴定体积/mL | | | | |
| 空白温度校正值/mL | | | | |
| 滴定管体积校正值/mL | | | | |
| 实际空白体积/mL | | | | |
| 滴定消耗体积/mL | | | | |
| 温度校正值/mL | | | | |
| 滴定管体积校正值/mL | | | | |
| 实际滴定体积/mL | | | | |
| 标准溶液浓度/(mol/L) | | | | |
| 稀释倍数 | | | | |
| 试样测定结果 | | | | |
| 平均值 | | | | |
| 极差 $R$ | | | | |
| $\dfrac{极差}{平均值}$/% 或相对平均偏差/% | | | | |

计算公式：

指导老师签字：

三、思考题




四、问题讨论




五、实验体会




六、实验成绩

# 实验项目：

一、技能目标

1.

2.

3.

二、数据记录与处理

时间：_____  水温：_____  温度补正值：_____  指示剂：_____

| 测 定 次 数 | 1 | 2 | 3 | 4 |
|---|---|---|---|---|
| 样品＋称量瓶质量/g | | | | |
| 样品＋称量瓶质量/g | | | | |
| 样品质量/g | | | | |
| 空白滴定体积/mL | | | | |
| 空白温度校正值/mL | | | | |
| 滴定管体积校正值/mL | | | | |
| 实际空白体积/mL | | | | |
| 滴定消耗体积/mL | | | | |
| 温度校正值/mL | | | | |
| 滴定管体积校正值/mL | | | | |
| 实际滴定体积/mL | | | | |
| 标准溶液浓度/(mol/L) | | | | |
| 稀释倍数 | | | | |
| 试样测定结果 | | | | |
| 平均值 | | | | |
| 极差 $R$ | | | | |
| $\dfrac{极差}{平均值}$/％ 或相对平均偏差/％ | | | | |

计算公式：

指导老师签字：

三、思考题


四、问题讨论


五、实验体会


六、实验成绩

# 实验四十六　氯化钡中结晶水含量的测定

## 一、技能目标

1.

2.

3.

## 二、数据记录与处理

| 项　　目 | | 测　定　次　数 | |
|---|---|---|---|
| | | 1 | 2 |
| 空称量瓶质量/g | 第一次称量 | | |
| | 第二次称量 | | |
| | 第三次称量 | | |
| 称量瓶＋试样(烘干前)的质量 $m_1$/g | | | |
| 试样(烘干前)的质量 $m$/g | | | |
| 称量瓶＋试样(烘干后)的质量 $m_2$/g | 第一次称量 | | |
| | 第二次称量 | | |
| | 第三次称量 | | |
| 结晶水的质量/g | | | |
| 结晶水的含量 $w(H_2O)$/％ | | | |
| 结晶水的平均含量 $\bar{w}(H_2O)$/％ | | | |
| 极差/％ | | | |
| $\dfrac{极差}{平均值}$/％ | | | |

结晶水含量的计算公式：

指导老师签字：

## 三、思考题

四、问题讨论

五、实验体会

六、实验成绩

# 实验四十七 氯化钡含量的测定

## 一、技能目标

1.

2.

3.

4.

## 二、数据记录与处理

| 项 目 | | 测 定 次 数 | |
|---|---|---|---|
| | | 1 | 2 |
| 空坩埚质量 $m_1/g$ | 第一次称量 | | |
| | 第二次称量 | | |
| | 第三次称量 | | |
| 试样的质量 $m/g$ | | | |
| 坩埚＋沉淀（烘干后）的质量 $m_2/g$ | 第一次称量 | | |
| | 第二次称量 | | |
| | 第三次称量 | | |
| $BaCl_2 \cdot 2H_2O$ 的质量/g | | | |
| $w(BaCl_2 \cdot 2H_2O)/\%$ | | | |
| $\bar{w}(BaCl_2 \cdot 2H_2O)/\%$ | | | |
| 极差/% | | | |
| $\dfrac{极差}{平均值}/\%$ | | | |

氯化钡含量的计算公式：

指导老师签字：

## 三、思考题

四、问题讨论

五、实验体会

六、实验成绩

# 实验四十八 面粉中灰分含量的测定

## 一、技能目标

1.

2.

3.

## 二、数据记录与处理

| 项　　目 | | 测　定　次　数 | |
|---|---|---|---|
| | | 1 | 2 |
| 空坩埚的质量 $m_1$/g | 第一次称量 | | |
| | 第二次称量 | | |
| | 第三次称量 | | |
| 坩埚＋试样(烘干前)的质量/g | | | |
| 试样(烘干前)的质量 $m$/g | | | |
| 坩埚＋灰分(烘干后)的质量 $m_2$/g | 第一次称量 | | |
| | 第二次称量 | | |
| | 第三次称量 | | |
| 灰分的质量/g | | | |
| $w$(灰分)/% | | | |
| $\bar{w}$(灰分)/% | | | |
| 极差/% | | | |
| $\dfrac{极差}{平均值}$/% | | | |

总灰分含量的计算公式：

指导老师签字：

## 三、思考题

四、问题讨论

五、实验体会

六、实验成绩

# 实验四十九　茶叶中水分含量的测定

**一、技能目标**

1.

2.

**二、数据记录与处理**

| 项　　目 | | 测 定 次 数 | |
|---|---|---|---|
| | | 1 | 2 |
| 空 铝 质 烘 皿 的 质 量/g | 第一次称量 | | |
| | 第二次称量 | | |
| | 第三次称量 | | |
| 铝质烘皿＋试样(烘干前)的质量 $m_1$/g | | | |
| 试样(烘干前)的质量 $m$ /g | | | |
| 铝质烘皿＋试样（烘干后）的质量 $m_2$/g | 第一次称量 | | |
| | 第二次称量 | | |
| | 第三次称量 | | |
| 茶叶中水分的质量/g | | | |
| 茶叶中水分的含量 $w(H_2O)$/% | | | |
| 茶叶中水分的平均含量 $\overline{w}(H_2O)$/% | | | |
| 极差/% | | | |
| $\dfrac{极差}{平均值}$/% | | | |

茶叶中水分含量的计算公式：

指导老师签字：

**三、思考题**

四、问题讨论

五、实验体会

六、实验成绩

# 实验五十　氧化钙含量的测定

## 一、技能目标
1.
2.

## 二、氧化钙产品检验报告单

送检样品：_____　　　检验编号：_____　　　样品性状：_____

| 序号 | 检验项目 | 指标要求 | 测定结果 | 结果判定 | 产品等级 |
|------|----------|----------|----------|----------|----------|
| 1 | 氧化钙含量 $w(CaO)/\%$ | | | 合格　□<br>不合格□ | 一级品　□<br>合格品　□ |
| 2 | 配位滴定法 | | | 合格　□<br>不合格□ | 一级品　□<br>合格品　□ |
| 3 | 氧化还原滴定法 | | | 合格　□<br>不合格□ | 一级品　□<br>合格品　□ |
| 4 | 酸碱滴定法 | | | 合格　□<br>不合格□ | 一级品　□<br>合格品　□ |
| 5 | | | | 合格　□<br>不合格□ | 一级品　□<br>合格品　□ |
| 6 | | | | 合格　□<br>不合格□ | 一级品　□<br>合格品　□ |
| 7 | | | | 合格　□<br>不合格□ | 一级品　□<br>合格品　□ |
| 8 | | | | 合格　□<br>不合格□ | 一级品　□<br>合格品　□ |
| 9 | | | | 合格　□<br>不合格□ | 一级品　□<br>合格品　□ |
| 10 | | | | 合格　□<br>不合格□ | 一级品　□<br>合格品　□ |

检验日期：_____　　报告日期：_____　　　检验者：_____　　核对者：_____

产品标准编号：_____

# 实验五十一　铁矿石中全铁含量的测定

**一、技能目标**

1.

2.

**二、铁矿石产品检验报告单**

送检样品：＿＿＿＿＿＿　　　检验编号：＿＿＿＿＿＿　　　样品性状：＿＿＿＿＿＿

| 序号 | 检验项目 | 指标要求 | 测定结果 | 结果判定 | 产品等级 |
|---|---|---|---|---|---|
| 1 | 全铁含量 $w(\mathrm{Fe})/\%$ | | | 合格　□<br>不合格□ | 一级品　□<br>合格品　□ |
| 2 | 重铬酸钾法 | | | 合格　□<br>不合格□ | 一级品　□<br>合格品　□ |
| 3 | 无汞测定铁法 | | | 合格　□<br>不合格□ | 一级品　□<br>合格品　□ |
| 4 | | | | 合格　□<br>不合格□ | 一级品　□<br>合格品　□ |
| 5 | | | | 合格　□<br>不合格□ | 一级品　□<br>合格品　□ |
| 6 | | | | 合格　□<br>不合格□ | 一级品　□<br>合格品　□ |
| 7 | | | | 合格　□<br>不合格□ | 一级品　□<br>合格品　□ |
| 8 | | | | 合格　□<br>不合格□ | 一级品　□<br>合格品　□ |
| 9 | | | | 合格　□<br>不合格□ | 一级品　□<br>合格品　□ |
| 10 | | | | 合格　□<br>不合格□ | 一级品　□<br>合格品　□ |

检验日期：＿＿＿＿＿＿　　报告日期：＿＿＿＿＿＿　　检验者：＿＿＿＿＿　　核对者：＿＿＿＿＿

产品标准编号：＿＿＿＿＿＿＿＿＿＿＿＿＿

# 实验五十二　食盐的分析

## 一、技能目标

1.

2.

## 二、加碘食盐产品检验报告单

送检样品：_____　　　检验编号：_____　　　样品性状：_____

| 序号 | 检验项目 | 指标要求 | 测定结果 | 结果判定 | 产品等级 |
|---|---|---|---|---|---|
| 1 | 水分含量/% | | 合格　□<br>不合格□ | 一级品　□<br>合格品　□ | 一级品　□<br>合格品　□ |
| 2 | 水不溶物(精制盐)含量/% | | 合格　□<br>不合格□ | 一级品　□<br>合格品　□ | 一级品　□<br>合格品　□ |
| 3 | 氯化钠含量/% | | 合格　□<br>不合格□ | 一级品　□<br>合格品　□ | 一级品　□<br>合格品　□ |
| 4 | 镁含量/% | | 合格　□<br>不合格□ | 一级品　□<br>合格品　□ | 一级品　□<br>合格品　□ |
| 5 | 钙含量/% | | 合格　□<br>不合格□ | 一级品　□<br>合格品　□ | 一级品　□<br>合格品　□ |
| 6 | 硫酸盐(以 $SO_4^{2-}$ 计)含量/% | | 合格　□<br>不合格□ | 一级品　□<br>合格品　□ | 一级品　□<br>合格品　□ |
| 7 | 钡(以 Ba 计)含量/(mg/kg) | | 合格　□<br>不合格□ | 一级品　□<br>合格品　□ | 一级品　□<br>合格品　□ |
| 8 | 砷(以 As 计)含量/(mg/kg) | | 合格　□<br>不合格□ | 一级品　□<br>合格品　□ | 一级品　□<br>合格品　□ |
| 9 | 铅(以 Pb 计)含量/(mg/kg) | | 合格　□<br>不合格□ | 一级品　□<br>合格品　□ | 一级品　□<br>合格品　□ |
| 10 | 碘(以碘计)含量/(mg/kg) | | 合格　□<br>不合格□ | 一级品　□<br>合格品　□ | 一级品　□<br>合格品　□ |

检验日期：_____　　报告日期：_____　　检验者：_____　　核对者：_____

产品标准编号：_____

# 实验五十三　工业氯化钙的分析

**一、技能目标**

1.

2.

**二、工业氯化钙产品检验报告单**

送检样品：＿＿＿＿＿＿＿　　检验编号：＿＿＿＿＿＿＿　　样品性状：＿＿＿＿＿＿

| 序号 | 检验项目 | 指标要求 | 测定结果 | 结果判定 | 产品等级 |
|---|---|---|---|---|---|
| 1 | 氯化钙($CaCl_2$)含量/%　≥ | | | 合格　□<br>不合格□ | 一级品　□<br>合格品　□ |
| 2 | 镁及碱金属氯化物(以 NaCl 计)含量/%　　　≤ | | | 合格　□<br>不合格□ | 一级品　□<br>合格品　□ |
| 3 | 水不溶物含量/% | | | 合格　□<br>不合格□ | 一级品　□<br>合格品　□ |
| 4 | 酸度(指示剂颜色) | | | 合格　□<br>不合格□ | 一级品　□<br>合格品　□ |
| 5 | 碱度[以 $Ca(OH)_2$计]/% | | | 合格　□<br>不合格□ | 一级品　□<br>合格品　□ |
| 6 | 硫酸盐(以 $SO_4^{2-}$ 计)含量/% | | | 合格　□<br>不合格□ | 一级品　□<br>合格品　□ |
| 7 | 硫酸盐(以 $CaSO_4$计)含量/% | | | 合格　□<br>不合格□ | 一级品　□<br>合格品　□ |
| 8 | | | | | |
| 9 | | | | | |
| 10 | | | | | |

检验日期：＿＿＿＿＿＿　　报告日期：＿＿＿＿＿＿　　检验者：＿＿＿＿＿　　核对者：＿＿＿＿＿

产品标准编号：＿＿＿＿＿＿＿＿＿＿＿＿

# 实验五十四　复方氢氧化铝片中铝、镁含量的测定

## 一、技能目标

1.

2.

## 二、复方氢氧化铝药片检验报告单

送检样品：_____　　　检验编号：_____　　　样品性状：_____

| 序号 | 检验项目 | 指标要求 | 测定结果 | 结果判定 | 产品等级 |
|------|----------|----------|----------|----------|----------|
| 1 | 氢氧化铝含量（以 $Al_2O_3$ 计）/（g/片）　≥ | 0.177 | | 合格　□<br>不合格□ | 一级品　□<br>合格品　□ |
| 2 | 三硅酸镁含量（以 MgO 计）/（g/片）　≥ | 0.0200 | | 合格　□<br>不合格□ | 一级品　□<br>合格品　□ |
| 3 | 颠茄流浸膏含量/（g/片）　≥ | | | 合格　□<br>不合格□ | 一级品　□<br>合格品　□ |
| 4 | | | | | |
| 5 | | | | | |
| 6 | | | | | |
| 7 | | | | | |
| 8 | | | | | |
| 9 | | | | | |
| 10 | | | | | |

检验日期：_____　　报告日期：_____　　检验者：_____　　核对者：_____

产品标准编号：_____

# 实验项目：

## 一、技能目标

1.

2.

3.

## 二、数据记录与处理

时间：＿＿＿＿＿＿＿＿　　　水温：＿＿＿＿＿＿＿＿　　　温度补正值：＿＿＿＿＿＿＿＿　　　指示剂：＿＿＿＿＿＿＿＿

| 测　定　次　数 | 1 | 2 | 3 | 4 |
|---|---|---|---|---|
| 样品＋称量瓶质量/g | | | | |
| 样品＋称量瓶质量/g | | | | |
| 样品质量/g | | | | |
| 空白滴定体积/mL | | | | |
| 空白温度校正值/mL | | | | |
| 滴定管体积校正值/mL | | | | |
| 实际空白体积/mL | | | | |
| 滴定消耗体积/mL | | | | |
| 温度校正值/mL | | | | |
| 滴定管体积校正值/mL | | | | |
| 实际滴定体积/mL | | | | |
| 标准溶液浓度/(mol/L) | | | | |
| 稀释倍数 | | | | |
| 试样测定结果 | | | | |
| 平均值 | | | | |
| 极差 $R$ | | | | |
| $\dfrac{极差}{平均值}$/% 或相对平均偏差/% | | | | |

计算公式：

指导老师签字：

三、思考题




四、问题讨论




五、实验体会






六、实验成绩

# 实验项目：

## 一、技能目标

1.

2.

3.

## 二、数据记录与处理

时间：_____　　　　水温：_____　　　　温度补正值：_____　　　　指示剂：_____

| 测 定 次 数 | 1 | 2 | 3 | 4 |
|---|---|---|---|---|
| 样品＋称量瓶质量/g | | | | |
| 样品＋称量瓶质量/g | | | | |
| 样品质量/g | | | | |
| 空白滴定体积/mL | | | | |
| 空白温度校正值/mL | | | | |
| 滴定管体积校正值/mL | | | | |
| 实际空白体积/mL | | | | |
| 滴定消耗体积/mL | | | | |
| 温度校正值/mL | | | | |
| 滴定管体积校正值/mL | | | | |
| 实际滴定体积/mL | | | | |
| 标准溶液浓度/(mol/L) | | | | |
| 稀释倍数 | | | | |
| 试样测定结果 | | | | |
| 平均值 | | | | |
| 极差 $R$ | | | | |
| $\dfrac{极差}{平均值}$/% 或相对平均偏差/% | | | | |

计算公式：

指导老师签字：

三、思考题



四、问题讨论




五、实验体会




六、实验成绩

# 实验项目：

**一、技能目标**

1.

2.

3.

**二、数据记录与处理**

时间：＿＿＿＿＿＿　　　　水温：＿＿＿＿＿＿　　　　温度补正值：＿＿＿＿＿＿　　　　指示剂：＿＿＿＿＿＿

| 测　定　次　数 | 1 | 2 | 3 | 4 |
|---|---|---|---|---|
| 样品＋称量瓶质量/g | | | | |
| 样品＋称量瓶质量/g | | | | |
| 样品质量/g | | | | |
| 空白滴定体积/mL | | | | |
| 空白温度校正值/mL | | | | |
| 滴定管体积校正值/mL | | | | |
| 实际空白体积/mL | | | | |
| 滴定消耗体积/mL | | | | |
| 温度校正值/mL | | | | |
| 滴定管体积校正值/mL | | | | |
| 实际滴定体积/mL | | | | |
| 标准溶液浓度/(mol/L) | | | | |
| 稀释倍数 | | | | |
| 试样测定结果 | | | | |
| 平均值 | | | | |
| 极差 R | | | | |
| $\dfrac{极差}{平均值}$ /％ 或相对平均偏差/％ | | | | |

计算公式：

指导老师签字：

102 ·

三、思考题




四、问题讨论




五、实验体会




六、实验成绩

# 实验项目：

**一、技能目标**

1.

2.

3.

**二、数据记录与处理**

时间：_____ 水温：_____ 温度补正值：_____ 指示剂：_____

| 测 定 次 数 | 1 | 2 | 3 | 4 |
|---|---|---|---|---|
| 样品＋称量瓶质量/g | | | | |
| 样品＋称量瓶质量/g | | | | |
| 样品质量/g | | | | |
| 空白滴定体积/mL | | | | |
| 空白温度校正值/mL | | | | |
| 滴定管体积校正值/mL | | | | |
| 实际空白体积/mL | | | | |
| 滴定消耗体积/mL | | | | |
| 温度校正值/mL | | | | |
| 滴定管体积校正值/mL | | | | |
| 实际滴定体积/mL | | | | |
| 标准溶液浓度/（mol/L） | | | | |
| 稀释倍数 | | | | |
| 试样测定结果 | | | | |
| 平均值 | | | | |
| 极差 $R$ | | | | |
| $\dfrac{极差}{平均值}$/% | | | | |
| 或相对平均偏差/% | | | | |

计算公式：

指导老师签字：

三、思考题

四、问题讨论

五、实验体会

六、实验成绩